博碩文化

博碩文化

博碩文化

# Python
# ×ChatGPT
## 程式設計實務
### 從入門到精通 Step by Step

榮欽科技 著

# ChatGPT帶你學會Python程式設計
## 運算思維×演算法×實作遊戲

- 📖 精選範例、循序漸進、易懂易上手
- 📖 課後習題、難易適中、強化學習效果

作　　　者：榮欽科技
責任編輯：Lucy

董 事 長：曾梓翔
總 編 輯：陳錦輝

出　　　版：博碩文化股份有限公司
地　　　址：221 新北市汐止區新台五路一段 112 號 10 樓 A 棟
　　　　　　電話 (02) 2696-2869 傳真 (02) 2696-2867

發　　　行：博碩文化股份有限公司
郵撥帳號：17484299　戶名：博碩文化股份有限公司
博碩網站：http://www.drmaster.com.tw
讀者服務信箱：dr26962869@gmail.com
訂購服務專線：(02) 2696-2869 分機 238、519
（週一至週五 09:30 ～ 12:00；13:30 ～ 17:00）

版　　　次：2024 年 5 月初版

建議零售價：新台幣 680 元
I S B N：978-626-333-844-9
律師顧問：鳴權法律事務所 陳曉鳴律師

本書如有破損或裝訂錯誤，請寄回本公司更換

國家圖書館出版品預行編目資料

Python X ChatGPT 程式設計實務：從入門到
精通 step by step/ 榮欽科技著 . -- 初版 . --
新北市：博碩文化股份有限公司 , 2024.05

面；　公分

ISBN 978-626-333-844-9(平裝)

1.CST: 人工智慧 2.CST: Python(電腦程式語言)

312.83　　　　　　　　　　　　113006028

Printed in Taiwan

博 碩 粉 絲 團

歡迎團體訂購，另有優惠，請洽服務專線
(02) 2696-2869 分機 238、519

# 序言
PREFACE

　　程式設計能力現在已經被看成是國力的象徵，學習如何寫程式已經是跟語文、數學、藝術一樣的基礎能力，連教育部都將撰寫程式列入國高中學生必修課程，培養孩子解決問題、分析、歸納、創新、勇於嘗試錯誤等能力，特別是 Python 語言更是目前全球最當紅的程式語言，由於 Python 語法易學易讀，在美國已經成為高中生必學的程式語言，國內目前也有許多學校開設 Python 語言，同時 APCS（Advanced Placement Computer Science）「大學程式設計先修檢測」，也可以選擇 Python 撰寫程式設計實做題。

　　Python 於 1989 年由 Guido van Rossum 發明，當時開發的目的就是想設計出一種優美強大，任何人都能使用的語言。Python 也符合高階易懂易上手與程式碼簡潔易讀的特性，更可貴的是，所有 Python 的版本都是自由／開放原始碼（Free and Open Source），而且 Python 語言可與 C/C++ 語言互相嵌入運用。

　　Python 是一種執行效率不錯的直譯式語言，可以在大多數的主流平台上執行。更棒的是，Python 具有許多物件導向的特性，更是資料解析、資料探勘（Data Mining）、資料科學工作中經常被使用的程式語言，可以廣泛應用在網頁設計、App 設計、遊戲設計、自動控制、生物科技、大數據等領域。同時，Python 擁有第三方套件及開發工具，可以幫助程式設計師輕鬆地完成許多的程式設計開發工作。本書結合運算思維與演算法的基本觀念，所有程式碼都已在 Python 開發環境下正確編譯與執行。這些主題包括：

- ■　Python 程式設計黃金入門課
- ■　大話變數與資料處理
- ■　一看就懂的運算式與運算子
- ■　選擇結構一次搞定

- 迴圈結構體驗之旅

- Python 複合資料型態的完美體驗

- 函數的祕密花園

- 模組與套件實用關鍵密技

- 視窗程式設計的贏家工作術

- 檔案輸入與輸出的速學技巧

- 演算法的實戰特訓教材

- 活學活用 2D 視覺化統計圖表

- 玩轉繪圖與影像處理的私房攻略

- 解開網路爬蟲程式的神秘面紗

- 課堂上學不到的多媒體遊戲開發套件

- ChatGPT 與 Python 雙效合一

　　OpenAI 推出免費試用的 Chat GPT 聊天機器人，最近在網路上爆紅，它不僅僅是個聊天機器人，還可以幫忙回答各種問題，例如寫程式、寫文章、寫信…等，本書各章中都導入 ChatGPT 的輔助學習及程式優化或比較。另外在附錄中還加入了「ChatGPT 與 Python 雙效合一」單元，在這個新單元精彩 Chat GPT AI 程式範例如下：

- 使用 Pygame 遊戲套件繪製多媒體圖案

- 以內建模組及模擬大樂透的開獎程式

- 建立四個主功能表的視窗應用程式

- 演算法的應用：迷宮問題的解決方案

- 海龜繪圖法（Turtle Graphics）繪製圖形

- 猜數字遊戲

- OX 井字遊戲

- 猜拳遊戲

- 比牌面大小遊戲

- 實作動作型射擊遊戲

- 實作 Unity 3D 遊戲不求人

全書寫作風格除了學習以 Python 語言撰寫程式外，也能學到以 Python 語言來實作演算法的重要知識點。目前許多學校陸續開設 Python 語言的課程，本書絕對是一本難易適中的最實用的教材。

# 目錄

CONTENTS

## CHAPTER 01

# Python 程式設計黃金入門課

# CHAPTER **02**

## 大話變數與資料處理

# CHAPTER **03**

## 一看就懂的運算式與運算子

# CHAPTER **04**

## 選擇結構一次搞定

# CHAPTER **05**

## 迴圈結構學習之旅

# CHAPTER **06**

## **Python** 複合資料型態的完美體驗

CHAPTER **07**

# 函數的祕密花園

## CHAPTER **08**

# 模組與套件實用關鍵密技

# CHAPTER **09**

## 視窗程式設計的贏家工作術

# CHAPTER **10**

## 檔案輸入與輸出的速學技巧

## CHAPTER 11

# 演算法的實戰特訓教材

## CHAPTER 12

# 活學活用 2D 視覺化必學統計圖表

## CHAPTER **13**

# 玩轉繪圖與影像處理的私房攻略

# CHAPTER **14**

# 解開網路爬蟲程式的神秘面紗

# CHAPTER **15**

# 課堂上學不到的多媒體遊戲開發套件

## APPENDIX **A**

# ChatGPT 與 Python 雙效合一

# 01
CHAPTER

# Python 程式設計
# 黃金入門課

電腦（Computer），或者有人稱為計算機（Calculator），是一種具備了資料處理與計算的電子化設備。對於一個有志於從事資訊專業領域的人員來說，程式設計是一門和電腦硬體與軟體息息相關相關涉獵的學科，稱得上是近十幾年來蓬勃興起的一門新興科學。

雲端運算加速了全民程式設計時代的來臨

隨著資訊與網路科技的高速發展，程式設計能力已經被看成是國力的象徵，連教育部都將撰寫程式將列入國高中學生必修課程，寫程式不再是大專院校資訊相關科系的專業，而是全民的基本能力，唯有將「創意」經由「設計過程」與電能結合，才能因應這個快速變遷的雲端世代。

## 1-1 認識程式語言

人和人之間的溝通需要語言，所以人們想要和電腦溝通，那當然也要使用程式語言。程式語言就是一種人類用來和電腦溝通的語言，是一行行的指令（Instruction）與程式碼，可以將人類的思考邏輯和語言轉換成電腦能夠了解的語言，也是用來指揮電腦運算或工作的指令集合，例如加、減、乘、除、比較、判斷等等，一連串交由電腦執行的指令，就稱為「程式」（Program）。

程式語言是人類用來和電腦溝通的語言

事實上，程式語言本來就只是工具，從來都不是重點，沒有最好的程式語言，只有是不是適合的程式語言，學習程式的目標絕對不是要將每個學習者都訓練成專業的程式設計師，而是能培養學習者的程式腦。我們可以這樣形容：

「學程式設計不等於學程式語言，不過學好程式語言，透過程式設計絕對是最佳的途徑。」

程式語言發展的歷史已有半世紀之久，由最早期的機器語言發展至今，已經邁入到第五代自然語言。每一代的語言都有其特色，並且一直朝著容易使用、除錯與維護功能更強的目標來發展。

## 1-1-1　機器語言

機器語言就是一連串的 0 與 1 之組合，這是 CPU 直接能懂的語言，機器語言是所有程式語言中最為低階的一種，它也是最不人性化、撰寫最為困難，且維護與修改都十分不易的程式語言。

## 1-1-2　組合語言

組合語言（Assembly Language）也是低階語言的一種，它只比機器語言來的高階一些，組合語言是用較接近口語的方式來表達機器語言的一些指令。例如：01100000B（C0H）是機器語言中，用來告訴 CPU 將 AX 暫存器的值放到記憶體堆疊的指令，但是如果以組合語言來寫，則是用 PUSH AX 來表示。

## 1-1-3　高階語言

高階語言就是比低階語言來更容易懂的程式語言，舉凡是 Visual Basic、C、C++、C#、Java 與 Python 等語言，都是高階語言的一員。高階語言廣泛被應用在商業、科學、教學、軍事…等軟體開發。一支用高階語言撰寫而成的程式，必須經過編譯器或解譯器翻譯為電腦能解讀、執行的低階機器語言的程式，也就是執行檔，才能被 CPU 所執行。

■　**編譯器（Compiler）**：編譯式語言可將原始程式讀入主記憶體後，透過編譯器編譯成為機器可讀的可執行檔的目的程式，當原始程式每修改一次，就必須重新經過編譯過程，才能保持其執行檔為最新的狀況。經過編譯後所產生的執行檔，在執行中不須要再翻譯，因此執行效率較高，例如：C、C++、Java、C#、FORTRAN 等語言都是使用編譯的方法。

Python 程式設計黃金入門課

- **解譯器（Interpreter）**：解譯式語言則是利用解譯器來對高階語言的原始程式碼做逐行解譯，每解譯完一行程式碼後，才會再解譯下一行。若解譯的過程中發生錯誤，則解譯動作會立刻停止。由於每次執行時都必須再解譯一次，所以執行速度可能較慢，例如 Python、HTML、JavaScript、Visual Basic、LISP、Prolog 等語言皆使用解譯的方法。

## 1-1-4　第四代語言

「非程序性語言」（Non-procedural Language）也稱為第四代語言，英文簡稱為 4GLS，特點是它的指令和程式真正的執行步驟沒有關連。程式設計者只須將自己打算做什麼表示出來即可，而不須去理解電腦的執行過程。通常應用於各類型的資料庫系統。如醫院的門診系統、學生成績查詢系統等等，例如資料庫的結構化查詢語言（Structural Query Language，簡稱 SQL）就是一種第四代語言。

以 SQL 語言為例，其語法使用上相當直覺易懂，例如：

```
Select 姓名 From 學生成績資料表 Where 英文 = 100
```

## 1-1-5　第五代語言

稱為第五代語言，或稱為自然語言（Natural Language），它是程式語言發展的終極目標，當然依目前的電腦技術尚無法完全辦到，因為自然語言使用者口音、使用環境、語言本身的特性（如一詞多義）都會造成電腦在解讀時產生不同的結果。還有一點就是電腦能夠詮釋程式語言，是因為程式語言的語法都為事先定義的，當你使用某種語言就得依照其規定的語法來撰寫程式，否則程式無法編譯成功的。更遑論電腦能夠依照程式來執行工作，而自然語言的癥結即在此，如同樣意思的話會因不同的人而有不同的說法，所以自然語言必須搭配人工智慧（Artificial Intelligence, AI）技術來發展。

> **TIPS**　人工智慧（Artificial Intelligence, AI）的概念最早是由美國科學家 John McCarthy 於 1955 年提出，人工智慧就是由電腦所模擬或執行，具有類似人類智慧或思考的行為，例如推理、規劃、問題解決及學習等能力。

## 1-2 認識程式設計

程式語言是一行行的指令（Statement）與程式碼（Code），可以將人類的思考邏輯和語言轉換成電腦能夠了解的語言，而程式設計的目的就是透過程式的撰寫與執行來達到使用者的需求。程式設計時必須利用何種程式語言表達，通常可根據主客觀環境的需要，並無特別規定。一般評斷程式語言好壞的四項如下：

- **可讀性（Readability）高**：閱讀與理解都相當容易。
- **平均成本低**：成本考量不侷限於編碼的成本，還包括了執行、編譯、維護、學習、除錯與日後更新等成本。
- **可靠度高**：所撰寫出來的程式碼穩定性高，不容易產生邊際效應（Side Effect）。
- **可撰寫性高**：對於針對需求所撰寫的程式相對容易。

基本上，一個程式的產生過程，則可區分為以下五個設計要領：

1. **需求與目的**：首先要了解程式所要解決的問題，並搜集相關的輸入資訊與期望得到的輸出結果。
2. **設計與規劃**：根據撰寫此程式的目的、程式的使用者、滿足需求的軟硬體環境等，來著手設計這個程式演算法的描述。
3. **分析與討論**：思考其他可能適合的演算法及資料結構，最後再選出最適當的標的，當然此刻還必須考慮到可讀性、穩定性及可維護性等因素。
4. **撰寫與編輯**：談到程式碼的編寫，事先必須選擇所需的程式語言，再依據演算法來繪製流程圖，最後進行程式碼的撰寫。
5. **測試與偵錯**：最後必需確認程式的輸出是否符合需求，並進行包括所謂「語意錯誤」（Semantic Error）、「語法錯誤」（Syntax Error）與「邏輯錯誤」（Logical Error）等相關測試與除錯工作。

當了解程式設計的相關常識後，接著我們要認識目前程式設計模式的兩種主要依循原則，分別為「結構化程式設計」（Structured Programming）及「物件導向程式設計」（Object-Oriented Programming），首先來為各位介紹「結構化程式設計」。

## 1-2-1　結構化程式設計

經過近年來程式語言的發展，結構化程式設計的趨勢慢慢成為程式開發的主流概念。其主要精神與模式就是將整個問題從上而下，由大到小逐步分解（Decompose）成較小的單元，這些單元又再細分成更小的單元，這些單元稱為模組（Module）這樣可以方便程式撰寫，減輕程式設計師的負擔，更可以讓程式設計師分工合作，針對各個模組開發設計，日後修改與維護都較為容易。例如 C 是相當符合模組化設計精神的語言，也就是說，C 程式本身就是由各種函數所組成，所謂函數，就是具有特定功能的指令集合，各位就可把它視為一種模組。C 的主程式其實就包含了最大的函數就是 main()，還可區分為系統本身提供的標準函數及使用者自行定義的自訂函數。所謂「結構化程式設計」（Structured Programming）的三種程式控制基本架構，含了三種流程控制結構：「循序結構」（Sequential Structure）、「選擇結構」（Selection Structure）以及「重複結構」（Repetition Structure）。簡述如下：

### ⚙ 循序結構

循序結構就是一個程式敘述由上而下接著一個程式敘述的執行指令，如下圖所示：

## 選擇結構

選擇結構（Selection Structure）是一種條件控制敘述，包含有一個條件判斷式，如果條件為真，則執行某些程式，一旦條件為假，則執行另一些程式。如下圖所示：

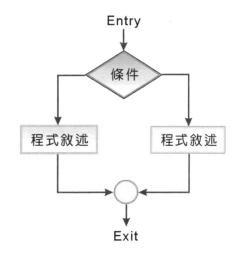

## 重複結構

重複結構主要是迴圈控制的功能。迴圈（Loop）會重複執行一個程式區塊的程式碼，直到符合特定的結束條件為止。依照結束條件的位置不同分為兩種：

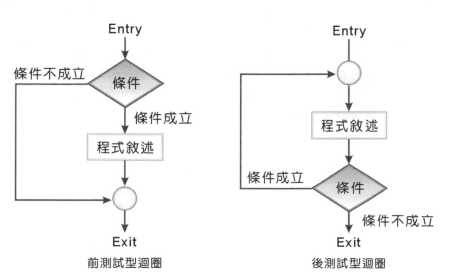

前測試型迴圈　　　　　　　　　後測試型迴圈

「結構化程式設計」的基本精神是由上而下的設計，就是要維持一個入口與出口。在此特別建議各位不要使用 goto 指令，因為 goto 敘述可以將程式流程直接改變至任何一行敘述。雖然 goto 敘述十分方便，但很容易造成程式流程混亂，造成維護上的困難。所以在結構化程式設計的理念下，還是應使用如 if、switch、while、continue 等來控制程式流程。

## 1-2-2　物件導向程式設計

傳統「結構化程式設計」（Structured Programming）功能與特性的技術是著重於演算法可分解成許多模組（Module）來加以執行。雖然每一個模組會個別完成特定功能，主程式則組合每個模組後，完成最後要求的功能。不過一旦主程式要求功能變動時，則可能許多模組內的資料與程式碼都需要同步變動，而這也是結構化導向設計無法有效使用程式碼的主因。常見的物件導向語言包括 Java、C++ 等語言。

在現實生活中充滿了各種形形色色的物體，每個物體都可視為一種物件。我們可以透過物件的外部行為（Behavior）運作及內部狀態（State）模式，來進行詳細地描述。行為是代表此物件對外所顯示出來的運作方法，狀態則代表物件內部各種特徵的目前狀況。如果要使用程式語言方式來描述一個物件，就必須進行所謂的抽象化動作（Abstraction）。也就是利用程式碼來記錄此物件所包括的屬性、方法與事件。

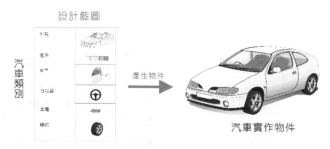

類別與物件的關係

任何物件導向程式設計方法中最主要的單元，就是物件（Object）。通常物件並不會無憑空產生，它必須有一個可以依據的原型（Prototype），而這個原型就是一般在物件導向程式設計中所稱的「類別」（Class）。就拿以汽車為例來說明：汽車有區分很多廠牌如 BMW、BENZ、LEXUS、TOYOTA、Mitsubishi…等，在這些歸類它都是屬於汽車，其中在這些汽車裏又可以區分為房車、跑車、休旅車、金龜車等多種車款，例如在房車中所區分的各種不同的車型與車號等。當我們將這種很直覺的生活實例活用在程式設計上時，就是所謂「物件導向設計」，並且有下列幾個特性：

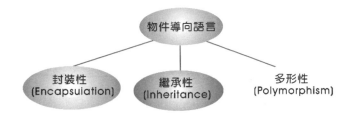

## 封裝（Encapsulation）

封裝利用「類別（Class）」來實作抽象化資料型態（ADT）；而每個類別有其資料成員與函數成員，我們可將其資料成員定義為私有的（Private），而將用來運算或操作資料的函數成員定義為公有的（Public）或受保護的（Protected）來實現資訊隱藏，這就是「封裝」（Encapsulation）。

封裝包含一個資訊隱藏（Information hiding）的重要觀念，就是將物件的資料和實作的方法等資訊隱藏起來，讓使用者只能透過介面（Interface）來使用物件本身，而不能更動物件裡所隱藏的資訊。就像許多人都不了解機車的內部構造等資訊，卻能夠透過機車提供的加油門和煞車等介面方法，輕而易舉地操作機車。

## 繼承（Inheritance）

繼承允許我們去定義一個新的類別來繼承既存的類別，進而使用或修改繼承而來的方法，並可在子類別中加入新的資料成員與函數成員。此外，透過類別的繼承行為，讓程式開發人員能重複利用已宣告類別的成員方法；並可經由多載（Override）的動作，來重新定義及強化新類別所繼承的各項執行功能。

Python 程式設計黃金入門課

## 多形（Polymorphism）

所謂的多形，按照英文字面解釋，就是一樣東西同時具有多種不同的型態。這是物件導向設計的重要特性，它展現了動態繫結的功能，也稱為「同名異式」（Polymorphism）。多形的功能可該軟體在發展和維護時，達到充分的延伸性。多形最直接的定義就是具有繼承關係的不同類別物件，可以對相同名稱的成員函數呼叫，並產生不同的反應結果。

## 物件（Object）

可以是抽象的概念或是一個具體的東西包括了「資料」（Data）以及其所相應的「運算」（Operations 或稱 Methods），它具有狀態（State）、行為（Behavior）與識別（Identity）。

每一個物件（Object）均有其相應的屬性（Attributes）及屬性值（Attribute Values）。例如有一個物件稱為學生，「開學」是一個訊息，可傳送給這個物件。而學生有學號、姓名、出生年月日、住址、電話…等屬性，目前的屬性值便是其狀態。學生物件的運算行為則有註冊、選修、轉系、畢業…等，學號則是學生物件的唯一識別編號（Object Identity, OID）。

## 類別（Class）

是具有相同結構及行為的物件集合，是許多物件共同特徵的描述或物件的抽象化。例如小明與小華都屬於人這個類別，他們都有出生年月日、血型、身高、體重…等類別屬性。類別中的一個物件有時就稱為該類別的一個實例（Instance）。

## 屬性（Attribute）

「屬性」則是用來描述物件的基本特徵與其所屬的性質，例如：一個人的屬性可能會包括姓名、住址、年齡、出生年月日等。

## 方法（Method）

「方法」則是物件導向資料庫系統裡物件的動作與行為，我們在此以人為例，不同的職業，其工作內容也就會有所不同，例如：學生的主要工作為讀書，而老師的主要工作則為教書。

## 1-3 Python 簡介與特性

隨著物聯網與大數據分析的火紅，讓在統計分析與資料探勘有著舉足輕重地位的 Python，人氣不斷飆升，成為熱門程式語言排行榜的常勝軍。Python 於 1989 年由 Guido van Rossum 發明，1991 年公開發行，Guido van Rossum 開發 Python 時初心是想設計出一種優美強大，任何人都能使用的語言，同時開放原始碼，因此 Python 非常適合第一次接觸程式語言的人來學習。

由於 Python 語法易學易讀，在美國已經成為高中生必學的程式語言，目前最新版本為 3.9（版本持續更新中）。Guido van Rossum 開發 Python 的目的就是想設計出一種優美強大，任何人都能使用的語言，近幾年來，使用 Python 作為入門程式語言的人越來越多。

**TIPS**

**輸入問題**：物聯網是近年資訊產業中一個非常熱門的議題嗎？

**ChatGPT 回答畫面：**

> 是的，物聯網（Internet of Things，縮寫為 IoT）近年來是資訊產業中非常熱門的議題之一。物聯網是指一種將各種物理設備、感測器、車輛、家電等通過互聯網連接起來的技術和概念。這使得這些物體能夠互相交換數據和信息，實現智能化、自動化的控制和操作。
>
> 隨著技術的不斷發展和進步，物聯網已經被應用於各個領域，如智能家居、智慧城市、工業自動化、農業、醫療保健、交通等。這些應用能夠提升效率、節省能源、改善生活質量，並創造更多的商業價值。
>
> 因此，物聯網的相關技術、應用以及相關產業發展都受到廣泛的關注和投資，使其成為當今資訊科技領域中的一個重要趨勢和熱門議題。

### 1-3-1　程式簡潔與開放原始碼

Python 開發的目標之一是讓程式碼像讀本書那樣容易理解，也因為簡單易記、程式碼容易閱讀的優點，在寫程式的過程中能專注在程式本身，而不是如何去寫，程式開發更有效率，團隊協同合作也更容易整合。另外，所有 Python 的版本都是自由 / 開放原始碼（Free and Open Source），而且 Python 語言可與 C/C++ 語言互相嵌入運用，也就是說，程式設計師可以將部份程式以 C/C++ 語言撰寫，然後在 Python 程式去使用；或是將 Python 程式內嵌到 C/C++ 程式中。

### 1-3-2　直譯與跨平台的特性

Python 算是執行效率不錯的直譯式語言，如果遇到哪一行有問題，就會顯示出錯誤訊息而馬上停止。另外 Python 程式具有強大的跨平台的特點，可以在大多數的主流平台上執行，例如在 Windows 撰寫的程式，可以不需要修改，便可以移植到在 Linux、Mac OS、OS/2…等不同平台上執行。

### 1-3-3　物件導向的設計風格

物件導向程式設計（Object-Oriented Programming, OOP）的主要精神就是將存在於日常生活中舉目所見的物件（Object）概念，讓各位從事程式設計時，能以一種更生活化、可讀性更高的設計觀念來進行，並且所開發出來的程式也較容易擴充、修改及維護。Python 具有許多物件導向的特性，例如類別、封裝、繼承、多形等設計，所有的資料也都是物件，不過它卻不像 Java 這類的物件導向語言強迫使用者必須用完全的物件導向思維寫程式。此外，更令人讚賞的是 Python 是多重思維（Multi-paradigm）的程式語言，允許我們使用多種風格來寫程式，程式撰寫更具彈性，就算不懂物件導向觀念，也不會成為學習 Python 的絆腳石。

## 1-3-4 豐富的第三方套件

Python 是資料解析、資料探勘（Data Mining）、資料科學工作中經常被使用的程式語言，可以廣泛應用在網頁設計、App 設計、遊戲設計、自動控制、生物科技、大數據等領域。Python 提供了豐富的 API 和工具，讓程式設計師能夠輕鬆地編寫擴充模組，也可以整合到其它語言的程式內使用，所以也有人說 Python 是「膠合語言」（glue language）。

**TIPS**

**輸入問題**：什麼是資料探勘（Data Mining）？

**ChatGPT 回答畫面**：

> 資料探勘（Data Mining）是從大量的資料中尋找出有價值的、隱藏的模式、趨勢、關聯性以及知識的過程。它是從已有的資料集中自動地發現並提取出隱藏在其中的有用資訊的一種技術。這些資訊可能是對商業、科學、醫療、社會等領域有益的，可以幫助做出更好的決策、預測未來趨勢、優化流程，或者獲得新的洞察。

除此之外，Python 擁有大量免費且開放原始碼的第三方套件及開發工具，可以幫助程式設計師輕鬆地編寫及擴充模組，完成許多的程式設計開發工作。

**TIPS**

**輸入問題**：在程式設計中，模組是指什麼？

**ChatGPT 回答畫面**：

> 在程式設計中，"模組"是指一個包含了相關功能的程式碼集合。它們被封裝在一個單一的單元中，方便重複使用和組織程式碼。模組通常被用來將一個大型的程式分成更小、更可管理的部分，並且可以透過引入（或導入）這些模組來使用其功能。
>
> Python 中的模組是一個.py 文件，它可以包含變數、函數、類別等程式碼，這些程式碼可以在其他地方引入並重複使用。Python 的標準庫本身就是一個包含許多內建模組的集合，提供了各種常用的功能，如數學計算、文件處理、網絡通信等。

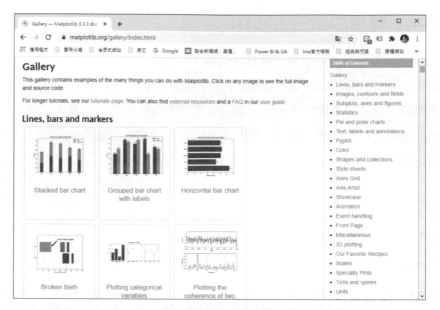

**Matplotlib 套件是相當受歡迎的繪圖程式庫（plottinglibrary）**

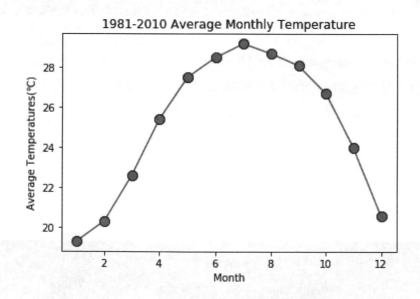

標記設為圓形，尺寸為 10 點，顏色設定為紅色、框線為藍色。

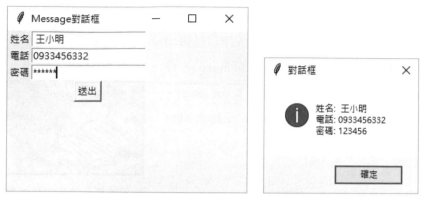

tkinter 套件是 Python 的標準 GUI 工具

# 1-3-5 無所不在的應用領域

Python 擁有龐大的開放式資源社群，在世界各地的社群會定期舉辦例行聚會，Python 的愛好者彼此交流，精益求精，Python 的應用可說是無遠弗屆，包括以下幾種應用：

## Web 開發框架

Web 框架簡單來說就是為建立 Web 應用制定了一套規範，簡化了所有技術上的細節，前端就有 html、JavaScript 及 CSS 等等技術，更別提後端林林總總的技術，輕易地運用 Web Framework 模組就能建構出實用的動態網站。Python 領域知名的 Web 框架例如 Django、CherryPy、Flask、Pyramid、TurboGear 等等。

Python 程式設計黃金入門課

## 人工智慧

資訊科技不斷進步，人工智慧應用從日常生活到工作處處可見，Python 有各種容易擴增的資料分析與機器學習模組庫（library），像是 NumPy、Matplotlib、Pandas、Scikit-learn、SciPy、PySpark…等等，讓 Python 成為資料解析與機器學習主要語言之一。

機器也能一連串模仿人類學習過程

### TIPS

輸入問題：機器學習和人工智慧的關係是什麼？

**ChatGPT 回答畫面：**

機器學習是人工智慧的一個重要組成部分。人工智慧（AI）是一個更廣泛的概念，指的是通過模仿人類智能思維和行為的方式，使計算機系統能夠執行需要智能的任務。機器學習（ML）則是實現人工智慧的一個方法，它允許計算機系統從數據中學習，改進性能，並自動調整以提高其表現。

簡單來說，機器學習是一種技術，它使得計算機能夠根據數據學習和進化，而人工智慧則涵蓋了更廣泛的概念，旨在創建能夠模仿人類智能思維和行為的智能系統。在實際應用中，機器學習通常是實現人工智慧的一個重要手段，因為它使得系統能夠自動地從數據中學習並做出預測、決策或執行任務，而無需明確的編程。

## 物聯網

物聯網是讓生活中的物品能透過互聯互通的傳輸技術進行感知與控制，例如智慧家電可讓使用者遠端透過 APP 操控電冰箱、空調等電器，Python 透過在 Arduino 與 Raspberry Pi 的支援之下，也能控制硬體，打造各種物聯網應用。

## 1-4　Python 安裝與執行

Python 是一種跨平台的程式語言，當今主流的作業系統（例如：Windows、Linux、Mac OS）都可以安裝與使用，本書是以 Windows 10 做為開發平台，首先我們要介紹如何下載與安裝 Python 的開發環境。步驟說明如下：

### 1-4-1　IDLE 編輯器下載與安裝

首先請連上官方網站，網址如下：https://www.python.org/，請進入 Python 的「Downloads」頁面：

❶ 請按一下 Downloads 頁面

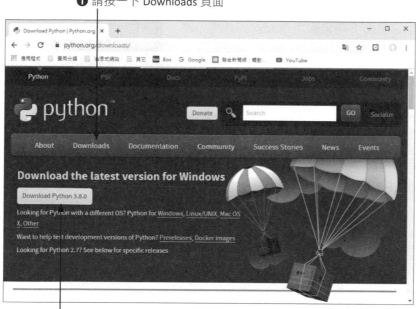

❷ 按此鈕下載最新版的 Python 工具

進入安裝畫面後，請勾選「Add Python 3.8 to PATH」核取方塊（各位讀者安裝的版本或許與本書不一樣，但操作方式雷同，請仿照本書的操作步驟進行安裝即可），它會將 Python 的執行路徑加入到 Windows 的環境變數中，如此一來，各位進入 Windows 作業系統的「命令提示字元」視窗時，就可以直接下達 Python 指令。

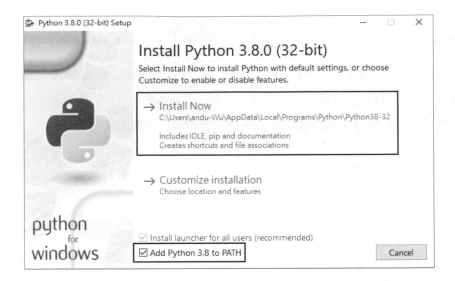

　　上述畫面中建議採用預設安裝路徑，當點選「Install Now」就可以進行安裝，安裝完成後，按下最後一個畫面的「Close」鈕，就可以順利完成安裝工作。接著就來看看 Windows 10 開始功能表中 Python 安裝了那些工具：

■ **IDLE 軟體**：內建的 Python 整合式開發環境軟體（Integrated Development Environment, 簡稱 IDE）。

TIPS

**輸入問題**：記事本也可以當一個編輯器嗎？

**ChatGPT 回答畫面**：

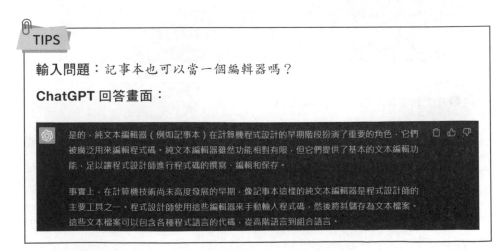

是的，純文本編輯器（例如記事本）在計算機程式設計的早期階段扮演了重要的角色，它們被廣泛用來編輯程式碼。純文本編輯器雖然功能相對有限，但它們提供了基本的文本編輯功能，足以讓程式設計師進行程式碼的撰寫、編輯和保存。

事實上，在計算機技術尚未高度發展的早期，像記事本這樣的純文本編輯器是程式設計師的主要工具之一。程式設計師使用這些編輯器來手動輸入程式碼，然後將其儲存為文本檔案。這些文本檔案可以包含各種程式語言的代碼，從高階語言到組合語言。

- **Python 3.8**：會進入 Python 互動交談模式（Interactive Mode），當看到 Python 特有的提示字元「>>>」，就可以逐行輸入 Python 程式碼：

```
Python 3.8 (32-bit)                        —    □    ×
:23) [MSC v.1916 32 bit (Intel)] on win32
Type "help", "copyright", "credits" or "license" for
more information.
>>>
```

- **Python 3.8 Manuals**：Python 程式語言的解說文件。

- **Python 3.8 Module Docs**：提供 Python 內建模組相關函數的解說。

## 1-4-2　在桌面上建立 IDLE 捷徑

為了方便以後 IDLE 程式的執行，各位可以在工作列建立捷徑，作法如下：

在開始功能表找到 Python 程式，接著在 IDLE 按右鍵
開啟快顯功能表，並執行「釘選到工作列」指令

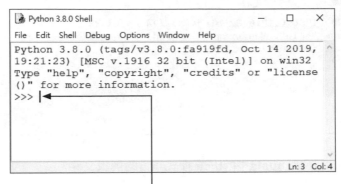

請按下 IDLE 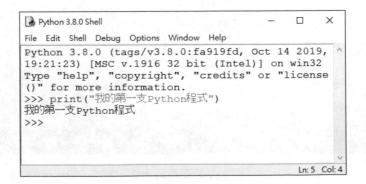 圖示鈕

成功啟動 Python 整合開發環境，在 Python 特有的「>>>」提示字元時，就可以直接下達 Python 指令。

下例就是一個簡單的 print() 函數，可以用來輸出字串，所謂字串就是將一連串字元放在單引號（'）或雙引號（"）括起來。請於「>>>」符號後輸入以下指令：

```
print(" 我的第一支 Python 程式 ")
```

如下圖所示：

由上圖的執行結果，確定已成功執行 Python 程式了。

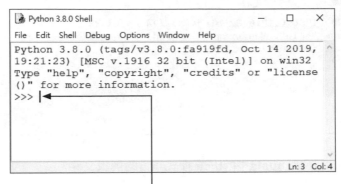

## 1-5 我的第一支 Python 程式

如果每次寫程式都必須在 Python 直譯環境中重新輸入指令，這會造成使用者撰寫程式的不方便，這時就必須將程式儲存成檔案，以利程式的修改與維護。接下來將以 IDLE 軟體示範如何撰寫程式檔案及執行 Python。

### 1-5-1 新建程式

首先請啟動 IDLE 軟體，然後執行「File/New File」指令，接下來就可以撰寫程式：

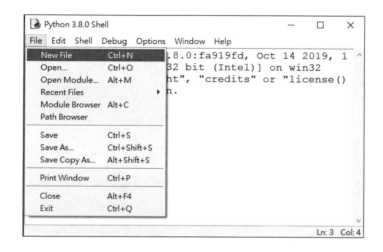

接著請輸入如下圖的程式碼：

## 1-5-2 儲存程式

然後執行「File/Save」指令，將檔案命名成「first.py」，然後按下「存檔」鈕將所撰寫的程式儲存起來。

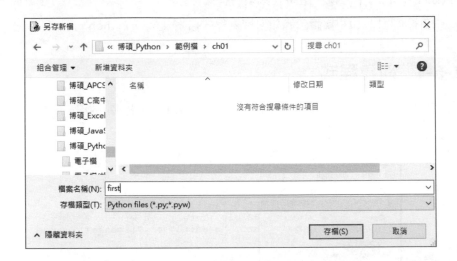

## 1-5-3 執行程式

執行「Run/Run Module」指令（或直接按 F5 功能鍵），就可以正確執行本支程式。

## 1-5-4 開啟程式

當程式檔案已儲存，下次執行「File/Open」指令就可以開啟這支程式。

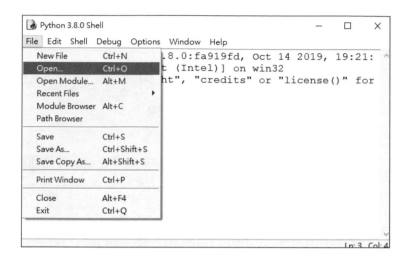

然後會出現「開啟」的對話方塊，接著選擇打算開啟的檔案即可。

Python 程式設計黃金入門課

## 一、選擇題

( ) 1. 大數據的特性不包含下列哪一個層面？

    (A) 大量性     (B) 速度性     (C) 多樣性     (D) 重覆性

( ) 2. 有關程式語言的描述，下列何者不正確？

    (A) 機器語言是一連串的 0 與 1 之組合

    (B) 機器語言撰寫而成的程式，必須經過編譯器或解譯器翻譯為機器語言

    (C) Python 是一種高階程式語言

    (D) 人工智慧語言，或稱為自然語言

( ) 3. Python 語言的特性不包括下列何者？

    (A) 程式碼簡潔     (B) 開放原始碼

    (C) 編譯式語言     (D) 物件導向

( ) 4. 演算法的五個條件不包括？

    (A) 有限性（Finiteness）     (B) 即時性（Realtime）

    (C) 有效性（Effectiveness）     (D) 明確性（Definiteness）

( ) 5. 大數據三種層面的特性不包括？

    (A) 大量性     (B) 規則性

    (C) 速度性     (D) 多樣性

## 二、填充題

1. ＿＿＿＿＿＿ 語言 是由 1 和 0 兩種符號構成。

2. ＿＿＿＿＿＿ 語言是一種介於高階語言及機械語言間的符號語言。

3. ＿＿＿＿＿＿ 語言的特點是必須經過編譯（Compile）或解譯（Interpret）的過程，才能轉換成機器語言。

4. 資料庫的結構化查詢語言（Structural Query Language, SQL）就是 _____ 語言。

5. _____ 語言稱為第五代語言，或稱為自然語言。

6. 物件導向程式設計模式則必須具備三種特性：_____ 、 _____ 與 _____ 。

7. 所謂 _____ ，是使用編譯器來將程式碼翻譯為目的程式（object code）。例如：C、C++ 等語言都是使用編譯的方法。

8. _____ 則是利用解譯器（Interpreter）來對高階語言的原始程式碼做逐行解譯，所以執行速度較慢，例如 Python、Basic 等語言皆使用這種方法。

### 三、問答與實作題

1. 請比較高階語言中編譯與直譯兩者間的差異性。

2. 試簡述 Python 語言的特性。

3. 請說明解譯式程式語言的特性。

4. Python 具有哪些物件導向程式語言的特性？

5. 在 Windows 10 可以看到 Python 安裝了哪些工具？

6. 「結構化程式設計」具備那三種基本結構？

7. 試列出物件導向技術的三個重要特徵。

8. 封裝（Encapsulation）的意義與功能為何？

# MEMO

# 02
CHAPTER

# 大話變數與
# 資料處理

當程式執行時，外界的資料進入電腦後，當然要有個棲身之處，這時系統就會撥個記憶體給這份資料，而在程式碼中，我們所定義的變數（Variable）與就是扮演這樣的一個角色。Python 語言中最基本的資料處理物件就是變數，主要的用途就是儲存資料，以供程式中各種計算與處理之用。

變數就像大小不一的抽屜可以擺放不同尺寸的物品

## 2-1 認識變數

變數（Variable），就是在程式中由 Python 直譯器所配置的一塊具有名稱的記憶體，用來儲存可變動的資料內容，以提供程式中各種運算之用，當程式需要時再取出使用，為了方便識別，必須給它一個名字，就稱為「變數」。

### 2-1-1 變數宣告與指定

大部份的程式語言使用變數前，必須先告訴程式準備要使用這個變數，這個動作就叫做「變數宣告」，變數宣告的主要作用在告知電腦，需要幫這個變數準備多少的記憶體空間。

不過，Python 在變數的處理上是採用物件參照（Object reference）的方法，並採用「動態型別」（Dynamically-typed）模式，簡單來說，就是變數的型態是在給定初始值時才決定，所以 Python 變數不需要事先宣告就可以使用，這點和在其它語言（例如：C、C++、Java），一定要事先宣告資料型態後才能使用變數有所不同。

> **TIPS**
> 「動態型別」（Dynamically-typed）的語言是在執行時才會依照變數值來決定資料型態，也就是變數儲存區配置的過程是在程式執行時（Running Time）處理，因此變數使用前不需要宣告型態，同一個變數還可以指定不同型態的值。

Python 是利用「=」號來設定變數的內容值，其語法如下：

```
變數名稱 = 變數值
```

例如：

```
num1=30
num2=77
```

這時 Python 會分別自動分配記憶體給變數 num1，儲存值為 30，及變數 num2，儲存值為 77。當程式進行時需要存取這塊記憶體時，就可直接利用變數名稱 num1 與 num2 來進行存取。如下圖所示：

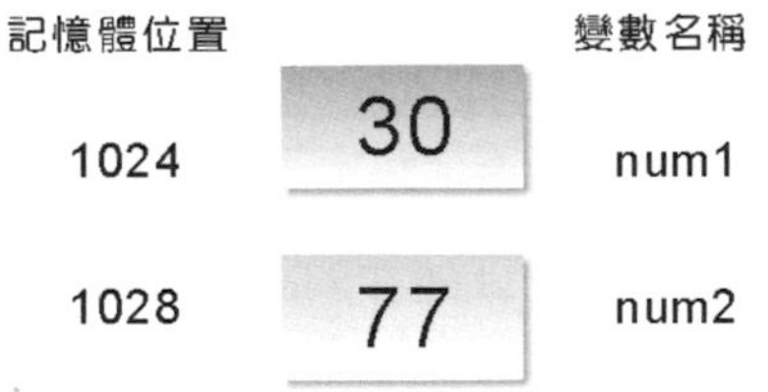
記憶體位置
變數名稱
1024
30
num1
1028
77
num2

下方程式將以上變數 num1 值改為字串 "apple" 時，num1 就會自動轉換為字串型態，跟 C/C++ 相比，變數的使用上是不是十分方便？

```
num1= "apple"
```

**TIPS**

**輸入問題**：可以解釋數學等號與程式語言等號的迷思嗎？

**ChatGPT 回答畫面**：

數學中的等號和程式語言中的等號有時候在理解上會引起一些混淆，因為它們在不同的上下文中有不同的含義和用法。下面我會針對這兩種等號進行解釋，幫助你理解它們的區別。

1. **數學中的等號 (=)**：
   在數學中，等號表示兩邊表達式的值相等。例如，方程式 "2＋3＝5" 意味著左側的運算結果等於右側的運算結果。在數學上，等號是一種連結兩個數值的關係，表示兩者是相同的。

2. **程式語言中的等號 (=) 及其他等號符號**：
   在程式語言中，等號通常用來賦值。這意味著將右側的值儲存到左側的變數中。舉例來說，Python 中的語句 `x = 5` 表示將數值 5 賦值給變數 x。在這個情況下，等號的意義是將值傳遞到變數，而不是判斷兩個值是否相等。
   此外，許多程式語言使用 `==` 來表示相等的比較，這是為了區分賦值和比較操作。例如，`x == 5` 會返回一個布林值，表示變數 x 的值是否等於 5。

另外，當兩行的指令很短時，可使用「;」（半形分號）把分行的指令合併成一行。

```
a = 10; b = 20
```

各位也可以一次宣告多個相同資料值的變數，例如 a、b、c 三個變數的值都是 66：

```
a=b=c=66
```

或者利用 "," 隔開變數名稱，就能在同一列中宣告：

```
a,b,c = 10,20,30
```

同理，各位也可以混合不同型態的變數一起宣告：

```
year,height,name = 55,175.6,"Alex"
```

如果變數確定不需要使用了，您也可以使用「del」來刪除，以節省系統資源，例如：

```
del num1
```

以下的例子示範了各種變數的設定與執行結果。

01
02
03
04
05
06
07
08
09
10
11
12
13
14
15
A

**範例程式** **variable.py** ▶ 各種變數的設定

```
01  num1=30
02  print(num1)
03  num1="happy"
04  print(num1)
05  a=b=12
06  print(a,b)
07  name,salary,weight=" 陳大富 ",60000,85.7
08  print(name,salary,weight)
```

執行結果

```
30
happy
12 12
陳大富 60000 85.7
```

程式解析

- ➤ 第 1 ～ 2 行：將數值 30 設定給變數 num1，接著印出其值。

- ➤ 第 3 ～ 4 行：將字串 "happy" 設定給變數 num1，接著印出其值，各位可以發現該變數的資料型態從原先的數值改變成字串。

- ➤ 第 5 行：一次宣告多個相同資料型態的變數。

- ➤ 第 7 行：混合不同型態的變數一起宣告。

**TIPS**

輸入問題：以上程式碼，如果重新定義 b=10，是否會影響 a 的值？

**ChatGPT 回答畫面：**

在這個程式碼中，`a` 和 `b` 在同一行上使用 `a=b=12` 的語法進行賦值，這將使得它們共享同一個值（即 12）。如果你在程式碼後面重新定義 `b=10`，則 `a` 的值仍然會是 12，不受 `b` 的重新賦值影響。

因此，重新定義 `b=10` 不會影響到 `a` 的值，它仍然是 12。

大話變數與資料處理

## 2-1-2 　變數命名規則

　　在 Python 程式中識別字包括了變數、函數、類別、方法等代號。基本上，變數名稱都是由程式設計者所自行定義，為了考慮到程式的可讀性，各位最好儘量以符合變數所賦予的功能與意義來命名。例如總和取名為「sum」，薪資取名為「salary」等。特別是當程式規模越大時，變數的可讀性越顯的得重要。

　　不過在 Python 中的變數命名也需要符合一定的規則，如果使用不適當的名稱，可能會造成程式執行時發生錯誤。由於變數是屬於 Python 識別字的一種，必須遵守以下基本規則：

① 變數名稱第一個字元必須是英文字母或是底線（_）或是中文，不過建議大家還是盡量少用中文，會影響程式的可攜性。

② 其餘字元可以搭配大小寫英文字母、數字、_ 或中文，變數名稱的長度不限。

③ Python 是屬於區分大小寫的語言，也就是說「myName」、「MyName」、「myname」會被 Python 視為三個不同的名稱。

④ 關鍵字則是具有語法功能的保留字，各位絕對不能更改或重複定義它們。

　　常見的關鍵字如下：

| | | |
|---|---|---|
| acos | finally | return |
| and | floor | sin |
| array | for | sqrt |
| asin | from | tan |
| assert | global | True |
| atan | if | try |
| break | import | type |
| class | in | while |
| continue | input | with |
| cos | int | write |
| Data | is | yield |
| Def | lambda | |
| Del | log | |
| e | log10 | |
| elif | not | |
| else | open | |
| except | orl | |
| exec | pass | |
| exp | pi | |
| fabs | print | |
| False | raise | |
| float | range | |

> **TIPS**　help() 函數是 Python 的內建函數，對於特定物件的方法、屬性或指令不清楚時，都可以利用 help() 函數來查詢。只要在 Python 命令列提示符號「>>>」下達 help() 指令，就可以進入 help 的線上輔助查詢系統。

以下是合法與不合法的變數名稱比較：

```
合法變數名稱                  不合法變數名稱
abc                          @abc,5abc
_apple,Apple                 dollar$,*salary
structure                    while
```

其中 @abc,5abc 違反變數名稱第一個字元必須是英文字母或是底線（_）或是中文的命名規則。dollar$,*salary 則是違反除了第一個字元，其餘字元可以搭配其他的大小寫英文字母、數字、_ 或中文的命名規則。至於 while 這個變數名稱不能與 Python 的保留字相同。

## 2-1-3　程式註解

註解是用來說明程式碼或是提供其他資訊的描述文字，Python 直譯器會忽略註解，因此並不會影響執行結果。除了能提高程式可讀性，在日後進行程式維護與修訂時，也能夠省下不少時間成本。

Python 的註解有兩種，單行註解跟多行註解：

### 單行註解

單行註解符號是「#」，在「#」以後的文字都會被當成註解，例如：

```
#salary 變數的功能是用來紀錄每位員工的薪水
```

## 多行註解

多行註解是以三個引號包住註解文字，引號可以是成對的三個雙引號：

```
"""
程式名稱：reverse.py
程式功能：本程式功能會將所輸入的字串以反向方式輸出
"""
```

也可以用三個單引號：

```
'''
程式名稱：reverse.py
程式功能：本程式功能會將所輸入的字串以反向方式輸出
'''
```

## 2-2　資料型態

每種語言都擁有略微不同的基本資料型態，例如一般程式語言中的整數、實數、字元等等。資料型態在程式語言中，包含兩個必備的層次，分述如下：

| 可說明性<br>（specification） | 包括資料屬性，代表的數值與該屬性可能進行的各種運算。 |
| --- | --- |
| 可執行性<br>（implementation） | 包括資料的記憶體描述，並由資料型態運算，了解資料對象的記憶體描述。 |

事實上，對於任何一種程式語言來說，都有基本資料型態的集合以構成語言，例如整數、浮點數或者字串等等。接下來我們要簡單介紹 Python 常用的基本型態。

### 2-2-1　數值型態

Python 常見數值型態有整數（int）、浮點數（float）及布林值（bool）三種。

## 整數

整數資料型態是用來儲存不含小數點的資料，跟數學上的意義相同，如 -1、-2、-100、0、1、2、100 等，在各位宣告變數資料型態時，可以同時設定初值，這個初始值的整數表示也可以是 10 進位、2 進位、8 進位或 16 進位。例如：

| 整數 | 說明 |
|---|---|
| 125 | 十進位 |
| 0b1101101 | 二進位 |
| 0x16 | 十六進位 |
| 0o24 | 八進位 |
| -312 | 負數 |

各位也可以利用配合 Python 的內建函數來做轉換，如下所式：

| 內建函式 | 說明 |
|---|---|
| bin(int) | 將十進位數值轉換成二進位，轉換的數字以 0b 為前綴字元 |
| oct(int) | 將十進位數值轉換成八進位，轉換的數字以 0o 為前綴字元 |
| hex(int) | 將十進位數值轉換成十六進位，轉換的數字以 0x 為前綴字元 |
| int(s, base) | 將字串 s 依據 base 參數提供的進位數轉換成十進位數值 |

以下程式範例是整數不同進位的表示方式。

**範例程式** **carry.py** ▶ 整數不同進位的表示方式

```
01   num=123
02   print(num)
03   num1=bin(num)  #2 進位
04   print(num1)
05   num2=oct(num)  #8 進位
06   print(num2)
07   num3=hex(num)  #16 進位
08   print(num3)
09   print(int(num1,2))  # 將 2 進位的字串轉換成 10 進位數值
10   print(int(num2,8))  # 將 8 進位的字串轉換成 10 進位數值
11   print(int(num3,16)) # 將 16 進位的字串轉換成 10 進位數值
```

```
123
0b1111011
0o173
0x7b
123
123
123
```

程式解析

- 第 3 ～ 4 行：將數值 num=123 轉換成 2 進位並設定變數 num1，接著印出其值。

- 第 5 ～ 6 行：將數值 num=123 轉換成 8 進位並設定變數 num2，接著印出其值。

- 第 7 ～ 8 行：將數值 num=123 轉換成 16 進位並設定變數 num3，接著印出其值。

- 第 9 ～ 11 行：分別將將 2 進位的 num1、8 進位的 num2、16 進位的 num3 轉換成 10 進位並印出其值。

## 浮點數

浮點數（Floating Point）資料型態指的就是帶有小數點的數字，也就是我們在數學上所指的實數，例如 4.99、387.211、0.5、3.14159 等。以下 Python 的內建浮點數相關方法：

| 方法 | 說明 |
| --- | --- |
| fromhex(s) | 將 16 進位的浮點數轉為 10 進位 |
| hex() | 以字串來回傳 16 位數浮點數 |
| is_integer() | 判斷是否為整數，若小數位數是零，會回傳 True |
| round(x,n) | 會回傳參數 x 最接近的數值，n 是指定回傳的小數點位數。 |

例如：

```
num =  0.1 + 0.2
print(round(num, 1))  # 結果值為 0.3
```

## 布林值

布林（bool）是一種表示邏輯的資料型態，只有真假值 True 與 False。布林資料型態通常使用於流程控制做邏輯判斷。你也可以採用數值「1」或「0」來代表 True 或 False。

**範例程式** **bool.py** ▶ 轉換布林型態

```
01  print( bool(0) )
02  print( bool("") )
03  print( bool(" ") )
04  print( bool(1) )
05  print( bool("XYZ") )
```

**執行結果**

```
False
False
True
True
True
```

**程式解析**

➡ 第 02 行：傳入是一個空字串，所以會回傳 False。

➡ 第 03 行：傳入是含有一個空格的字串，所以會回傳 True。

## 2-2-2 字串型態

在 Python 中將一連串字元放在單引號（'）或雙引號（"）括起來，就是一個字串（string），請注意！單引號（'）或雙引號（"）必須要成對使用，不可混合使用，否則會發生與法錯誤。如果要將字串指定給特定變數時，可以使用「=」指定運算子。範例如下：

```
phrase= " 心想事成 "
```

如果字串的本身包含雙引號或單引號，則可以使用另外一種引號來包住該字串。以下幾種表示方式都是正確的字串表示方式：

```
01  "13579"
02  "1+2"
03  "Hello, how are you?"
04  "I'm all right, but it's raining."
05  'I\'m all right, but it\'s raining.'
```

底下的小例子都是一種使用單引號（'）或雙引號（"）錯誤的例子。

```
'I'm all right, but it's raining.'
"I"m all right, but it"s raining."
```

**TIPS**

**輸入問題：** Python 中沒有提供字元型態，要怎麼表示一個字元呢？

**ChatGPT 回答畫面：**

在 Python 中確實沒有明確的「字元」資料型態，不像其他一些程式語言中提供的 `char` 型態。但是，你可以使用表示單個字元的字串來實現相同的效果。

在 Python 中，使用包含單個字符的字串，可以表示一個字元。例如：

```python
char = 'a'  # 使用單引號表示一個字元
print(char)  # 輸出：a
print(type(char))  # 輸出：<class 'str'>
```

當字串較長時，也可以利用「\」字元將過長的字串拆成兩行：

```
slogan="Never put until \
tomorrow \
what you can do today"
```

當需要依照固定的格式來輸出多行字串，則可以利用三個單引號或三個雙引號來框住使用者指定的字串格式，例如：

```
>>> print("""忠孝
仁愛
信義
和平""")
忠孝
仁愛
信義
和平
```

---

**TIPS**

**輸入問題**：要怎麼了解變數的資料型態？

**ChatGPT 回答畫面（範例程式：type(CGPT).py）：**

在 Python 中，你可以使用 `type()` 函數來獲取變數的資料型態。這個函數會返回變數所屬的資料型態。以下是一些示例：

```python
# 整數
num = 10
print(type(num))  # 輸出：<class 'int'>

# 浮點數
float_num = 3.14
print(type(float_num))  # 輸出：<class 'float'>

# 字串
text = "Hello, world!"
print(type(text))  # 輸出：<class 'str'>

# 布林值
boolean = True
print(type(boolean))  # 輸出：<class 'bool'>
```

---

## 2-2-3 資料型態轉換

如果不同資料型態作運算時，會造成資料型態的不一致，這時候「資料型態轉換」（Data Type Coercion）功能就派上用場了。在 Python 運算當中，變數之間必須具備相同型態才能進行運算，當不同資料型態變數進行運算時，需要對於針對運算式執行上的要求，還可以「暫時性」轉換資料的型態。例如整數與浮點數運算時，Python 會先將位元數少的型態先轉換為位元數多的型態，再來進行運算，也就是會先轉換為浮點數進行運算，最後結果也為浮點數，例如：

```
sum=12+ 11.5   # 其運算結果為浮點數 23.5
```

如果要串接多個字串，也可以利用「+」符號，例如：

```
>>> print("2020"+"新年快樂")
2020新年快樂
>>>
```

但是如果要直接串接整數與字串，則會出現錯誤：

```
>>> print("愛你"+1000+"年")
Traceback (most recent call last):
  File "<pyshell#4>", line 1, in <module>
    print("愛你"+1000+"年")
TypeError: can only concatenate str (not "int") to str
>>>
```

除了由 Python 自行型態轉換之外，各位也可以強制轉換資料型態。Python 強制轉換資料型態的內建函數有下列三種：

■ **int()**：強制轉換為整數資料型態

例如：

```
num1 = "8"
num2 = 12 + int(num1)
print(num2)   # 結果：20
```

變數 num1 的值是 8 是字串型態，所以先用 int(x) 轉換為整數型態。

■ **float()**：強制轉換為浮點數資料型態

```
num1 = "9.25"
num2 = 6 + float(num1)
print(num2)   # 結果：15.25
```

變數 num1 的值是 9.25 是字串型態，所以先用 float(x) 轉換為浮點數型態。

■ **str()**：強制轉換為字串資料型態

```
num1 = "3.78"
num2 = 5 + float(num1)
print(" 輸出的數值是 " + str(num2))    # 結果：輸出的數值是 8.78
```

print() 函數裡面「輸出的數值是」這一串字是字串型態，「+」號可以將兩個字串相加，變數 num2 是浮點數型態，所以必須先轉換為字串。

## 2-3 輸出指令—print

程式設計的目的就在於將使用者所輸入的資料，經由電腦運算之後，再將結果另行輸出。print() 函數相信各位都已經不陌生了吧！其實它也是 Python 中最普遍的輸出函數，print() 函數會將指定的文字輸出到螢幕，print() 函數更可以配合格式化字元，來輸出指定格式的變數或數值內容。格式如下：

```
print( 項目 1[, 項目 2,..., sep= 分隔字元 , end= 結束字元 ])
```

> **TIPS** [] 內表示可省略的參數，那麼分隔字元與結束字元會以系統預設值為主，結束字元預設的分隔符號為一個空白字元（""）。

說明如下：

■ **項目 1, 項目 2,...**：print() 函數可以用來列印多個項目，每個項目之間必須以逗號隔開「,」。

■ **sep**：分隔字元，可以用來列印多個項目，每個項目之間必須以分隔符號區隔。

■ **end**：結束字元，是指在所有項目列印完畢後會自動加入的字元，如果省略 end 不寫，執行 print() 函數之後就會換行，當然各位也可以設定 end=""，那麼下次列印實還會在同一列上。

大話變數與資料處理

例如 print(10, 20, 30,sep="@")，會輸出 10@20@30，如果省略 sep 不寫，就會以預設的空格來分隔輸出的資料。

我們再來看幾個例子，其程式碼及輸出結果如下：

```
print("python 簡單又好學 ")     # 直接印出
print(" 一年甲班 ", " 通過檢測 ", 100, " 人 ")# 分隔字元為空白
print(" 一年甲班 ", " 通過檢測 ", 100, " 人 ", sep="@")# 分隔字元為 @，並自動換行
print(" 一年甲班 ", " 通過檢測 ", 100, " 人 ", sep="@",end="")# 輸出後不會換行
print(" 狂賀 ")# 直接緊接著上一行輸出
```

其輸出結果如下：

```
python簡單又好學
一年甲班  通過檢測  100  人
一年甲班@通過檢測@100@人
一年甲班@通過檢測@100@人狂賀
```

## 2-3-1 「%」參數格式化輸出

接下來我們要補充 print 指令也支援格式化輸出功能，有兩種格式化方法可以使用，一種是以「%」格式化輸出，另一種是透過函數格式化（Format）輸出。

首先介紹由 "%" 字元與後面的格式化字串來輸出指定格式的變數或數值內容，語法如下：

```
print(" 項目 " % ( 參數列 ))
```

參數列中含有要輸出的字串與對應引數列項目的格式化字元，這些項目可以是變數、常數或者是運算式的組合，格式化字串中有多少個格式化字元，參數列中就該有相同數目對應的項目。各種格式化字元輸出方式請參考下表：

| 格式化符號 | 說明 |
| --- | --- |
| %s | 字串 |
| %d | 整數 |
| %f | 浮點數 |

| 格式化符號 | 說明 |
|---|---|
| %e | 浮點數，指數 e 型式 |
| %o | 八進位整數 |
| %x | 十六進位整數 |

例如：

```
score=98
print("小明的分數:%d" % score)
```

輸出結果

```
小明的分數: 98
```

```
print("%5s 的平均遊戲積分:%5.2f" % ("Bruce",83))
print("%5s 的平均遊戲積分:%5.2f" % ("Andy",57.2))
```

輸出結果

```
Bruce的平均遊戲積分: 83.00
 Andy的平均遊戲積分: 57.20
```

底下範例將數字 168，分別用 print 函數輸出浮點數、八進位、十六進位以及二進位。

範例程式 **print_%.py** ▶ 整數輸出不同進制

```
01  num = 168
02  print ("數字 %s 的浮點數:%5.1f" % (num,num))
03  print ("數字 %s 的八進位:%o" % (num,num))
04  print ("數字 %s 的十六進位:%x" % (num,num))
05  print ("數字 %s 的二進位:%s" % (num,bin(num)))
```

執行結果

```
數字 168 的浮點數：168.0
數字 168 的八進位：250
數字 168 的十六進位：a8
數字 168 的二進位：0b10101000
```

上例透過內建函數 bin() 將十進位數字轉換成二進位字元再輸出。

---

**TIPS**

**輸入問題：**請設計一個 Python 程式，將數字 168，分別用 print 函數輸出浮點數、八進位、十六進位以及二進位。

**ChatGPT 回答畫面（範例程式：**print_%(CGPT).py）：

以下是將數字 168 轉換並使用 `print` 函數輸出不同進制的 Python 程式範例：

```python
num = 168

# 輸出浮點數
print("浮點數:", float(num))

# 輸出八進位
print("八進位:", oct(num))

# 輸出十六進位
print("十六進位:", hex(num))

# 輸出二進位
print("二進位:", bin(num))
```

這個程式中，ChatGPT 使用 float()、oct()、hex() 和 bin() 函數來將數字 168 分別轉換為浮點數、八進位、十六進位和二進位形式。然後使用 print 函數將這些轉換結果輸出到控制台。

---

## 2-3-2 format 函數格式化輸出

接下來還要介紹如何透過 format 函數格式化輸出，是以一對大括號「{}」來表示參數的位置，{} 內則用 format() 裡的引數替換，不需要理會引數資料型態，一律用 {} 表示，可使用多個引數，同一個引數可以多次輸出，位置可以不同，語法如下：

```
print( 字串 .format ( 參數列 ))
```

舉例來說：

```
print("{0} 駕照考了 {1} 次 . ".format(" 陳美鳳 ", 5))
```

其中 {0} 表示使用第一個引數、{1} 表示使用第二個引數，以此類推，如果 {} 內省略數字編號，就會依照順序填入。

您也可以使用引數名稱來取代對應引數，例如：

```
print("{person} 一年收入新台幣 {money} 元 . ".format(person =" 許富強 ",
money=1000000))# 許富強 一年收入新台幣 1000000 元 .
```

直接在數字編號後面加上冒號「:」可以指定參數格式，例如：

```
print('{0:.3}'.format(1.732))    #1.73
```

表示第一個引數取小數點後 2 位（含小數點）。

以下程式碼是利用 format 方法來格式化輸出字串及整數的工作：
（format_1.py）

```
company=" 藍海科技股份有限公司 "
year=27
print("{} 已成立公司 {} 年 " .format (company, year))
```

輸出結果如下圖：

藍海科技股份有限公司已成立公司 27 年

下列利用了資料型態轉換，將字串轉成整數後，再進行相乘的運算。

大話變數與資料處理

**範例程式** **change.py** ▶ 資料型態轉換

```
01  str = "{1} * {0} = {2}"
02  a = 3
03  b = "5"
04  print(str.format(a, b, a * int(b)))
```

**執行結果**

```
5 * 3 = 15
```

另外也可以搭配「^」、「<」、「>」符號加上寬度來讓字串居中、靠左對齊或靠右對齊，例如：（format_2.py）

```
print("{0:10} 收入：{1:_^12}".format("Axel", 52000))
print("{0:10} 收入：{1:>12}".format("Michael", 87000))
print("{0:10} 收入：{1:*<12}".format("May", 36000))
```

**輸出結果**

```
Axel       收入：___52000___
Michael    收入：       87000
May        收入：36000*******
```

其中 {1:_^12} 表示寬度 12，以底線「_」填充並置中；{1:>12} 表示寬度 12 靠右對齊，未指定填充字元就會以空格填充；{1:*<12} 表示寬度 12，以星號「*」填充並靠左對齊。

**範例程式** **salary.py** ▶ 格式化列印員工各項收入

```
01  print(" 編號姓名底薪業務獎金加給補貼 ")
02  print("%3d %3s %6d %6d %6d" %(801," 朱正富 ",32000,10000,5000))
03  print("%3d %3s %6d %6d %6d" %(805," 曾自強 ",35000,8000,7000))
04  print("%3d %3s %6d %6d %6d" %(811," 陳威勳 ",43000,15000,6000))
```

執行結果

| 編號 | 姓名 | 底薪 | 業務獎金 | 加給補貼 |
|------|------|------|----------|----------|
| 801 | 朱正富 | 32000 | 10000 | 5000 |
| 805 | 曾自強 | 35000 | 8000 | 7000 |
| 811 | 陳威動 | 43000 | 15000 | 6000 |

## 2-4　輸入指令─input

　　input() 函數恰好跟 print() 函數相反，在 Python 中兩個正好是一對寶，程式中經常會看到它們的蹤跡。input() 函數可以經由標準輸入設備（鍵盤），把使用者所輸入的數值、字元或字串傳送給指定的變數，input() 函數可以指定提示文字，語法如下：

```
變數 = input(" 提示文字 ")
```

　　上述語法中的「提示文字」是一段告知使用者輸入的提示訊息，使用者輸入的資料是字串格式，我們可以透過內建的 int()、float()、bool() 等函數將輸入的字串轉換為整數、浮點數、布林值型態。

　　使用 input 命令時，所輸入的資料類型是字串，一些新手常會在輸入數字型態的資料時，會直覺認為是數值並進行運算，因而發生資料型態不符的錯誤，例如：

```
money=input(" 請輸入金額： ")
print(money*1.05)
```

　　會出現如下的錯誤訊息：

```
TypeError: can't multiply sequence by non-int of type 'float'
```

　　這是因為變數 money 是字串無法與數值 1.05 相乘，因為發生無法相乘的錯誤。

正確的作法是將字串以 int 或 float 強制將數值轉換為數值資料型態，就可以正常執行，程式碼修改如下：

```
money=input(" 請輸入金額： ")
print(int(money)*1.05)
```

```
請輸入金額： 5200
5460.0
```

以下這個程式範例利用 input 函數，讓使用者由螢幕輸入兩筆資料，並且輸出這兩數的和。

### 範例程式　add.py ▶ 將輸入的兩數相加後輸出

```
01  no1=input(" 請輸入第 1 個浮數： ")
02  no2=input(" 請輸入第 2 個浮數： ")
03  print(" 兩數的和 ",float(no1)+float(no2))
```

### 執行結果

```
請輸入第1個浮數： 3.8
請輸入第2個浮數： 9.2
兩數的和 13.0
```

### 程式解析

→ 第 3 行直接輸出兩數的和。但要兩數要相加之前，必須將所輸入的字串以 float() 函數強制轉換成浮點數值才可以相加。

## 本章綜合範例

1. 請各位設計一程式，可以讓使用者進行日期輸入，並顯示輸入的結果。

```
請輸入日期(YYYY-MM-DD)：
2020
08
15
日期：2020-08-15
```

解答 date.py

```
01  print(" 請輸入日期 (YYYY-MM-DD)：")
02  year=input()
03  month=input()
04  day=input()
05  print(" 日期：%s-%s-%s" %(year, month, day))
```

2. 月球引力約為地球引力的 **17%**，請設計一程式讓使用者輸入體重，以求得該使用者於月球上之體重。

```
請輸入您的體重(公斤):80
您在月球上體重為:13.60000 公斤
```

解答 earth.py

```
01  print(" 請輸入您的體重 ( 公斤 ):",end="")
02  weight=int(input())# 輸入體重
03  print(" 您在月球上體重為：%.5f 公斤 " %(weight * 0.17))
```

3. 請設計一程式讓使用者任意輸入 10 進位數，並分別輸出該數的 8 進位與 16 進位數的數值。

```
請輸入一個十進位數： 84
Val的八進位數=124
Val的十六進位數=54
```

解答 digit.py

```
01  print(" 請輸入一個十進位數： ",ond="")
02  Val=int(input())
03  print("Val 的八進位數 =%o" %Val); # 以 %o 格式化字元輸出
04  print("Val 的十六進位數 =%x" %Val); # 以 %x 格式化字元輸出
```

大話變數與資料處理

# 本章課後習題

## 一、選擇題

( ) 1. 下列哪一個變數設定資料值的方式是正確的？

    (A) a=b=c=66

    (B) a,b,c = 10,20,30

    (C) year,height,name = 55, 175.6,"Alex"

    (D) 以上皆是正確的變數設定值的方式

( ) 2. 如果變數確定不需要使用了，可以使用哪一個指令來刪除？

    (A) drop        (B) del        (C) erase        (D) omit

( ) 3. 對於特定物件的方法、屬性或指令不清楚可以使用下列哪個函數查詢？

    (A) help()        (B) aid()        (C) menu()        (D) how()

( ) 4. print( bool(1)) 結果值為何？

    (A)True        (B) False        (C) true        (D) false

( ) 5. 當字串較長時，也可以利用什麼字元將過長的字串拆成兩行。

    (A) /        (B) |        (C) \\        (D) #

( ) 6. 下列何者是無效的 Python 變數？

    (A) _count        (B) buy168        (C) 12_num        (D) STU_NO

( ) 7. 將數值資料轉為字串的函數是哪一種？

    (A) str() 函數                (B) string() 函數

    (C) ord() 函數              (D) chr() 函數

( ) 8. 如果要依照固定的格式來輸出字串可以用哪一個符號來框住指定的字串？

    (A) 三重單引號             (B) 三重雙引號

    (C) 以上皆可               (D) 以上皆否

## 二、填充題

1. ＿＿＿＿＿＿＿ 主要是用來儲存程式中的資料，以提供程式中各種運算之用。

2. Python 的註解分成兩種：＿＿＿＿＿＿＿、＿＿＿＿＿＿＿。

3. Python 的數值型態有 ＿＿＿＿＿＿＿、＿＿＿＿＿＿＿ 與 ＿＿＿＿＿＿＿ 三種。

4. Python 變數的值是使用 ＿＿＿＿＿＿＿ 來指派，可以一次宣告多個相同資料型態的變數或混搭不同型態的變數。

5. 將一連串字元放在 ＿＿＿＿＿＿＿ 或 ＿＿＿＿＿＿＿ 括起來，就是一個字串（string）。

6. 使用 ＿＿＿＿＿＿＿ 函數來傳回指定變數的資料型態。

7. 資料型態轉換功能可以區分為「＿＿＿＿＿＿＿」與「＿＿＿＿＿＿＿」。

8. 三個強制資料型態轉換的命令：＿＿＿＿＿＿＿、＿＿＿＿＿＿＿、＿＿＿＿＿＿＿。

## 三、問答與實作題

1. 試簡述 Python 命名的基本原則。

2. 請解釋下列三個不合法變數名稱分別違反了什麼樣的命名規則？

   ❶@abc　　　❷dollar$　　　❸range

3. 一般評斷程式語言好壞的四項標準為何？

4. Python 的註解有哪兩種方式。

5. Python 強制轉換資料型態的內建函數有哪些？

6. 在 Python 語言中使用變數前是否要事先宣告？

7. print 指令也支援格式化功能，請填入下表輸出格式化功能的符號。

| 格式化符號 | 說明 |
|---|---|
| | 字串 |
| | 浮點數 |
| | 八進位整數 |
| | 十六進位整數 |

8. 請說明底下無效變數錯誤的原因。

7_up

for

$$$999

happy new year

# 03
CHAPTER

# 一看就懂的
# 運算式與運算子

精確快速的計算能力稱得上是電腦最重要的能力之一，而這些就是透過程式語言中各種五花八門的運算式來達成。運算式就像平常所用的數學公式一樣，是由運算子（operator）與運算元（operand）所組成。一般我們在程式撰寫中經常將變數或數值等各種「運算元」（Operands），利用系統預先定義好的「運算子」來進行各種算術運算（如＋、－、×、÷ 等）、邏輯判斷（如 AND、OR、NOT 等）與關係運算（如＞、＜、＝等），以求取一個執行結果。

```
A=(B+C)*(A+10)/3;
```

就如以上數學式子就是一種運算式，＝、＋、* 及 / 符號稱為運算子，而變數 A、B、C 及常數 10、3 都屬於運算元。接著將介紹常見的運算子。

## 3-1 算術運算子

算術運算子（Arithmetic Operator）包含了數學運算中的四則運算。算術運算子的符號與名稱如下表所示：

| 算術運算子 | 範例 | 說明 |
|:---:|:---:|:---:|
| + | a+b | 加法 |
| - | a-b | 減法 |
| * | a*b | 乘法 |
| ** | a**b | 乘冪（次方） |
| / | a/b | 除法 |
| // | a//b | 整數除法 |
| % | a%b | 取餘數 |

「/」與「//」都是除法運算子，「/」會有浮點數；「//」會將除法結果的小數部份去掉，只取整數，「%」是取得除法後的餘數。這三個運算子都與除法相關，所以要注意第二個運算元不能為零，否則會發生除零錯誤。例如：

```
x = 25
y= 4
print(x / y)      # 浮點數 6.25
print(x // y)     # 整數 6
print(x % y)      # 餘數 1
```

另外還有「**」是乘冪運算，例如要計算 3 的 4 次方：

```
print(3 ** 4)     #81
```

如果兩個整數相除，計算結果仍然會是整數，如果商數含有小數，會被自動去除，底下以實際的程式範例來為您說明。

**範例程式** **math.py** ▶ 四則運算子的運算說明與示範

```
01   a=10;b=7;c=20
02   print(a/b)
03   print((a+b)*(c-10)/5)
```

**執行結果**

```
1.4285714285714286
34.0
```

**程式解析**

➡ 第 1 行宣告整數型態的變數 a、b、c，並且分別設定變數的初值。

➡ 第 2 行顯示「a/b」的回傳值。

➡ 第 10 行的 (a+b)*(c-10)/5 會先計算括號部分，再計算乘除部分，所以回傳值為 34.0。

一看就懂的運算式與運算子

1. 請設計一程式，經過以下宣告與運算後 A、B、C 的值。

```
01  A=5;B=8;C=10
02  B=B+1
03  A=B*(C-A)/(B-A)
04  print("A= ",A)
05  print("B= ",B)
06  print("C= ",C)
```

解答 math1.py

```
A=   11.25
B=   9
C=   10
```

## 3-2 複合指定運算子

在 Python 中「=」符號稱為指定運算子（Assignment Operator），主要作用是將等號右方的值指派給等號左方的變數。語法格式如下：

```
變數名稱 = 指定值 或 運算式；
```

在指定運算子（=）右側可以是常數、變數或運算式，最終都將會值指定給左側的變數；而運算子左側也僅能是變數，不能是數值、函數或運算式等。例如：

```
a=5
b=a+3
c=a*0.5+7*3
x-y=z  # 不合法的語法，運算子左側只能是變數
```

指定運算子也可以搭配某個運算子，而形成「複合指定運算子」（Compound Assignment Operators）。複合指定運算子，是由指定運算子與其它運算子結合而成。先決條件是「=」號右方的來源運算元必須有一個是和左方接收指定數值的運算元相同，如果一個運算式含有多個混合指定運算子，運算過程必須是由右方開始，逐步進行到左方。複合指定運算子的格式如下：

```
a op= b
```

此運算式的含意是將 a 的值與 b 的值以 op 運算子進行計算，然後再將結果指定給 a。請看下表說明：

| 指派運算子 | 範例 | 說明 |
|---|---|---|
| = | a = b | 將 b 指派給 a |
| += | a += b | 相加同時指派，相當於 a=a+b |
| -= | a -= b | 相減同時指派，相當於 a=a-b |
| *= | a *= b | 相乘同時指派，相當於 a=a*b |
| **= | a **= b | 乘冪同時指派，相當於 a=a**b |
| /= | a /= b | 相除同時指派，相當於 a=a/b |
| //= | a //= b | 整數相除同時指派，相當於 a=a//b |
| %= | a %= b | 取餘數同時指派，相當於 a=a%b |

**範例程式** **compound.py** ▶ 複合指定運算說明與示範

```
01   num=8
02   num*=9
03   print(num)
04   num+=1
05   print(num)
06   num//=9
07   print(num)
08   num %= 5
09   print(num)
10   num -= 2
11   print(num)
```

**執行結果**

```
72
73
8
3
1
```

**程式解析**

➡ 第 1 行設定 num 值為 8，第 2、4、6、8、10 行則分為執行不同的複合指定運算式。

## 3-3　比較運算子

比較運算子主要是在比較兩個數值之間的大小關係，當狀況成立，稱之為「真（True）」，狀況不成立，則稱之為「假（False）」。比較運算子也可以串連使用，例如 a < b <= c 相當於 a < b，而且 b <= c。下表為常用的比較運算子。

| 比較運算子 | 範例 | 說明 |
|---|---|---|
| > | a > b | 左邊值大於右邊值則成立 |
| < | a < b | 左邊值小於右邊值則成立 |
| == | a == b | 兩者相等則成立 |
| != | a != b | 兩者不相等則成立 |
| >= | a >= b | 左邊值大於或等於右邊值則成立 |
| <= | a <= b | 左邊值小於或等於右邊值則成立 |

這個程式範例是輸出兩個整數變數與各種比較運算子間的真值表，以 0 表示結果為假，1 表示結果為真。

**TIPS**

**輸入問題：**布林值（True 和 False）也可以使用比較運算子進行比較嗎？

**ChatGPT 回答畫面：**

是的，布林值（True和False）也可以使用比較運算子進行比較。比較運算符可以用於比較布林值之間的關係，並返回布林結果。以下是一些範例：

1. **相等比較：**
   - `True == True` 返回True，因為兩個布林值都是相等的。
   - `False == True` 返回False，因為兩個布林值不相等。

2. **不等比較：**
   - `True != False` 返回True，因為兩個布林值不相等。
   - `True != True` 返回False，因為兩個布林值相等。

3. **布林值的大小比較：**
   - `False < True` 返回True，因為False的數值表示為0，而True的數值表示為1，所以False小於True。

**範例程式** **compare.py** ▶ 各種比較運算子間的真值表

```
01   a=19; b=13
02   # 比較運算子運算關係
03   print("a=%d b=%d " %(a,b))
04   print("------------------------------")
05   print("a>b, 比較結果為 %d 值" %(a>b))
06   print("a<b, 比較結果為 %d 值" %(a<b))
07   print("a>=b, 比較結果為 %d 值" %(a>=b))
08   print("a<=b, 比較結果為 %d 值" %(a<=b))
09   print("a==b, 比較結果為 %d 值" %(a==b))
10   print("a!=b, 比較結果為 %d 值" %(a!=b))
```

**執行結果**

```
a=19 b=13
------------------------------
a>b,比較結果為 1 值
a<b,比較結果為 0 值
a>=b,比較結果為 1 值
a<=b,比較結果為 0 值
a==b,比較結果為 0 值
a!=b,比較結果為 1 值
```

**程式解析**

◆ 第 1 行：給定 a、b 的值。

◆ 第 5 ～ 10 行我們分別輸出 a、b 與關係運算子的比較結果，真時顯示為 1，假時則顯示為 0。

## 3-4　邏輯運算子

邏輯運算子也是運用在邏輯判斷的時候，可控制程式的流程，通常是用在兩個表示式之間的關係判斷。邏輯運算子共有三種，如下表所列：

| 運算子 | 用法 |
|---|---|
| and | a>b and a<c |
| or | a>b or a<c |
| not | not (a>b) |

一看就懂的運算式與運算子

有關 and、or 和 not 的運算規則說明如下：

■ **and**：當 and 運算子兩邊的條件式皆為真（True）時，結果才為真，例如假設運算式為 a>b and a>c，則運算結果如下表所示：

| a > b 的真假值 | a > c 的真假值 | a>b and a>c 的運算結果 |
|---|---|---|
| 真 | 真 | 真 |
| 真 | 假 | 假 |
| 假 | 真 | 假 |
| 假 | 假 | 假 |

例如：a=7, b=5, c=9

則 a>b and a>c 的運算結果為 True and False，結果值為 False。

■ **or**：當 or 運算子兩邊的條件式，有一邊為真（True）時，結果就是真，例如：假設運算式為 a>b or a>c，則運算結果如下表所示：

| a > b 的真假值 | a > c 的真假值 | a>b or a>c 的運算結果 |
|---|---|---|
| 真 | 真 | 真 |
| 真 | 假 | 真 |
| 假 | 真 | 真 |
| 假 | 假 | 假 |

例如：a=7, b=5, c=9

則 a>b or a>c 的運算結果為 True or False，結果值為 True。

■ **not**：這是一元運算子，可以將條件式的結果變成相反值，例如：假設運算式為 not (a>b)，則運算結果如下表所示：

| a > b 的真假值 | not (a>b) 的運算結果 |
|---|---|
| 真 | 假 |
| 假 | 真 |

例如：a=7, b=5

則 not (a>b) 的運算結果為 not(True)，結果值為 False。

TIPS

**輸入問題**：邏輯運算子的運算優先順序是怎樣的？

**ChatGPT 回答畫面：**

底下直接由例子來看看邏輯運算子的使用方式：

```
01   a,b,c=5,10,6
02   result = a>b and b>c; #and 運算
03   result = a<b or c!=a; #or 運算
04   result = not result;  # 將 result 的值做 not 運算
```

上面的例子中，第 2、3 行敘述分別以運算子 and、or 結合兩條件式，並將運算後的結果儲存到布林變數 result 中，在這裡由 and 與 or 運算子的運算子優先權較關係運算子 >、<、!= 等來得低，因此運算時會先計算條件式的值，之後再進行 and 或 or 的邏輯運算。

第 4 行敘述則進行 not 邏輯運算，取得變數 result 的反值（True 的反值為 False，False 的反值為 True），並將傳回值重新指派給變數 result，這行敘述執行後的結果會使得變數 result 的值與原來的相反。

以下程式範例是是輸出三個整數與邏輯運算子相互關係的真值表，請各位特別留意運算子間的交互運算規則及優先次序。

**範例程式** **relation.py** ▶ 各種比較運算子間的真值表

```
01   a,b,c=3,5,7 #宣告 a、b 及 c 三個整數變
02   print("a= %d b= %d c= %d" %(a,b,c))
03   print("===================================")
04   print("a<b and b<c or c<a = %d" %(a<b and b<c or c<a))
05   print("not(a==b)and (not a<b) = %d" %(not(a==b)and (not a<b)))
06   # 包含關係與邏輯運算子的運算式求值
```

**執行結果**

```
a= 3 b= 5 c= 7
===================================
a<b and b<c or c<a = 1
not(a==b)and (not a<b) = 0
```

**程式解析**

◆ 第 1 行宣告 a、b 及 c 三個整數變數，並設定不同的值。

◆ 第 4 行當連續使用邏輯運算子時，它的計算順序為由左至右，也就是先計算「a<b and b<c」，然後再將結果與「c<a」進行 or 的運算。

◆ 第 5 行則由括號內先進行，再由左而右依序進行。

## 3-5 位元運算子

位元運算子（Bitwise Operator）可以用來進行位元與位元間的邏輯運算。Python 中提供有四種位元邏輯運算子，分別是 &、|、^ 與～：

| 位元邏輯運算子 | 說明 | 使用語法 |
|:---:|:---:|:---:|
| & | A 與 B 進行 AND 運算 | A & B |
| \| | A 與 B 進行 OR 運算 | A \| B |
| ～ | A 進行 NOT 運算 | ～ A |
| ^ | A 與 B 進行 XOR 運算 | A^B |

我們來看以下範例：

### ⚙ &（AND）

執行 AND 運算時，對應的兩字元都為 1 時，運算結果才為 1，否則為 0。例如 a=15，b=10 則「a&b」得到的結果為 10。因為 15 的二進位表示法為 1111，10 的二進位表示法為 1010，兩者執行 AND 運算後，結果為 $(1010)_2$ 也就是 $(10)_{10}$。

### ⚙ ^（XOR）

執行 XOR 運算時，如果對應的兩位元只要任一位元為 1(True)，則運算結果即為 1(True)，不過當兩者同時為 1(True) 或 0(False) 時，則結果為 0(False)。例如 a=15，則 a^10 得到的結果為 5。因為 15 的二進位表示法為 1111，10 的二進位表示法為 1010，兩者執行 XOR 運算後，結果為 $(101)_2$ 也就是 $(5)_{10}$。

### ⚙ |（OR）

執行 OR 運算時，對應的兩字元只要任一字元為 1 時，運算結果為 1，也就是只有兩字元都為 0 時，才為 0。例如 a=15，則 a|10 得到的結果為 15。因為 15 的二進位表示法為 1111，10 的二進位表示法為 1010，兩者執行 XOR 運算後，結果為 $(1111)_2$ 也就是 $(15)_{10}$。

### ⚙ ～（NOT）

NOT 作用是取 1 的補數（complement），也就是 0 與 1 互換。例如 a=15，二進位表示法為 00001111，取 1 的補數後，由於所有位元都會進行 0 與 1 互換，因此運算後的結果得到 -16：

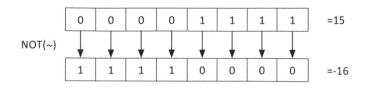

一看就懂的運算式與運算子

**TIPS**

**輸入問題**：什麼是補數？

**ChatGPT 回答畫面**：

> 補數是指兩個數字相加後等於某特定數字的情況下，這兩個數字互為該特定數字的補數。以數字 X 和 Y 為例，如果 X＋Y 等於特定的數字 N，則 X 和 Y 互為 N 的補數。
>
> 例如，在十進位制中，特定的數字是 10。如果兩個數字的和等於 10，則這兩個數字互為 10 的補數。
>
> 舉例來說，數字 4 和數字 6 相加等於 10，所以數字 4 和數字 6 互為 10 的補數。同樣地，數字 6 和數字 4 也是 10 的補數。

以下程式範例就是位元運算子說明與應用的各種實例。

**範例程式** **bit_operator.py** ▶ 位元運算子綜合應用

```
01  x = 15; y = 10
02  print(x & y)
03  print(x ^ y)
04  print(x | y)
05  print(～x)
```

**執行結果**

```
10
5
15
-16
```

## TIPS

**輸入問題：**第 3 行的 x ^ y 執行了什麼位元運算？為什麼結果是 5 ？

**ChatGPT 回答畫面：**

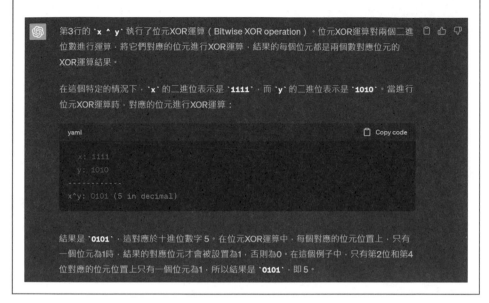

第3行的 `x ^ y` 執行了位元XOR運算（Bitwise XOR operation）。位元XOR運算對兩個二進位數進行運算，將它們對應的位元進行XOR運算，結果的每個位元都是兩個數對應位元的XOR運算結果。

在這個特定的情況下，`x` 的二進位表示是 `1111`，而 `y` 的二進位表示是 `1010`。當進行位元XOR運算時，對應的位元進行XOR運算：

```yaml
x: 1111
y: 1010
-------------
x^y: 0101 (5 in decimal)
```

結果是 `0101`，這對應於十進位數字 5。在位元XOR運算中，每個對應的位元位置上，只有一個位元為1時，結果的對應位元才會被設置為1，否則為0。在這個例子中，只有第2位和第4位對應的位元位置上只有一個位元為1，所以結果是 `0101`，即 5。

## 3-6 位移運算子

位元位移運算子可提供將整數值的位元向左或向右移動所指定的位元數，Python 中提供有兩種位元邏輯運算子，分別是左移運算子（<<）與右移運算子（>>）：

| 位元位移運算子 | 說明 | 使用語法 |
|:---:|:---:|:---:|
| << | A 進行左移 n 個位元運算 | A<<n |
| >> | A 進行右移 n 個位元運算 | A>>n |

### << （左移）

左移運算子（<<）可將運算元內容向左移動 n 個位元，左移後超出儲存範圍即捨去，右邊空出的位元則補 0。語法格式如下：

例如運算式「13<<2」。數值 13 的二進位值為 1101，向左移動 2 個位元後成為 110100，也就是十進位的 52。如下圖所示。

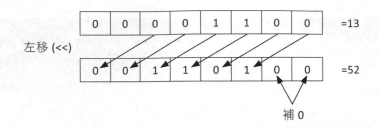

### >>（右移）

右移運算子（>>）與左移相反，可將運算元內容右移 n 個位元，右移後超出儲存範圍即捨去。請留意，這時右邊空出的位元，如果這個數值是正數則補 0，負數則補 1。語法格式如下：

A>>n

例如運算式「13>>1」。數值 13 的二進位值為 1101，向右移動 1 個位元後成為 0111，也就是十進位的 6。如下圖所示：

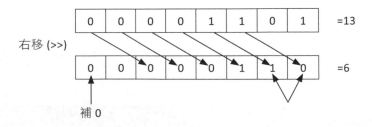

### 範例程式 shift.py ▶ 位移運算子綜合應用

```
01  b = 13
02  print(b << 2)
03  print(b >> 1)
```

執行結果

```
52
6
```

## 3-7 運算子的優先權

當我們遇到一個有一個以上運算子的運算式時,首先區分出運算子與運算元。接下來就依照運算子的優先順序作整理動作,當然也可利用「()」括號來改變優先順序。最後由左至右考慮到運算子的結合性(associativity),也就是遇到相同優先等級的運算子會由最左邊的運算元開始處理。以下是 Python 中各種運算子計算的優先順序:

| 運算子 | 說明 |
|---|---|
| () | 括號 |
| not | 邏輯運算 NOT |
| - | 負數 |
| + | 正數 |
| * | 乘法運算 |
| / | 除法運算 |
| % | 餘數運算 |
| + | 加法運算 |
| - | 減法運算 |
| > | 比較運算大於 |
| >= | 比較運算大於等於 |
| < | 比較運算小於 |
| <= | 比較運算小於等於 |
| == | 比較運算等於 |
| != | 比較運算不等於 |
| and | 邏輯運算 and |
| or | 邏輯運算 or |
| = | 指定運算 |

## 本章綜合範例

1. 假設某道路全長 765 公尺，現欲在橋的兩旁兩端每 17 公尺插上一支旗子（此範例假設頭尾都插旗子），如果每支旗子需 210 元，請設計一個程式計算共要花費多少元？

共需花費：19320 元

解答 cost.py

```
01  x=(765/17+1)*2*210;
02  print(" 共需花費： %d 元 " %x)
```

2. 請設計一程式，輸入任何一個三位數以上的整數，並利用餘數運算子 (%) 所寫成的運算式來輸出其百位數的數字。例如 4976, 則輸出 9，254637 則輸出 6。

請輸入三位數以上整數：3456
百位數的數字為4

解答 mod.py

```
01  print(" 請輸入三位數以上整數： ", end="")
02  num=int(input())
03  num=(num/100)%10;
04  print(" 百位數的數字為 %d" %num)
```

3. 請設計一程式，能夠讓使用者輸入準備兌換的金額，並能輸出所能兌換的百元、50 元紙鈔與 10 元硬幣的數量。

請輸入將兌換金額：56890
百元鈔有568張　五十元鈔有1張　十元鈔有4張

解答 coin.py

```
01  print(" 請輸入將兌換金額： ",end="")
02  num=int(input())
03  hundred=num//100
04  fifty=(num-hundred*100)//50
05  ten=(num-hundred*100-fifty*50)//10
06  print(" 百元鈔有 %d 張五十元鈔有 %d 張十元鈔有 %d 張 " %(hundred,fifty,ten))
```

# 本章課後習題

## 一、選擇題

（　　） 1. 12 !=12 結果值為何？

　　　　 (A) true　　　　　(B) false　　　　(C)True　　　　(D) False

（　　） 2. 15%4 的值為何？

　　　　 (A) 1　　　　　　(B) 2　　　　　　(C) 3　　　　　(D) 4

（　　） 3. 下列何者運算子的優先順序最高？

　　　　 (A) ==　　　　　(B) +　　　　　　(C) *　　　　　(D) not

（　　） 4. a =10;b =5;c =5，請問經過 a += c 運算後 a 的結果值為何？

　　　　 (A) 15　　　　　(B) 10　　　　　(C) 9　　　　　(D) 8

（　　） 5. 下列哪一個運算子可以用來改變運算子原先的優先順序？

　　　　 (A) ()　　　　　(B) ''　　　　　(C) ""　　　　　(D) #

## 二、填充題

1.　運算式是由 ＿＿＿＿＿＿ 與 ＿＿＿＿＿＿ 所組成。

2.　「＿＿＿＿＿＿」號也可以用來連接兩個字串。

3.　＿＿＿＿＿＿ 會將它右側的值指定給左側的變數。

4.　指定運算子也可以搭配某個運算子，而形成「＿＿＿＿＿＿ 運算子」。

5.　邏輯運算子運算結果僅有「＿＿＿＿＿＿」與「＿＿＿＿＿＿」兩種值。

## 三、問答與實作題

1.　請比較在 Python 單一個等號「=」和兩個等號「==」兩者間的差異。

2.　請舉例一種將指定運算子（=）右側的運算元指定給左側的運算元的不合法的範例。

3.　請比較「/」、「//」與「%」三個運算子的功能差異。

4. 請依運算子優先順序試算下列程式的輸出結果？

```
print("6*(24/a + (5+a)/b)=", c)
x = 5
y = 4
z = 7*(23/x + (y+8)/x)
print("7*(23/x + (y+8)/x)=", z)
```

5. 請寫出下列程式的輸出結果？

```
x= 19
y = 21
print(x> y or x == y and not y)
```

6. 請寫出下列程式的輸出結果？

```
a=20;b=5;c=16
print(a/b)
print((a*b)*(b-15)/5+c*3)
```

7. 請寫出下列程式的輸出結果？

```
num=10
num*=7
print(num)
num//=4
print(num)
num %= 9
print(num)
```

8. 請寫出下列程式的輸出結果？

```
a,b,c=3,5,7
print(a!=b and not b<c and c>a)
print(not(a!=b)and ( a>=b))
```

9. 請寫出下列程式的輸出結果？

```
x= 25
y = 78
print(x> y and x == y)
```

10. 請寫出下列程式的輸出結果？

```
a =5
b =4
c =3

x = a + b * c
print("{}".format(x))
a += c
print("a={0}".format(a,b))
a //= b
print("a={0}".format(a,b))
a %= c
```

一看就懂的運算式與運算子

# MEMO

# 04
CHAPTER

# 選擇結構一次搞定

程式的進行順序可不是像我們中山高速公路，由北到南一路通到底，有時複雜到像北宜公路上的九彎十八轉，幾乎讓人暈頭轉向。Python 主要是依照原始碼的順序由上而下執行，不過有時也會視需要來改變順序，此時就可由流程控制指令來告訴電腦，應該優先以何種順序來執行指令。

程式執行順序可不是一路通到底的直通車

「結構化程式設計」的特色，還包括三種流程控制結構：「循序結構」、「選擇結構」以及「重複結構」。選擇結構的條件敘述是讓程式能夠選擇應該執行的程式碼，就好比各位開車到十字路口，可根據不同的狀況來選擇需要的路徑。在本章中我們將先針對「選擇結構」的條件控制指令來做說明：

## 4-1 認識程式區塊及縮排

程式區塊可以被看作是一個最基本的程式指令區，使用上就像一般的程式指令，而它也是循序結構中的最基本單元。大部分語言如 C、C++、Java 都是以 {} 來將多個指令包圍起來，表示程式區塊，格式如下所示：

```
{
    程式指令；
    程式指令；
    程式指令；
}
```

不過 Python 中的程式區塊，主要是透過冒號（:）及「縮排」來表示與劃分，Python 程式碼裡的縮排對程式執行結果有重大的影響，也因此 Python 對於縮排是非常嚴謹的，因此程式碼不能任意縮排，同一區塊的程式碼必須使用相同的空格數進行縮排，否則就會出現錯誤。

各位在縮排可以使用空白鍵或 Tab 鍵產生空格，建議以 4 個空格進行縮排，在 Python 編輯工具中按一下「Tab」鍵預設就是 4 個空格，在本書中我們

是以 4 個空格作為縮排，例如 if/else 指令冒號（:）的下一行程式必須縮排，
例如：

```
height = 190

if height>180:
    print(" 非常高 ")              if 區塊
else:
    print(" 身高還可以 ")          else 區塊
```

**TIPS**

**輸入問題**：縮排可以混用 Tab 及空白鍵嗎？

**ChatGPT 回答畫面：**

> 在Python中，縮排是用來表示程式碼的區塊結構的，但是縮排的一致性很重要，不建議混用
> Tab和空白鍵。
>
> 雖然理論上Python允許使用Tab和空白鍵來進行縮排，但是建議在整個程式碼中選擇一種方
> 式，然後保持一致。這是因為Tab和空白鍵在不同編輯器和環境中可能會有不同的顯示和處理
> 方式，混用可能導致排版混亂，甚至可能導致程式碼無法正確運行。
>
> 根據**Python**官方的建議，最好的做法是使用四個空白鍵來進行縮排，以確保程式碼在不同編
> 輯器和環境中都具有一致的外觀和運行方式。這也是Python社群的廣泛共識。

## 4-2 條件控制指令

條件控制指令包含有一個條件判斷式，如
果條件為真，則執行某些程式，一旦條件為
假，則執行另一些程式。如下圖所示：

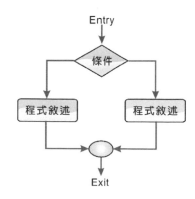

## 4-2-1　if 條件指令

　　if 敘述式是最簡單的一種條件判斷式，可先行判斷條件敘述是否成立，再依照結果來決定所要執行的程式敘述。if 條件指令的作用是判斷條件式是否成立，語法如下：

```
if 條件判斷式：
    # 如果條件成立，就執行這裡面的敘述
```

　　例如說，您要撰寫一段決定星期三才要穿藍色小花的衣服，而星期四穿白色 T 恤的程式，您就需要用到 Python 中的 if 敘述條件式來協助您達到目的。所以，當您想撰寫一段用來決定要穿什麼樣式衣服的程式時，在您腦中就會呈現要依據的分類條件是什麼？原來就是星期幾；如此一來我們以程式的語言來描述就成了：

```
01   day=4
02   if day==3:
03       print(" 穿藍色小花衣服 ")
04   if day==4:
05       print(" 穿白色 T 恤 ")
```

　　在 if 敘述下執行多行程式的程式區塊，此時就必須依照前面介紹的語法以縮排來表示指令。但如果是單行程式敘述時，可以直接寫在 if 敘述後面即可。接著我們就以下面的兩個例子來說明：

**例子 1**：請標示出縮排再單行與多行的不同之處

```
01   # 單行敘述
02   iftest_score>=60: print("You Pass!")
```

**例子 2**：

```
01   /# 多行敘述
02   iftest_score>=60:
03       print("You Pass!")
04       print("Your score is %d" %test_score)
```

以下程式範例是某一百貨公司準備年終回饋顧客，請使用 if 指令來設計，只要所輸入的消費額滿 2000 元即贈送來店禮。

01
02
03
04
05
06
07
08
09
10
11
12
13
14
15
A

**範例程式** **shop.py** ▶ 消費滿額贈送來店禮

```
01  print(" 請輸入總消費金額：",end="")
02  charge=int(input())
03  # 如果消費金額大於等於 2000
04  if charge>=2000: print(" 請到 10F 領取周年慶禮品 ")
```

**執行結果**

```
請輸入總消費金額：2500
請到10F領取周年慶禮品
```

**程式解析**

◆ 第 2 行：使用 input() 函數來輸入消費金額。

◆ 第 4 行：使用 if 指令來執行判斷式，如果消費金額大於等於 2000 則執行後面的輸出指令。

如果想在其它情況下再執行其它動作，也可以使用重複的 if 指令來加以判斷。以下程式中使用了兩個 if 指令，可以讓使用者輸入一個數值，並可由所輸入的數字去選擇計算立方值或平方值：

```
a=5
select=input()
if select=='1':  # 第一個 if 指令
ans=a*a   # 計算 a 平方值指定給變數 ans
    print(" 平方值為：%d" %ans)

if select=='2':  # 第二個 if 指令
ans=a*a*a   # 計算 a 立方值指定給變數 ans
    print(" 立方值為：%d" %ans) # 顯示立方值
```

接著請設計一支程式，已經有一個樂透號碼，讓使用者輸入任意一個整數，如果猜對了則結束程式，不對則列出猜錯了字樣。

選擇結構一次搞定

**範例程式** **lotto.py** ▶ 猜樂透號碼

```
01  Result=77  # 儲存答案
02  print(" 猜猜今晚樂透號碼 (2 位數 ): ",end="")
03  Select=int(input())
04  if Select!=Result:
05      print(" 猜錯了 ....")
06      print(" 答案是 %d" %Result)
```

**執行結果**

```
猜猜今晚樂透號碼(2位數):  58
猜錯了....
答案是77
```

**程式解析**

➡ 第 3 行：使用 input() 函數來輸入 2 位數的樂透號碼，請注意要將所輸入
   的字串以 int() 函數強制轉換為整數數值。

➡ 第 4 ～ 6 行：使用 if 指令來執行判斷式，如果沒有猜對號碼則將正確的樂
   透號碼答案公布。

## 4-2-2  if else 條件指令

　　if-else 敘述提供了兩種不同的選擇，可以比單純只使用 if 條件敘述，節省
更多判斷的時間，當 if 的判斷條件（Condition）成立時（傳回 1），將執行 if
程式指令區內的程式；否則執行 else 程式指令區內的程式後結束 if 指令。語法
如下：

```
if 條件判斷式：
    # 如果條件成立，就執行這裡面的指令
else：
    # 如果條件不成立，就執行這裡面的指令
```

例如：

```
if score>=60:
    # 如果分數大於或等於 60 分，就執行這裡面的敘述
else:
    # 如果分數小於 60 分，就執行這裡面的敘述
```

另外，Python 提供一種更簡潔的 if...else 條件表達式（Conditional Expressions），格式如下：

```
X if C else Y
```

根據條件式傳回兩個運算式的其中一個，上式當 C 為真時傳回 X，否則傳回 Y。例如判斷整數 X 是奇數或偶數，原本程式會這樣表示：

```
if (x % 5)==0:
    y="5 的倍數 "
else:
    y=" 不為 5 的倍數 "
print('{0}'.format(y))
```

改成表達運算式只要簡單一行程式就能達到同樣的目的，如下行：

```
print('{0}'.format("5 的倍數 " if (X % 5)==0 else " 不為 5 的倍數 "))
```

當 if 判斷式為真就傳回「5 的倍數」，否則就傳回「不為 5 的倍數」。

### 範例程式　exam.py ▶ if-else 條件判斷式的應用範例

```
01  # 定義整數變數 Score，儲存學生成績
02  Score=int(input(" 輸入學生的分數 :"))
03  if Score>=60: #if 條件敘述
04      print(" 得到 %d 分，還不錯唷 ..." %Score)
05  else:
06      print(" 不太理想喔 ...，只考了 %d 分 " %Score)
```

選擇結構一次搞定

```
輸入學生的分數:86
得到 86 分，還不錯嘖...
```

程式解析

→ 第 2 行：變數 Score 是用來儲存學生成績。

→ 第 3 ～ 6 行：藉由 if...else 條件敘述的條件判斷式（Score>= 60），對於 60
分以上（條件成立）顯示鼓勵的訊息，其他低於 60 分（條件不成立）的
成績則顯示不理想的訊息。

TIPS

**輸入問題**：請設計一個 Python 程式碼，利用 if-else 指令，讓使用者輸入成
績，如果成績大於等於 60 顯示鼓勵訊息。其他低於 60 顯示不理想的訊息

**ChatGPT 回答畫面（範例程式**：exam(CGPT).py）：

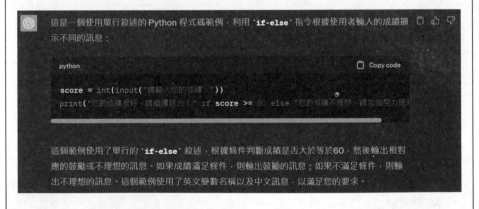

這是一個使用單行敘述的 Python 程式碼範例，利用 `if-else` 指令根據使用者輸入的成績顯
示不同的訊息：

```python
score = int(input("請輸入您的成績："))
print("您的成績很好，請繼續努力！" if score >= 60 else "您的成績不理想，請加油努力提升
```

這個範例使用了單行的 `if-else` 敘述，根據條件判斷成績是否大於等於60，然後輸出相對
應的鼓勵或不理想的訊息。如果成績滿足條件，則輸出鼓勵的訊息；如果不滿足條件，則輸
出不理想的訊息。這個範例使用了英文變數名稱以及中文訊息，以滿足您的要求。

這段程式碼使用了 Python 的三元條件運算子（ternary conditional operator），
也稱為三元運算子。這個運算子允許在一行中根據條件選擇兩個不同的
值。三元條件運算子的語法是：value_if_true if condition else value_if_
false。

以下程式範例就是利用 if else 指令讓使用者輸入一整數，並判斷是否為 2 或 3 的倍數，不過卻不能為 6 的倍數。

> **範例程式** **six.py** ▶ 判斷是為 **2** 或 **3** 的倍數，不過卻不能為 **6** 的倍數

```
01    value=int(input("請任意輸入一個整數："))
02    if value%2==0 or value%3==0:  # 判斷是否為 2 或 3 的倍數
03        if value%6!=0:
04            print("符合所要的條件")
05        else:
06            print("不符合所要的條件")  # 為 6 的倍數
07    else:
08        print("不符合所要的條件")
```

> **執行結果**

```
請任意輸入一個整數：14
符合所要的條件
```

> **程式解析**

- 第 1 行：請任意輸入一個整數。

- 第 2 行：利用 if 指令判斷是否為 2 或 3 的倍數，與第 7 行的 else 指令為一組。

- 第 3 ～ 6 行：則是另一組 if else 指令，用來判斷是否為 6 的倍數。

## 4-2-3 if...elif...else 指令

if...elif...else 指令是一種多選一的條件敘述，讓使用者在 if 敘述和 elif 中選擇符合條件運算式的程式敘述區塊，如果以上條件運算式都不符合，就執行最後的 else 敘述，或者這也可看成是一種巢狀 if else 結構。如果條件判斷式不只一個，就可以再加上 elif 條件式，elif 就像是「else if」的縮寫，它是一種多選一的條件指令，讓使用者在 if 指令和 elif 中選擇符合條件運算式的程式指令區塊，如果以上條件運算式都不符合，就會執行最後的 else 指令。語法格式如下：

```
if 條件運算式 1:

    程式敘述區塊 1

elif 條件運算式 2:

    程式敘述區塊 2

........
elif 條件運算式 3:

    程式敘述區塊 3

........
else:

    程式敘述區塊 n
```

以下程式範例將透過實際範例來練習 if...else 指令的用法。範例題目是製作一個簡易的閏年判斷程式，讓使用者輸入西元年（4 位數的整數 year），判斷是否為閏年。滿足下列兩個條件之一即是閏年：

I. 逢 4 年閏（除 4 可整除）但逢 100 年不閏（除 100 不可整除）

II. 逢 400 年閏（除 400 可整除）

📎 **範例程式** **leapYear.py** ▶ 閏年判斷

```
01  year = int(input(" 請輸入西元年份："))
02
03  if (year % 4 == 0 and year % 100 != 0) or (year % 400 == 0):
04      print("%d 是閏年 " %year)
05  else :
06      print("%d 是平年 " %year)
```

執行結果

```
請輸入西元年份：2020
2020 是閏年
```

程式解析

+ 第 1 行：輸入一個西元年份，但記得要利用 int() 函數將其轉換成整數型別。

+ 第 3 ～ 6 行：判斷是否為閏年，條件 1. 逢 4 閏（除 4 可整除）而且逢 100 不閏（除 100 不可整除），條件 2. 逢 400 閏（除 400 可整除），滿足兩個條件之一即是閏年。

## 4-2-4 巢狀 if 條件指令

在判斷條件複雜的情形下，有時會出現 if 條件敘述所包含的複合敘述中，又有另外一層的 if 條件敘述。這樣多層的選擇結構，就稱作巢狀（nested）if 條件敘述。使用格式與流程圖如下所示：

```
if 條件判斷式 1:
    if 條件判斷式 2:
        程式區塊 1
    else:
        程式區塊 2
else:
    if 條件判斷式 3:
        程式區塊 3
    else:
        程式區塊 4
```

巢狀 if 條件敘述並沒有使用層數的限制，使用者可以根據程式的需求，增加巢狀的層數。但是在撰寫程式碼時，要特別注意程式區塊的縮排，以免造成程式語法錯誤或是執行出不是原先預期的執行結果。

TIPS

**輸入問題**：使用 'elif' 敘述能讓巢狀看起來更簡潔嗎？

**ChatGPT 回答畫面：**

是的，使用 `elif` 敘述能夠讓巢狀結構看起來更簡潔和易於閱讀。`elif` 敘述可以在同一個控制結構中處理多個不同的條件，避免了多層嵌套的情況。這種方式更符合程式碼的邏輯，同時也提高了程式碼的可讀性。

以下這個成績判斷程式，使用巢狀 if 條件敘述的形式，對於輸入的分數超出 0 到 100 分的範圍時，顯示輸入不符的訊息。

**範例程式** **nestif.py** ▶ 巢狀 if 條件

```
01   Score=int(input(" 輸入學生的分數 :"))  # 輸入學生成績
02   if Score > 100:          # 判斷是否超過
03       print(" 輸入的分數超過 100.")
04   else:
05       if Score<0: # 判斷是否低於 0
06           print(" 怎麼會有負的分數 ??")
07       else:
08           if Score >= 60: # 判斷是否及格
09               print(" 得到 {} 分，還不錯唷 ...".format(Score))
10           else:
11               print(" 不太理想喔 ...，只考了 {} 分 ".format(Score))
```

**執行結果**

不同情況的執行結果。

```
輸入學生的分數 :102
輸入的分數超過 100.
```

```
輸入學生的分數 :-6
怎麼會有負的分數 ??
```

```
輸入學生的分數 :64
得到 64分，還不錯唷 ...
```

```
輸入學生的分數 :48
不太理想喔 ...，只考了 48 分
```

**程式解析**

- ➤ 第 1 行：定義整數變數 Score，用來儲存學生成績。

- ➤ 第 2 ～ 11 行：使用巢狀 if 條件敘述，輸入分數超過限定值範圍時（0-100），會顯示輸入錯誤訊息。只有輸入分數在限定值之內時，程式才會執行第 8-11 行，並依成績是否及格來顯示相關提示的訊息。

## TIPS

**輸入問題**：設計一個 Python 程式碼，成績判斷程式，使用巢狀 if 條件敘述的形式，對於輸入的分數超出 0 到 100 分的範圍時，顯示輸入不符的訊息。

**ChatGPT 回答畫面（範例程式：** nestif(CGPT).py）：

以下是使用巢狀 `if` 條件敘述的 Python 程式碼範例，對於輸入的分數超出0到100分的範圍時，顯示輸入不符的訊息：

```python
score = int(input("請輸入您的成績："))

if score >= 0 and score <= 100:
    if score >= 60:
        print("您的成績很好，請繼續努力！")
    else:
        print("您的成績不理想，加油努力提升！")
else:
    print("輸入不符，請輸入0到100之間的成績。")
```

這個程式碼使用了巢狀的 if 敘述，首先檢查輸入的成績是否在 0 到 100 之間。如果是，則進一步檢查成績是否大於等於 60，並根據結果輸出相應的訊息。如果輸入的成績不在 0 到 100 之間，則直接輸出輸入不符的訊息。這樣可以確保輸入的成績在有效的範圍內。

事實上，使用巢狀 if 條件敘述時，如果遇到 if 的指令比較多，必須特別注意不同層次縮排的對齊。例如底下這個求 3 與 7 的公倍數的程式：

```
if number % 3 == 0:
    if number % 7 == 0:
        print("{}是 3 與 7 的公倍數 ".format(number))
else:
    print("{}不是 3 的倍數 ".format(number))
```

如果程式中所使用到的 if 與 else 縮排的位置沒有正確配對，例如將上述程式修改成如下的縮排方式：

```python
if number % 3 == 0:
    if number % 7 == 0:
        print("{} 是 3 與 7 的公倍數 ".format(number))
    else:
        print("{} 不是 3 的倍數 ".format(number))
```

　　這樣的程式碼沒有語法錯誤，也可以編譯執行，但卻造成邏輯上的錯誤。例如當 number 的值是 12 時，可以被 3 整除，於是執行下一層的 if 條件敘述，條件判斷不成立（12 無法被 7 整除），執行輸出 " 12 不是 3 的倍數 "，這樣的執行結果當然是錯的，所以每個 if-elif-else 指令使用時，一定要注意正確的縮排位置，否則就有可能造成程式執行的錯誤。

## 本章綜合範例

1. 請設計一程式，利用 if-elif-else 來完成簡單的計算機功能。例如只要由使用者輸入兩個數字，再鍵入 +、-、*、/ 任一鍵就可以進行運算。

```
請輸入a:8
請輸入b:2
請輸入+,-,*,/鍵：/
8.0 / 2.0 = 4.0
```

解答 caculator.py

```
01  a=float(input("請輸入a:"))
02  b=float(input("請輸入b:"))
03  op_key=input("請輸入+,-,*,/鍵：") # 輸入字元並存入變數 op_key
04  if op_key=='+': # 如果 op_key 等於 '+'
05  print("{} {} {} = {}".format(a, op_key, b, a+b))
06  elifop_key=='-': # 如果 op_key 等於 '-'
07  print("{} {} {} = {}".format(a, op_key, b, a-b))
08  elifop_key=='*': # 如果 op_key 等於 '*'
09  print("{} {} {} = {}".format(a, op_key, b, a*b))
10  elifop_key=='/': # 如果 op_key 等於 '/'
11  print("{} {} {} = {}".format(a, op_key, b, a/b))
12  else: # 如果 op_key 不等於 + - * / 任何一個
13      print("運算式有誤")
```

2. 利用 if...elif 條件敘述實作一個點餐系統，並介紹如何增加條件判斷式的應用範圍。

```
功能選單
 0.歡迎詞
 1.註冊會員資料
 2.新增訂單
 3.查詢出貨明細
請點選您要的項目：
2
呼叫新增訂單程式
```

解答 function.py

```
01  print("功能選單")
02  print(" 0.歡迎詞")
03  print(" 1.註冊會員資料")
```

```
04   print(" 2.新增訂單 ")
05   print(" 3.查詢出貨明細 ")
06   print(" 請點選您要的項目 :" )
07   Select=int(input())
08   if Select == 0:
09       print(" 歡迎光臨本系 ")
10   elif Select == 1:
11       print(" 呼叫註冊會員資料程式 ")
12   elif Select == 2:
13       print(" 呼叫新增訂單程式 " )
14   elif Select == 3:
15       print(" 呼叫查詢出貨明細程式 " )
16   else: # 輸入錯誤的處理
17       print(" 請重新選擇 ")
```

# 本章課後習題

## 一、選擇題

( ) 1. 三種流程控制結構不包括？

(A) 循序結構　　(B) 選擇結構　　(C) 重複結構　　(D) Goto 結構

( ) 2. 下列關於 Python 程式區塊的描述何者有誤？

(A) 主要是透過冒號（:）及「縮排」來表示與劃分

(B) 同一區塊的程式碼必須使用相同的空格數進行縮排

(C) 符合條件需要執行的程式碼區塊內的所有程式指令，都必須縮排

(D) 同一程式區塊可以空白鍵或 Tab 鍵交互混用

( ) 3. 下列關於 Python 條件敘述的描述何者有誤？

(A) 如果遇到 if 的指令比較多，無須特別注意不同層次縮排的對齊。

(B) 如果條件判斷式不只一個，就可以再加上 elif 條件式

(C) if 條件敘述所包含的複合敘述中可以有另外一層的 if 條件敘述

(D) 在 if 敘述下執行單行程式敘述時，可以直接寫在 if 敘述後面即可

( ) 4. Python 程式裡的區塊主要是透過哪一種方式來表示？

(A) ()　　　　　(B) []　　　　　(C) {}　　　　　(D) 縮排

( ) 5. Python 的一次縮排建議幾個空格？

(A) 1　　　　　(B) 2　　　　　(C) 3　　　　　(D) 4

( ) 6. 請問敘述：

```
'5 的倍數 ' if (15 % 5)==0 else' 不是 5 的倍數 ' 結果值為何？
```

(A) 1　　　　　　　　　　　(B) 0

(C) '5 的倍數 '　　　　　　　(D) ' 不是 5 的倍數 '

( ) 7. 在條件運算式之後要有什麼符號來做作為縮排的開始。

(A) :　　　　　(B) =　　　　　(C) ==　　　　　(D) *

## 二、填充題

1. Python 程式裡的區塊，主要是透過 _____ 來表示。

2. if...else 條件式的作用是判斷條件式是否成立如果有多重判斷，可以加上 _____ 指令。

3. 如果 if...else 條件式使用 and 或 or 等邏輯運算子，建議加上 _____ 區分執行順序，來提高程式可讀性。

4. _____ 是一種簡潔的 if...else 條件表達式，當 C 為真時傳回 X，否則傳回 Y。

5. 在判斷條件複雜的情形下，有時會出現 if 條件敘述所包含的複合敘述中，就稱作 _____ 條件敘述。

## 三、問答與實作題

1. 結構化程式設計包括哪三種流程控制結構？

2. 試說明 Python 程式區塊和大部分語言如 C、C++、Java 的程式區塊表示方式有何不同？

3. 底下程式請改成表達運算式只要簡單一行程式就能達到同樣的目的？

```
if (x % 2)==0:
    y=" 偶數 "
else:
    y=" 奇數 "
print('{0}'.format(y))
```

4. 請設計一程式讓使用者輸入一整數，並判斷是否為 5 或 7 的倍數，不過卻不能為 35 的倍數。

5. 請寫出下列程式的輸出結果。

```
number=84
if number % 4 == 0:
    if number % 7 == 0:
        print("{} 是 4 與 7 的公倍數 ".format(number))
else:
        print("{} 不是 4 的倍數 ".format(number))
```

6. 請問以下程式碼的執行結果？

```
cost=180
if cost>=125:
    print("Expensive")
```

7 請問以下程式碼的執行結果？

```
X=121
print("7 的倍數 " if (X % 7)==0 else " 不是 7 的倍數 ")
```

8. 請問以下程式碼的執行結果？

```
height=180
if height>=175:
    print("Tall")
```

9. 請問以下程式碼的執行結果？

```
X=20
print("5 的倍數 " if (X % 5)==0 else " 不是 5 的倍數 ")
```

# MEMO

# 05
CHAPTER

# 迴圈結構學習之旅

「重複結構」或稱為迴圈（Loop）結構，就是一種迴圈控制格式，根據所設立的條件，重複執行某一段程式指令，直到條件判斷不成立，才會跳出迴圈。例如想要讓電腦計算出 1+2+3+4..100 的值，這時只需要利用迴圈結構就可以輕鬆達成。在 Python 中，提供了 for、while 兩種迴圈指令來達成重複結構的效果。

迴圈（Loop）結構就是重複執行某一段程式指令

## 5-1 for 迴圈

for 迴圈又稱為計數迴圈，可以重複執行固定次數的迴圈，在大部分程式語言中（如 C/C++/Java 等），for 迴圈必須事先指定迴圈控制變數的起始值、條件以及控制變數的增減值，以決定迴圈重複的次數。

### 5-1-1 認識 range 函數

for 迴圈最常使用整數序列來控制迴圈要執行的次數，而 range() 函數的功能就是在建立整數序列。range() 函數格式依其參數的數目可以有以下幾種用法：

### ⚙ 1 個參數

當 range() 函數只有一個參數時，其語法如下：

```
數列變數 =range ( 整數 )
```

上述語法會產生的數列是 0 到「整數 -1」的數列，例如：

```
num1=range(10)      # 會產生整數數列 0,1,2,3,4,5,6,7,8,9
```

如果各位試著將所產生的數列以 list() 函數轉換為串列（list），並將其印出，就可以看出所產生的數列結果：

## ⚙ 2 個參數

當 range() 函數有兩個參數時，其語法如下：

```
數列變數 =range ( 起始值 ， 停止條件 )
```

上述語法會產生的數列是起始值到「停止條件 -1」的數列，例如：

```
num2=range(1,5)         # 會產生整數數列 1,2,3,4
```

其中起始值及停止條件的整數值也可以是負數，例如：

```
num3=range(-3,2)        # 會產生整數數列 -3, -2, -1, 0, 1
```

當停止條件的值小於或等於起始值，則會產生空串列。

## ⚙ 3 個參數

當 range() 函數有三個參數時，其語法如下：

```
數列變數 =range ( 起始值 ， 停止條件 ， 增減值 )
```

上述語法會產生的數列是起始值，每次會加上增減值，直到「停止條件 -1」為止的數列，例如：

```
num5=range(1,5,1)       # 會產生整數數列 1,2,3,4
num6=range(1,10,2)      # 會產生整數數列 1,3,5,7,9
num7=range(10,1,-2)     # 會產生整數數列 10, 8, 6, 4, 2
```

## 5-1-2 for 迴圈語法

接著我們來實際介紹 for 迴圈與序列結合的語法架構：

```
for 元素變數 in 序列項目 :
    # 執行的指令
```

**範例**

例如底下是依字串，字串「hello」經過 for/in 迴圈的讀取之後，會以字元一個接一個來輸出。

```
word='hello'
for letter in word:
    print(letter)
```

**執行結果**

```
h
e
l
l
o
```

**TIPS**

輸入問題：在 Python 中，語言序列資料型別可以將多筆資料集合在一起嗎？

**ChatGPT 回答畫面：**

是的，在Python中，序列資料型別允許您將多筆資料集合在一起。Python中常見的序列資料型別包括列表（List）、元組（Tuple）和字串（String）。這些序列型別可以容納不同類型的資料，並允許您通過索引來訪問和操作其中的元素。

**範例**

例如底下是一數字串列，利用 for 迴圈將數字 print 出來：

```
x = [11, 22, 33, 44, 55]
for i in x:
    print (i)
```

執行結果

```
11
22
33
44
55
```

範例

```
for i in range(2, 11, 2):
    print(i)
```

執行結果

```
2
4
6
8
10
```

範例

以下是使用 for 迴圈與 range() 函數來計算 1 加到 100 的程式碼：（sum.py）

```
total=0
for count in range(1, 101): #數值 1～100
    total += count # 將數值累加
print(" 數字 1 累加到 100 的總和 =",total)
```

執行結果

數字1累加到100的總和= 5050

### 範例

又例如將數值 1 ～ 100 之間的奇數累計：（odd.py）

```
total=0
for count in range(1, 100, 2):
    total += count # 將數值累加
print(" 數值 1 ～ 100 之間的奇數累計 =",total)
```

### 執行結果

```
數值1~100之間的奇數累計= 2500
```

執行 for 迴圈時，如果想要知道元素的索引值，可以使用 Python 內建的 enumerate 函數。語法如下：

```
for 索引值 , 元素變數 in enumerate( 序列項目 ):
```

### 範例程式 enum.py

```
phrase = [" 三陽開泰 ", " 事事如意 ", " 五福臨門 "]
for index, x in enumerate(phrase):
    print ("{0}--{1}".format(index, x))
```

### 執行結果

```
0--三陽開泰
1--事事如意
2--五福臨門
```

以下程式範例是利用 for 迴圈來設計一程式，可輸入小於 100 的整數 n，並計算以下式子的總和：

```
1*1+2*2+3*3+4*4+....+(n-1)*(n-1)+n*n
```

**範例程式** equation.py ▶ 計算 1*1+2*2+3*3+4*4+....+n-1*n-1+n*n

```
01   total=0
02   n=int(input(" 請輸入任一整數 :"))
03   if n>=1 or n<=100:
04       for i in range(n+1):
05           total+=i*i   #1*1+2*2+3*3+..n*n
06       print("1*1+2*2+3*3+...+%d*%d=%d" %(n,n,total))
07   else:
08       print(" 輸入數字超出範圍了 !")
```

**執行結果**

```
請輸入任一整數:10
1*1+2*2+3*3+...+10*10=385
```

**程式解析**

◆ 第 1 行：設定 total 變數值為 0。

◆ 第 3 行：如果所輸入的值在 1 ～ 100 間，則執行 4 ～ 6 行的指令。

◆ 第 4 行：使用 for 迴圈來控制設定了變數 i 的起始值為 1，迴圈重複條件為 i 小於等於 n，i 的遞增值為 1，只要當 i 大於 n 時，就會離開 for 迴圈。

◆ 第 8 行：最後輸出計算後的結果。

接下來請各位設計一 Python 程式，讓使用者能輸入任意數目之數字，並利用 for 迴圈來控制要輸入的數字個數，並且邊輸入與邊尋找這些數字中的最大值。

**範例程式** max.py ▶ 尋找數字中的最大值

```
01   MAX= 0
02   num=int(input(" 準備輸入數字的個數："))
03   for i in range(num): # 利用 for 迴圈來輸入與尋找最大值
04       print(">",end="")
05       temp=int(input())
```

```
06        if MAX<temp:
07            MAX=temp
08    print(" 這些數字中的最大值為:%d" %MAX)
```

執行結果

```
準備輸入數字的個數:10
>9
>2
>1
>8
>52
>36
>47
>61
>29
>102
這些數字中的最大值為:102
```

**TIPS**

**輸入問題**:請設計一 Python 程式,讓使用者能輸入任意數目之數字,並利用 for 迴圈來控制要輸入的數字個數,並且邊輸入與邊尋找這些數字中的最大值。

**ChatGPT 回答畫面(範例程式:max(CGPT).py):**

以下是一個使用 `for` 迴圈的 Python 程式範例,讓使用者輸入任意數目的數字,並同時尋找這些數字中的最大值:

```python
num_count = int(input("請輸入要輸入的數字個數: "))
max_num = float('-inf')   # 初始最大值為負無限大

for i in range(num_count):
    num = float(input("請輸入數字 {}: ".format(i + 1)))
    if num > max_num:
        max_num = num

print("輸入的數字中最大值為:", max_num)
```

這段程式碼使用 for 迴圈同時尋找這些數字中的最大值。主要的差別在於變數命名、使用者輸入提示方式、及輸出結果的格式。max_num = float('-inf') 是在將變數 max_num 初始化為負無限大。在程式碼中,我們使用 float('-inf') 來表示負無限大的浮點數值。正無限大表示比任何實數都大的值,負無限大表示比任何實數都小的值。所以,float('-inf') 就是用來表示負無限大的浮點數值。

## 5-1-3 巢狀迴圈

所謂巢狀 for 迴圈,就是多層式的 for 迴圈架構,也就 for 迴圈內還可以包括另外一個 for 迴圈。在巢狀 for 迴圈結構中,執行流程必須先將內層迴圈執行完畢,才會繼續執行外層迴圈,容易犯錯的地方是迴圈間不可交錯。巢狀 for 迴圈語法格式如下:

```
for 元素變數 in 序列項目:
    # 執行的指令
    for 元素變數 in 序列項目:
        # 執行的指令
```

📎 **範例程式** **table.py** ▶ 九九乘法表

```
01  for x in range(1, 10):
02      for y in range(1, 10):
03          print("{0}*{1}={2: ^2}".format(y, x, x * y), end=" ")
04      print()
```

執行結果

```
1*1=1   2*1=2   3*1=3   4*1=4   5*1=5   6*1=6   7*1=7   8*1=8   9*1=9
1*2=2   2*2=4   3*2=6   4*2=8   5*2=10  6*2=12  7*2=14  8*2=16  9*2=18
1*3=3   2*3=6   3*3=9   4*3=12  5*3=15  6*3=18  7*3=21  8*3=24  9*3=27
1*4=4   2*4=8   3*4=12  4*4=16  5*4=20  6*4=24  7*4=28  8*4=32  9*4=36
1*5=5   2*5=10  3*5=15  4*5=20  5*5=25  6*5=30  7*5=35  8*5=40  9*5=45
1*6=6   2*6=12  3*6=18  4*6=24  5*6=30  6*6=36  7*6=42  8*6=48  9*6=54
1*7=7   2*7=14  3*7=21  4*7=28  5*7=35  6*7=42  7*7=49  8*7=56  9*7=63
1*8=8   2*8=16  3*8=24  4*8=32  5*8=40  6*8=48  7*8=56  8*8=64  9*8=72
1*9=9   2*9=18  3*9=27  4*9=36  5*9=45  6*9=54  7*9=63  8*9=72  9*9=81
```

接著請利用巢狀 for 迴圈來設計一程式，輸入整數 n，求出 1!+2!+...+n! 的和。如下所示：

```
1!+2!+3!+4!+....+(n-1)!+n!
```

範例程式 **fac.py** ▶ 求出 **1!+2!+...+n! 的和**

```
01  total=0
02  n1=1
03  n=int(input(" 請輸入任一整數 :"))
04  for i in range(1,n+1):
05      for j in range(1,i+1):
06          n1*=j #n! 的值
07      total+=n1 #1!+2!+3!+..n!
08      n1=1
09  print("1!+2!+3!+...+%d!=%d" %(n,total))
```

**執行結果**

```
請輸入任一整數:5
1!+2!+3!+...+5!=153
```

**TIPS**

**輸入問題**：設計一 Python 程式，請利用巢狀 for 迴圈來設計一程式，輸入整數 n，求出 1!+2!+...+n!

**ChatGPT 回答畫面（範例程式：fac(CGPT).py）**：

以下是使用巢狀 `for` 迴圈來計算 `1! + 2! + ... + n!` 的 Python 程式碼範例：

```python
n = int(input("請輸入整數 n: "))
total = 0  # 初始總和為0

for i in range(1, n+1):
    factorial = 1
    for j in range(1, i+1):
        factorial *= j
    total += factorial

print("1! + 2! + ... + {}! = {}".format(n, total))
```

在這個程式碼中，我們首先讓使用者輸入整數 n。然後使用兩個巢狀的 for 迴圈，外層迴圈遍歷從 1 到 n 的數字，內層迴圈計算每個數字的階乘。最後將每個數字的階乘加總到 total 變數中，並在輸出時顯示總和結果。變數 factorial 在內層迴圈之前被初始化為 1，然後在內層迴圈中被更新為 i! 的計算結果。這樣可以確保每次進入內層迴圈時，factorial 都是被重新初始化。

## 5-2  while 迴圈

如果迴圈執行的次數確定，那麼與 for 迴圈指令無疑就是最佳選擇。但對於某些不確定次數的迴圈，那就得另請高明囉！ while 迴圈與 for 迴圈類似，都是屬於前測試型迴圈。也就是先測試條件式是否成立，如果成立時才會執行迴圈內的指令。最大不同的是在於 for 迴圈需要給它一個特定的次數；而 while 迴圈則不需要，它只要在判斷的條件為 true 的情況下就能一直執行。while 迴圈內的指令可以是一個指令或是多個指令形成的程式區塊。格式如下。

```
while 條件判斷式：
    # 如果條件判斷式成立，就執行這裡面的指令
```

### 範例

例如用一個簡例來說明 while 迴圈的運作。（while.py）

```
x, y = 1, 10
while x < y:
    print(x, end = ' ')
    x += 1
```

### 執行結果

```
1 2 3 4 5 6 7 8 9
```

迴圈結構學習之旅

**輸入問題：什麼是無限迴圈？**

**ChatGPT 回答畫面：**

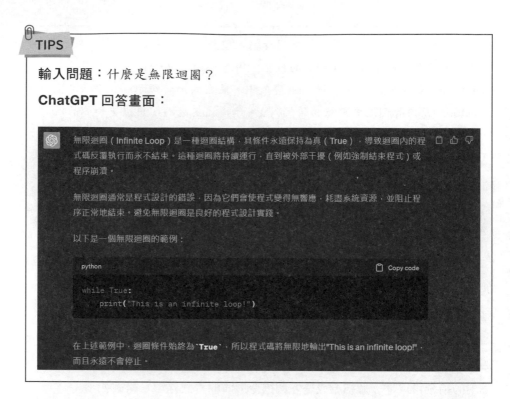

無限迴圈（Infinite Loop）是一種迴圈結構，其條件永遠保持為真（True），導致迴圈內的程式碼反覆執行而永不結束。這種迴圈將持續運行，直到被外部干擾（例如強制結束程式）或程序崩潰。

無限迴圈通常是程式設計的錯誤，因為它們會使程式變得無響應、耗盡系統資源，並阻止程序正常地結束。避免無限迴圈是良好的程式設計實踐。

以下是一個無限迴圈的範例：

```python
while True:
    print("This is an infinite loop!")
```

在上述範例中，迴圈條件始終為 `True`，所以程式碼將無限地輸出"This is an infinite loop!"，而且永遠不會停止。

請設計一程式，利用 while 迴圈來求出使用者所輸入整數的所有正因數。

**範例程式** **common.py** ▶ 整數的所有正因數

```
01  a=1
02  n=int(input(" 請輸入一個數字："))
03  print("%d 的所有因數為:" %n,end="")
04  while a<=n: # 定義 while 迴圈，且設定條件為 a<=n
05      if n%a==0: # 當 n 能夠被 a 整除時～則 a 就是 n 的因數
06          print("%d " %a,end="")
07          if n!=a: print(",",end="")
08      a+=1 #a 值遞增 1
```

執行結果

```
請輸入一個數字:24
24 的所有因數為:1 ,2 ,3 ,4 ,6 ,8 ,12 ,24
```

請設計一程式使用 while 迴圈，讓使用者輸入一個整數，並將此整數的每一個數字反向輸出，例如輸入 12345，這是程式可輸出 54321。

**範例程式** **rev.py** ▶ 輸入整數的反向輸出

```
01  n=int(input(" 請輸入任一整數 :"))
02  print(" 反向輸出的結果 :",end="")
03  while n!=0:
04      print("%d" %(n%10),end="")  # 求出餘數值
05      n//=10
06  print()
```

執行結果

```
請輸入任一整數:123456789
反向輸出的結果:987654321
```

**TIPS**

**輸入問題**：請設計一 Python 程式使用 while 迴圈，讓使用者輸入一個整數，並將此整數的每一個數字反向輸出。

**ChatGPT 回答畫面**（範例程式：rev(CGPT).py）：

當然，以下是使用 `while` 迴圈的程式碼，用於將輸入的整數的每一個數字反向輸出：

```python
num = int(input("請輸入一個整數："))
reversed_num = 0

while num > 0:
    digit = num % 10  # 取得最後一位數字
    reversed_num = reversed_num * 10 + digit  # 將目前的反向數字加上新的一位數字
    num //= 10  # 移除最後一位數字

print("反向輸出的數字為：", reversed_num)
```

這段程式碼是用來將輸入的整數進行反向處理，以求得反向的數字。這是通過每次從原數字中取得最後一位數字，並將其添加到新的反向數字中，同時去除原數字的最後一位數字，以實現反向的效果。每次從 num 中取得最後一位數字，並將它加到 reversed_num 的個位數位置上，然後將 num 去掉最後一位數字。最終，reversed_num 將包含原數字的反向排列。這種方法利用了數學運算和迴圈，可以有效地達到反向排列數字的目標。

## 5-3　迴圈控制指令

使用迴圈時，在某些情形需要以 break 指令來離開迴圈；continue 指令會中斷此次指令，回到上一層迴圈繼續執行。

### 5-3-1　break 指令

break 指令可以用來跳離迴圈的執行，通常在 for、while 迴圈中，主要用於中斷目前的迴圈執行，會搭配 if 指令判斷離開迴圈的時機，並將控制權交給所在區塊之外的下一行程式。語法格式如下：

```
break
```

以下程式範例中我們先設定要存放累加的總數 sum 為 0，再將每執行完一次迴圈後將 i 變數（i 的初值為 1）累加 2，執行 1+3+5+7+...99 的和。直到 i 等於 101 後，就利用 break 的特性來強制中斷 for 迴圈。

📖 **範例程式** **break.py** ▶ 利用 **break** 的特性來強制中斷 **for** 迴圈

```
01  total=0
02  for i in range(1,201,2):
03      if i==101:
04          break
05      total+=i
06  print("1～99的奇數總和 :%d" %total)
```

**執行結果**

```
1~99的奇數總和:2500
```

**程式解析**

- 第 2 ~ 5 行：執行 for 迴圈，並設定 i 的值在 1 ~ 200 之間。

- 第 3 ~ 4 行：判斷當 i=101 時，則執行 break 指令，立刻跳出迴圈。

- 第 6 行：最後輸出 total 的值。

　此外，當遇到巢狀迴圈時，break 指令只會跳離最近的一層迴圈，請看下面的範例程式。

**範例程式 innerbreak.py ▶ 利用 break 的特性來強制中斷 for 迴圈**

```
01  for a in range(1,6): #外層 for 迴圈控制
02      for b in range(1,a+1): # 內層 for 迴圈控制
03          if b==4:
04              break
05          print(b,end="") #印出 b 的值
06      print()
```

**執行結果**

```
1
12
123
123
123
```

**程式解析**

- 第 3 行的 if 指令，在 b 的值大於 4 時就會執行 break 指令，並跳出最近的 for 迴圈到第 6 行來繼續執行。

## 5-3-2 continue 指令

相較於 break 指令跳出迴圈，continue 指令則是指繼續下一次迴圈的運作。也就是說，如果想要終止的不是整個迴圈，而是跳過目前的指令，讓迴圈條件運算繼續下一個迴圈的執行。語法格式如下：

```
continue
```

**範例**

```python
for x in range(1, 10):
    if x == 5:
        continue
    print( x, end=" ")
```

**執行結果**

```
1 2 3 4 6 7 8 9
```

## 本章綜合範例

1. 已知有一公式如下，請設計一程式利用 for 迴圈可輸入 k 值，求 $\pi$ 的近似值：$\dfrac{\pi}{4} = \sum\limits_{n=0}^{k} \dfrac{(-1)^n}{2n+1}$，其中 k 的值越大，$\pi$ 的近似值越精確，本程式中限定只能使用 for 迴圈。

```
請輸入k值：2000
PI = 3.142092
```

解答 sigma.py

```
01   k=int(input("請輸入 k 值："))
02   sigma=0
03   for n in range(int(k)+1):
04       if(n % 2!=0): # 如果 n 是奇數
05           sigma += float(-1/(2*n+1))
06       else:   # 如果 n 是偶數
07           sigma += float(1/(2*n+1))
08   print("PI = %f" %(sigma*4))
```

2. 請設計一程式，可讓使用者輸入一正整數 n，並輸出 2 到 n 之間所有的質數（Prime number），設計本程式時要求必須同時使用 for 及 while 迴圈。

```
請輸入n的值,n表示2~n之間的所有質數:12
2
3
5
7
11
```

解答 prime.py

```
01   n=int(input("請輸入 n 的值 ,n 表示 2～n 之間的所有質數 :"))
02   i=2;
03   while i<=n:
04   no_prime=0
05       for j in range(2,i,1):
06           if i%j==0:
07   no_prime=1
08               break   # 跳出迴圈
09       if no_prime==0:
10           print("%d " %i); # 輸出質數
11   i+=1
```

3. 以下程式範例利用輾轉相除法與 while 迴圈來設計一 Python 程式，來求取任意輸入兩數的最大公因數（g.c.d）。

```
求取兩正整數的最大公因數(g.c.d):
輸入兩個正整數:
24
60
最大公因數(g.c.d)的值為:12
```

解答 divide.py

```
01  print(" 求取兩正整數的最大公因數 (g.c.d):")
02  print(" 輸入兩個正整數 :")
03  # 輸入兩數
04  Num1=int(input())
05  Num2=int(input())
06  if Num1 < Num2:
07  TmpNum=Num1
08      Num1=Num2
09      Num2=TmpNum# 找出兩數較大值
10  while Num2 != 0:
11  TmpNum=Num1 % Num2
12      Num1=Num2
13      Num2=TmpNum # 輾轉相除法
14  print(" 最大公因數 (g.c.d) 的值為 :%d" %Num1)
```

# 本章課後習題

## 一、選擇題

(　　) 1. 下列有關 for 迴圈的描述何者不正確？

   (A) 又稱為計數迴圈

   (B) 必須事先指定迴圈控制變數的起始值

   (C) 必須有控制變數的增減值，以決定迴圈重複的次數

   (D) 事先無法得知迴圈次數，必須滿足特定條件，才能進入迴圈

(　　) 2. 試寫出 num2=range(1,5) 所產生的序列。

   (A) 會產生整數數列 1, 2, 3, 4,5

   (B) 會產生整數數列 1, 2, 3

   (C) 會產生整數數列 2, 3, 4

   (D) 會產生整數數列 1, 2, 3, 4

(　　) 3. 試寫出 num3=range(-3,4) 所產生的序列。

   (A) 會產生整數數列 -1, 0, 1,2

   (B) 會產生整數數列 -1, 0, 1,2,3

   (C) 會產生整數數列 -2, -1, 0, 1,2

   (D) 會產生整數數列 -3,-2, -1, 0, 1,2,3

(　　) 4. 下列哪一個功能會產生整數數列 10, 8, 6, 4, 2

   (A) range(11,0,-2)　　　　　　(B) range(11,1,-2)

   (C) range(10,1,-2)　　　　　　(D) range(1,10,2)

(　　) 5. 下列有關 while 迴圈的描述何者不正確？

   (A) 屬於前測試型迴圈

   (B) while 迴圈需要給它一個特定的次數

   (C) 在判斷的條件為 True 的情況下就能一直執行

   (D) break 指令可以用來跳離迴圈的執行

迴圈結構學習之旅

（　）6. Python 的 for 迴圈可以走訪任何序列項目包括？

（A) 數字串列　　　（B) List　　　（C) string　　　（D) 以上皆可

（　）7. 以下程式當跳離迴時，i 的值為多少？

```
i=1
while i<200:# 迴圈條件式
i += 5    # 調整變數增減值
print(i)
```

（A) 207　　　（B) 305　　　（C) 203　　　（D) 201

（　）8. 以下程式當跳離迴圈時，sum 的值為多少？

```
total=0
count = 0
while count <= 21:
    total += count # 將的倍數累加
    count += 7
print(total) # 輸出累加結果
```

（A) 35　　　（B) 42　　　（C) 48　　　（D) 50

（　）9. 當某數 100 依次減去 1,2,3... 直到哪一數時，相減的結果為負？

（A) 14　　　（B) 15　　　（C) 13　　　（D) 12

## 二、填充題

1. _____ 就是一種迴圈控制格式，根據所設立的條件，重複執行某一段程式指令，直到條件判斷不成立。

2. _____ 又稱為計數迴圈，可以重複執行固定次數的迴圈。

3. _____ 指令是用來跳離最近的 for、while 的程式迴圈，並將控制權交給所在區塊之外的下一行程式。

4. _____ 執行流程必須先等內層迴圈執行完畢，才會逐層繼續執行外層迴圈。

5. while 與 for 都是屬於 _____ 測試型迴圈。

5-20

6. ＿＿＿＿＿＿＿＿ 指令只會直接略過底下尚未執行的程式碼，並跳至迴圈區塊的開頭繼續下一個迴圈，而不會離開迴圈。

7. ＿＿＿＿＿＿＿＿ 函數主要功能是建立整數序列。

### 三、問答與實作題

1. 試比較 for 迴圈指令及 while 迴圈指令使用上特性的不同。

2. 請設計一 Python 程式，讓使用者能輸入任意數目小於 99999 之數字，並利用 for 迴圈來控制要輸入的數字個數，並且邊輸入與邊尋找這些數字中的最小值。

3. 請試算下列程式的輸出結果？

```
for a in range(1,4): # 外層 for 迴圈控制
    for b in range(1,a+3): # 內層 for 迴圈控制
        if b==3:
            break
        print(b,end="") # 印出 b 的值
    print()
```

4. 請寫出下列程式的輸出結果？

```
for x in range(1, 12, 2):
    if x == 5:
        continue
    print( x, end=" ")
```

5. 請寫出下列程式的輸出結果？

```
for x in range(1, 12, 2):
    if x == 5:
    break
    print( x, end=" ")
```

6. 以下程式的執行結果為何？

```
x = "aeiou"
for i in x:
    print(i,end='')
```

7. 以下程式的執行結果為何？

```
x = ['Happy', 'New', 'Year']
for i in x:
    print(i,end=' ')
```

8. 以下程式的執行結果為何？

```
for x in range(1,11,3):
    print(x, end=' ')
print()
```

9. 以下程式的執行結果為何？

```
n=109658574
while n!=0:
    print("%d" %(n%10),end='')
    n//=10
```

10. 以下程式的執行結果為何？

```
fac=1
for i in range(1,11):
    fac*=i
print(fac)
```

11. 不論是 for 迴圈或是 while 迴圈，主要是哪兩個基本元素組成？

12. 以下程式的執行結果為何？

```
x = "13579"
for i in x:
    print(i,end='')
```

13. 以下程式的執行結果為何？

```
product=1
for i in range(1,11,3):
    product*=i
print(product)
```

14. 以下程式的執行結果為何？

```
n=53179
while n!=0:
    print("%d" %(n%10),end='')
    n//=10
```

# MEMO

# 06
CHAPTER

# Python 複合資料
# 型態的完美體驗

在 Python 當中，所有東西都是一個物件，除了之前提過的基本資料型態，Python 還提供了許多可以包含多筆資料的複合資料型態（compound data type），包括字串（string）、tuple 元組、list 串列、dict 字典、集合 set 等，這些複合式資料型態的組成元素都是一個物件，也都可以擁有各種不同的資料型態。

**Python** 中，所有東西都是一個物件

## 6-1　再談字串（string）

在 Python 語言中使用單引號或雙引號皆可用來表示字串資料型態，正因為單雙引號皆能使用，通常使用單引號或是雙引號的時機沒有一定，不過如果字串中本身就包含單引號或是雙引號，就可以使用另一種引號以利區別。我們也可將單引號包含在雙引號中：

```
print("' 我是字串 '")
```

又或者將雙引號包含在單引號中：

```
print('" 我是字串 "')
```

### 6-1-1　字串建立

在 Python 使用某種資料型態變數時，只需直接指定其值給變數則會自動依照該值去判斷該變數的資料類型。例如底下的 strText 變數就是一種字串的資料型態。

```
strText = " 我是字串 "
```

如果字串長度過長以導致閱讀性降低，此時則可藉由換行來改善長度過長所導致的問題。可使用三個單引號或雙引號來將字串框住，如下所示：

```
strText = """ 我是一串很長很長很長很長的字串
我是一串很長很長很長很長的字串 """
```

# 6-1-2　字串輸出格式化

　　針對字串輸出的部分，Python 支援字串的格式化，常見的格式化輸出的符號有：

| 符號 | 用途 |
|------|------|
| %d / %i | 以 10 進位整數輸出 |
| %s | 以 str() 函數輸出文字 |
| %c | 輸出字元或 ASCII 碼 |
| %F / %f | 以浮點數輸出 |
| %E / %e | 以科學記號輸出 |
| %o | 以 8 進位整數輸出 |
| %X / %x | 以 16 進位整數輸出 |

　　其也有輔助符號，常見如下：

| 符號 | 用途 |
|------|------|
| * | 定義長度或小數點精度 |
| - | 用於文字置左對齊 |
| + | 用於正數前面顯示加號（亦可用於文字置右對齊） |
| # | • 8 進位前顯示 0o<br>• 16 進位前顯示 0x 或 0X（取決於 x 或 X），其大小寫也會影響 A-F 輸出的大小寫 |
| 0 | 顯示數字前不足位數補 0 而不是預設的空格 |
| % | "%%" 可輸出一個 % |
| (var) | 字典參數 |
| m.n | • m 為總長度（含小數點以及小數點後 n 位，若有帶正負號則包含）<br>• n 為保留小數點後 n 位 |

　　上表整理了字串格式符號以及輔助符號，接著可再更深入了解其用法。

Python 複合資料型態的完美體驗

## ⚙️ 整數（%d/%i）

整數格式化為 %d、%0nd、%nd，其用法如下說明：

- 不足位數補 0，格式為：%0nd

- 不足位數預設空格，格式為：%nd

- 小於位數則輸出全部，同基本用法 %d

其中 n 為數值總長度且能以 * 替代。

📄 **範例程式** **ExInteger.py** ▶ 練習整數格式化

```
01  print("\n 不足數位補 0：%05d\n"%(66))
02
03  print(" 不足數位預設空格：%5d\n"%(66))
04
05  print(" 小於位數則輸出全部：%2d\n"%(666))
06
07  print(" 不足數位補 0 ( 以 * 替代 )：%*d\n"%(5, 66))
```

**執行結果**

```
不足數位補0：00066

不足數位預設空格：   66

小於位數則輸出全部：666

不足數位補0(以*替代)：00066
```

**程式解析**

- 第 1 行：數值 66 小於指定的總長度則不足的位數以 0 填補。

- 第 3 行：同 01 行作用，差別在於前方未有填寫 0 將以預設空格填補不足位數。

- 第 5 行：因指定總長度小於數值 666，因此輸出全部，作用如同基本用法 %d。

- 第 7 行：指定總長度以 * 替代，可將 * 理解為 %nd 的 n 的參數。

## 文字（%s/%c）

文字格式化可分為 %s 以及 %c，這兩個格式化皆為輸出文字，差別在於

- %s 可輸出字串，簡單來說就是無任何限制輸出接收到的文字。
- %c 則可解釋為字元，一個字串中皆為一個個的字元所組成，這個格式符號只能接收一個字元。而且它也能接收整數（10 進位），並依據 ACSII 碼（圖形）顯示其對應字元。

這邊建議如果無法區分其差異，可將 %s 解釋為字串（string）；%c 為字元（char）。而通常若無特別需求，基本上較為常用 %s。

**範例程式** **ExString.py** ▶ 練習 %s 與 %c 用法

```
01   strName = str(input("\n 郵局："))
02   strCode = str(input(" 郵局代號："))
03   intAount= int(input ("戶頭："))
04   intMoney = int(input(" 金額："))
05
06   print("\n 郵局：%s" %(strName))
07   print(" 郵局代號為 %s，轉帳戶頭為 %02d" %(strCode, intAount))
08   print(" 匯入金額：%c%.2f"%(36, intMoney))
09
10   if intMoney<20000:
11       print("%c\n" %(" 成 "))
```

**執行結果**

```
郵局：臺北西園郵局(臺北3支)
郵局代號：700
戶頭：12345678923432
金額：15000

郵局：臺北西園郵局(臺北3支)
郵局代號為700，轉帳戶頭為12345678923432
匯入金額：$15000.00
成
```

**程式解析**

- 第 01 ～ 04 行：輸入郵局、郵局代號等等資料。

- 第 06 行：%s 會以 str() 函數方式輸出 strName 參數值。

- 第 07 行：郵局代號輸出 strCode 參數值以及轉帳戶頭輸出 intAount 參數值並不足位數補 0。

- 第 08 行：依據 ACSII 碼，其十進位 36 將輸出 \$ 並於金額後面保留小數點後兩位，因 intMoney 參數值為 int，故其顯示 .00。

- 第 10 ～ 11 行：判斷是否金額小於 20000，若是則 %c 輸出一個字元。

## ⚙ 16 進位（%x/%X）

16 進位所對應的字元，也可參考 ASCII 碼表，因輸入皆為整數（10 進位）再轉換為 16 進位後輸出，所以這邊將要對應則是 10 進位以及 16 進位。

📎 **範例程式** **ExCarry.py** ▶ 練習轉換 16 進位

```
01  i = 10
02
03  for j in range(5)
04      z = i + j
05      print("小寫：%x\t大寫：%X"%(z, z))
```

**執行結果**

```
小寫：a    大寫：A
小寫：b    大寫：B
小寫：c    大寫：C
小寫：d    大寫：D
小寫：e    大寫：E
```

**程式解析**

- 第 01 行：宣告變數 i 並指定參數值為 10。

- 第 03 ～ 05 行：藉由迴圈將 i 加上 j 取得整數，再依據 ASCII 碼表取得 A-E 大小寫字母並輸出。

## ✿ 浮點數

浮點數格式化為 %0m.nf、%m.nf、%.nf，其用法如下說明：

■ 不足位數補 0，格式為：%0m.nf

■ 不足位數預設空格，格式為：%m.nf

■ 針對小數點後 n 位保留，格式為：%.nf

其 m 或 n 也能以 * 替代。而 m 為數值總長度；n 則僅指小數點後 n 位保留，整數位數則不受任何影響。

**範例程式** **ExFloat.py** ▶ 浮點數格式化練習

```
01   print("\n 不足數位補 0：%06.2f\n" %(1.2345))
02
03   print(" 不足數位預設空格：%6.2f\n" %(1.2345))
04
05   print(" 小數點保留 2 位：%.2f\n" %(1.2345))
06
07   print(" 不足數位補 0（以 * 替代）：%0*.2f\n" %(6, 1.2345))
```

**執行結果**

```
不足數位補0：001.23

不足數位預設空格：  1.23

小數點保留2位：1.23

不足數位補0(以*替代)：001.23
```

**程式解析**

➜ 第 01 行：由於僅保留小數點後 2 位，則其取出後為 1.23 又因不足位數則補 0，故輸出後為 001.23

➜ 第 03 行：與 01 行相似，差別在於不足位數以預設空格取代 0

- 第 05 行：因只要求小數點後保留 2 位數，故輸出 1.23
- 第 07 行：與 01 行相似，不足位數由 * 替代並由後面給予參數設定

## 6-1-3 [ ] 運算子與切片運算

每個字元都是一個獨立物件，字串就是由獨立物件所發展出來的一個群組，那要如何從群組中取出物件呢？相信很多人都常會看到中括號的運算子：

```
[ ]
```

該運算子透過給予的索引值取得字串中的值，例如假設有變數 Index = "abc def" 其索引位置則可參考下圖：

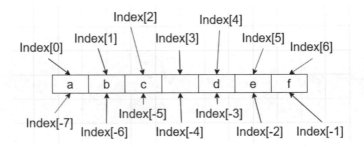

這邊要稍微注意的是，由左至右的索引位置以 0 為開始；由右至左則以 -1 開始。接著，若要取得 Index 中的某索引位置相對應的值，其寫法：

```
Index[2] 或 Index[-5]
```

則其所取得到的值為 c。

既然可以取得字串中各個字元，當然這部分也提供切片運算的功能取得某一小段的字串，其寫法格式：

```
Index[start_Index : end_index : step]
```

- start_Index：表示開始位置
- end_index：表示結束位置
- step：間隔，不可為 0

**TIPS**

**輸入問題**：在切片運算時，也可以加入 step 間隔值嗎？

**ChatGPT 回答畫面：**

> 是的，在切片運算時，你可以加入 step（間隔值）來指定切片的間隔。step 表示從起始索引
> 開始，每次跳過指定的步驟數，取得下一個元素。這在對序列進行間隔取值、反轉序列等操
> 作時非常有用。
>
> 切片的一般格式是：`[start:stop:step]`

**範例程式** **ExSlice.py** ▶ 練習 Slice 運算

```
01   Index = "Hello Python, This is Program"
02
03   print("Index 字串：", Index)
04   print(Index[-3:-25:-2])
```

**執行結果**

```
Index字串：  Hello Python, This is Program
roPs iT,otP
```

**程式解析**

◆ 第 01 行：宣告字串變數並給予字串值

◆ 第 03 行：打印 Index 的字串內容

◆ 第 04 行：開始位置為 -3，結束位置為 -25 並以間隔為 2

## 6-1-4 跳脫字元

字元型態資料中除了一般的字元外，還有一些特殊的字元無法利用鍵盤來輸入或顯示於螢幕。這時候必須在字元前加上反斜線「\」來通知編譯器將後面的字元當成一個特殊字元，形成所謂「跳脫字元」（Escape Sequence

Character），並進行某些特殊的控制功能，例如 "\n" 表示換行功能的「跳脫字元」。例如前面我們談過的「\n」，就是一種跳脫字元，用來表示換行。常見有：

| 符號 | 用途 |
|------|------|
| \' / \"" | 單引號 / 雙引號 |
| \n | 換行字元 |
| \t | 水平製表字元（如 Tab 作用） |
| \v | 垂直製表字元 |
| \b | 退格 |
| \r | 將游標返回行頭 |
| \\ | 反斜線 |
| \ | 續行字元（在行尾時） |

## 6-1-5　字串相關方法

有關於字串所提供的方法相當的多。本單元將介紹一些常用的字串方法，當宣告了字串變數之後，就可以透過「.」（dot）運算子來取得方法。

### 🔧 與子字串有關的函數

首先先列出與子字串有關的方法與函數，如何在字串搜尋或替換新的子字串。

| 方法 | 參數 | 用途 |
|------|------|------|
| **startswith(suffix[, start, end])** | suffix – 可為一個字元或一個元素<br>start – 開始位置<br>end – 結束位置 | 字串開頭含有指定的字元或元素回傳 True，反之回傳 False |
| **endswith(suffix[, start, end])** | suffix – 可為字元或符號<br>start – 開始位置<br>end – 結束位置 | 字串末尾含有指定的字元或元素回傳 True，反之回傳 False |

| 方法 | 參數 | 用途 |
|---|---|---|
| **find(sub, beg = 0, end = len(string))** | sub – 欲搜尋字元<br>beg – 開始搜尋位置。預設為第一個字元，其索引值為 0<br>end – 結束搜尋位置。預設其字串總長度 | 欲搜尋的字元若在搜尋範圍內回傳其開始索引值，反之回傳 -1 |
| **index(sub, beg = 0, end = len(string))** | sub – 欲搜尋字元<br>beg – 開始搜尋位置。預設為第一個字元，其索引值為 0<br>end – 結束搜尋位置。預設其字串總長度 | 欲搜尋的字元若在搜尋範圍內回傳其開始索引值，反之拋出異常 |
| **str.join(seq)** | str – 指定連接序列的字元<br>seq – 欲連接元素序列 | 回傳指定連結序列中的元素後的新字串 |
| **lstrip([chars])** | chars – 指定刪除的字元。預設空格 | 刪除字串開頭的空格或指定字元的新字串 |
| **rstrip([chars])** | chars – 指定刪除的字元。預設空格 | 刪除字串末尾的空格或指定字元的新字串 |
| **strip([chars])** | chars – 指定刪除的字元。預設空格 | 刪除字串頭尾的空格或指定字元的新字串 |
| **replace(old, new[, max])** | old – 舊字元<br>new – 新字元<br>max – 可選，替換不超過的次數 | 回傳字串中替換字元後的字串，若指定第三個參數，則替換不可超過其次數 |
| **split(str = "", num = string.count(str))** | str – 分隔字元。預設為所有空白字元，包括空格、\n、\t<br>num – 分隔次數（num + 1 個）。預設為 -1 即分隔所有 | 透過指定分隔字元將字串分隔數個 |

Python 複合資料型態的完美體驗

使用 split() 方法分割字串時,會將分割後的字串以串列(list)回傳。例如範例(split.py):

```python
str1 = "happy \nclever \nwisdom"
print( str1.split() ) # 以空格與換行符號 (\n) 來分割
print( str1.split(' ', 2 ) )
```

執行結果

```
['happy', 'clever', 'wisdom']
['happy', '\nclever', '\nwisdom']
```

以下範例(count.py)搜尋特定字串出現次數:

```python
str1="Happy birthday to my best friend."
s1=str1.count("to",0) # 從 str1 字串索引 0 的位置開始搜尋
s2=str1.count("e",0,34) # 搜尋 str1 從索引值 0 到索引值 34-1 的位置
print("{}\n「to」出現 {} 次,「e」出現 {} 次 ".format(str1,s1,s2))
```

執行結果

```
Happy birthday to my best friend.
「to」出現1次,「e」出現2次
```

另外,上表中的函數 strip() 用於去除字串首尾的字元,lstrip() 用於去除左邊的字元,rstrip() 用於去除右邊的字元,三種方法的格式相同,以下以 strip() 做說明:

```
字串 .strip([ 特定字元 ])
```

特定字元預設為空白字元,特定字元可以輸入多個,例如:

```python
str1="Are you happy?"
s1=str1.strip("A?")
print(s1)
```

執行結果

```
re you happy
```

由於傳入的是（"A?"）相當於要去除「A」與「?」，執行時會依序去除兩端符合的字元，直到沒有匹配的字元為止，所以上面範例分別去除了左邊的「A」與右邊的「?」字元。

至於函數 replace() 可以將字串裡的特定字串替換成新的字串，程式範例（replace.py）如下：

```
s= "我畢業於宜蘭高中."
print(s)
s1=s.replace("宜蘭高中", "高雄中學")
print(s1)
```

執行結果

```
我畢業於宜蘭高中.
我畢業於高雄中學.
```

這裡還要來介紹兩種有趣的函數，它會依據設定範圍判斷設定的子字串是否存在於原有字串，若結果相符會以 True 回傳。startswith() 函數用來比對前端字元，endswith() 函數則以尾端字元為主。例如範例（startswith.py）：

```
wd = 'Alex is optimistic and clever.'
print('字串:', wd)
print('Alex 為開頭的字串嗎 ', wd.startswith('Alex'))
print('clever 為開頭的字串嗎 ', wd.startswith('clever', 0))
print('optimistic 從指定位置的開頭的字串嗎 ', wd.startswith('optimisti', 8))
print('clever. 為結尾字串嗎 ', wd.endswith('clever.'))
```

執行結果

```
字串: Alex is optimistic and clever.
Alex為開頭的字串嗎 True
clever為開頭的字串嗎 False
optimistic從指定位置的開頭的字串嗎 True
clever.為結尾字串嗎 True
```

## ⚙️ 跟字母大小寫有關的方法的方法與函數

字串還有那些的方法？介紹一些跟字母大小寫有關的方法。

| 方法 | 說明 |
|---|---|
| capitalize() | 只有第一個單字的首字元大寫，其餘字元皆小寫 |
| lower() | 全部大寫 |
| upper() | 全部小寫 |
| title() | 採標題式大小寫，每個單字的首字大寫，其餘皆小寫 |
| islower() | 判斷字串是否所有字元皆為小寫 |
| isupper() | 判斷字串是否所有字元皆為大寫 |
| istitle() | 判斷字串首字元是否為大寫，其餘皆小寫 |
| isalnum() | 判斷字串是否僅由字母和數字組成。是為 True，否為 False |
| isalpha() | 判斷字串是否僅由字母組成。是為 True，否為 False |
| isdigit() | 判斷字串是否僅由數字組成。是為 True，否為 False |
| isspace() | 判斷字串是否僅由空格組成。是為 True，否為 False |

以下程式範例示範跟字母大小寫有關的方法：phrase.py

```python
phrase = 'Happy holiday.'
print('原字串：', phrase)
print('將首字大寫 ', phrase.capitalize())
print('每個單字的首字會大寫 ', phrase.title())
print('全部轉為小寫字元 ', phrase.lower())
print('判斷字串首字元是否為大寫 ', phrase.istitle())
print('是否皆為大寫字元 ', phrase.isupper())
print('是否皆為小寫字元 ', phrase.islower())
```

[執行結果]

```
原字串： Happy holiday.
將首字大寫  Happy holiday.
每個單字的首字會大寫 Happy Holiday.
全部轉為小寫字元 happy holiday.
判斷字串首字元是否為大寫 False
是否皆為大寫字元 False
是否皆為小寫字元 False
```

## 與對齊格式有關的方法

字串也提供與對齊格式有關的方法，請參考下表：

| 方法 | 參數 | 用途 |
|---|---|---|
| center(width, fillchar) | width – 字串總長度<br>fillchar– 填充字元 | 指定總長度並將字串置中，其餘長度以填充字元，預設為空格 |
| ljust(width, fillchar) | width – 字串總長度<br>fillchar– 填充字元。<br>　　　　預設為空格 | 指定總長度並將字串置左，其餘長度以填充字元填滿 |
| rjust(width, fillchar) | width – 字串總長度<br>fillchar– 填充字元。<br>　　　　預設為空格 | 指定總長度並將字串置右，其餘長度以填充字元填滿。與 zfill（width）方法類同，差別在於 zfill() 只有 width 參數且僅填充 0 |
| zfill(width) | | 字串左側補「0」 |
| partition(sep) | | 字串分割成三部份，sep 前，sep，sep 後 |
| splitlines([keepends]) | | 依符號分割字串為序列元素，keepends ＝True 保留分割的符號 |

以下程式範例示範了與對齊格式有關的方法。

**範例程式** **align.py** ▶ 與對齊格式有關的方法

```
01  str1 = 'Python is funny and powerful'
02  print('原字串 ', str1)
03  print('欄寬 40，字串置中 ', str1.center(40))
04  print('字串置中，* 填補 ', str1.center(40, '*'))
05  print('欄寬 10，字串靠左 ', str1.ljust(40, '='))
06  print('欄寬 40，字串靠右 ', str1.rjust(40, '#'))
07
08  mobilephone = '931666888'
09  print('字串左側補 0:', mobilephone.zfill(10))
10
11  str2 = 'Mayor,President'
12  print('以逗點分割字元 ', str2.partition(','))
13
14  str3 = '禮 \n 義 \n 廉 \n 恥 '
15  print('依 \\n 分割字串 ', str3.splitlines(False))
```

**執行結果**

```
原字串 Python is funny and powerful
欄寬40，字串置中           Python is funny and powerful
字串置中，* 填補 ******Python is funny and powerful******
欄寬10，字串靠左 Python is funny and powerful============
欄寬40，字串靠右 ############Python is funny and powerful
字串左側補0: 0931666888
以逗點分割字元 ('Mayor', ',', 'President')
依\n分割字串 ['禮', '義', '廉', '恥']
```

**程式解析**

- 第 3 ～ 4 行：使用 center() 方法，設定欄寬（參數 width）為 40，字串置中時，兩側補「#」。

- 第 5 ～ 6 行：ljust() 方法會將字串靠左對齊；rjust() 方法會將字串靠右對齊。

- 第 8 ～ 9 行：字串左側補「0」。

- 第 12 行：partition() 方法中，會以 sep 參數「,」為主，將字串分割成三個部份。

- 第 15 行：splitlines() 方法的參數 keepends 設為 False，分割的字元不會顯示出來。

**TIPS**

輸入問題：內建函數與方法怎麼區分？

**ChatGPT 回答畫面：**

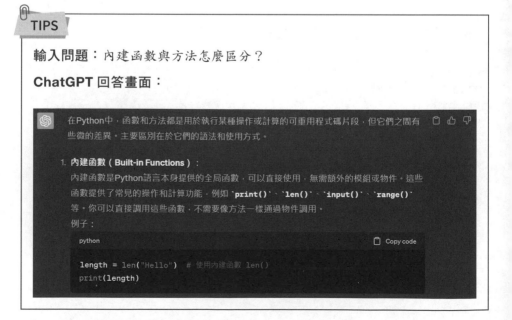

在Python中，函數和方法都是用於執行某種操作或計算的可重用程式碼片段，但它們之間有些微的差異。主要區別在於它們的語法和使用方式。

1. **內建函數（Built-in Functions）**：
內建函數是Python語言本身提供的全局函數，可以直接使用，無需額外的模組或物件。這些函數提供了常見的操作和計算功能，例如 `print()`、`len()`、`input()`、`range()` 等。你可以直接調用這些函數，不需要像方法一樣通過物件調用。

例子：

```python
length = len("Hello")  # 使用內建函數 len()
print(length)
```

2. **方法（Methods）：**

方法是物件導向程式設計中的概念，它與特定的物件關聯，用於執行與該物件相關的操作。在Python中，幾乎所有的資料型別都有相關的方法。方法必須通過一個物件（通常是某種資料型別的實例）來呼叫。

例子：

```python
text = "Hello, World!"
uppercase_text = text.upper()  # 使用字串的 upper() 方法
print(uppercase_text)
```

# 6-2　串列（list）

串列（List）是 Python 語言中非常重要的資料結構，也就是用來表示記錄連續性資料的方法，不同程式語言通常都可以使用序列的資料，例如 C 和 C++ 中常使用的就是陣列（Array），而在 Python 當中，則使用串列（List）或元組（Tuple）來儲存連續性的資料。

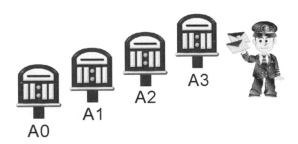

串列運作好比是郵差可以依照住址，把信件直接投遞到指定的信箱

串列（List）是由一連串資料所組成，以中括號 [] 表示存放的元素，資料稱為元素（Element）或項目（Item），可以存放不同資料型態的元素，不但具有順序性，而且可以改變元素內容，甚至於 2 個以上的串列也可以把它們串接起來，相乘以及檢查某些元素是否存在於串列中，還有在串列中的每一個資料項目都有其索引編號，這些編號起始位置都是從 0 開始。

## 6-2-1　建立串列

我們可以直接使用中括號 [] 或內建的 list() 函數來建立串列，如下所示：

串列名稱 = [ 元素 1, 元素 2, ..... ]

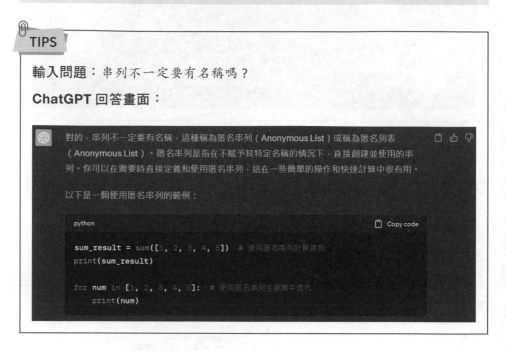

**TIPS**

**輸入問題：串列不一定要有名稱嗎？**

**ChatGPT 回答畫面：**

> 對的，串列不一定要有名稱，這種稱為匿名串列（Anonymous List）或稱為匿名列表
> （Anonymous List）。匿名串列是指在不賦予其特定名稱的情況下，直接創建並使用的串
> 列。你可以在需要時直接定義和使用匿名串列，這在一些簡單的操作和快速計算中很有用。
>
> 以下是一個使用匿名串列的範例：
>
> ```python
> sum_result = sum([1, 2, 3, 4, 5])  # 使用匿名串列計算總和
> print(sum_result)
>
> for num in [1, 2, 3, 4, 5]:  # 使用匿名串列在迴圈中迭代
>     print(num)
> ```

裡面的項目皆以逗號（,）分隔並由中括號包裹著，每一項可說是獨立個
體，彼此之間不需具有相同的型態。例如：

```
>>> list1 = ["123", "abc", True]
>>> list2 = [123, 1.0]
>>> print(list1)
['123', 'abc', True]
>>> print(list2)
[123, 1.0]
```

list1、list2 兩個串列中都有不同型態的數據在其中，彼此之間不受型態影響

而 list 也跟字串一樣，能夠進行切片、檢查是否指定字元或元素包含在內
等等。

```
>>> list1 = ["Python", 20, "C#", 3.14, True, 0.05]
>>> list2 = ["Go"]
>>> list3 = ["to", "the", "movie"]
>>>
>>> print(list1[3])
3.14
>>>
>>> print(list1[0:4:2])
['Python', 'C#']
>>>
>>> print(list2*3)
['Go', 'Go', 'Go']
>>>
>>> print(list2 + list3)
['Go', 'to', 'the', 'movie']
```

這邊可得知 list 可取得指定索引
值所對應的值、切片、使用乘(*)
來自動產生重複的值以及若有
兩個 list 欲合併可使用加 (+) 將
兩個不同 list 組合而成

以上圖 list1 為例，若要新增一個項目，先查看該 list 個數（即索引值，以
0 開始算起）接著再將個數 +1 便可新增。

```
list1[len(list1) + 1] = "ABC"
```

若要更新裡面其中之一的項目將直接覆蓋值即可：

```
list1[1] = 10
```

刪除的部分也是差不多的寫法，透過 del 語句：

```
del list1[5]
```

範例程式　**ExList.py** ▶ 取得串列中所有元素並依序輸出

```
01  list1 = ["A", True, 10, 3.14, "G"]
02
03  for i in range(len(list1)):
04      print(" 索引位置：%s\t 對應值：%s\t 型態：%s\n" %(i, list1[i],
        type(list1[i])))
```

執行結果

```
索引位置：0          對應值：A 型態：<class 'str'>

索引位置：1          對應值：True        型態：<class 'bool'>

索引位置：2          對應值：10          型態：<class 'int'>

索引位置：3          對應值：3.14        型態：<class 'float'>

索引位置：4          對應值：G 型態：<class 'str'>
```

Python 複合資料型態的完美體驗

（程式解析）

- ● 第 01 行：宣告一個串列，其包含不同型態資料。
- ● 第 03 ～ 04 行：取得該串列所有的資料並顯示其索引位置、對應值以及資料型態。

　　如果要將字串轉換成串列，那麼可以使用 list() 函式，該函式會將字串逐一拆解成單一字元，每個字元為串列中的一項元素，請看下例的說明：

```
print(list('Happy')) # 轉成 ['H', 'a', 'p', 'p', 'y']
```

　　此外，串列中括號裡面也可以結合 for 指令 range() 函數來產生的結果就串列的元素。例如：

```
>>>list1=[i for i in range(3,10)]
>>>list1
[ 3, 4, 5, 6, 7, 8, 9]
>>>
>>>list2=[i+10 for i in range(1,5)]
>>>list2
[11, 12, 13, 14]
>>>
```

　　還有一點要特別說明，串列的元素也像字串中的字元具有順序性，因此支援切片（Slicing）運算，切片運算也可以應用於取出若干元素，可以透過切片運算子 [] 擷取串列中指定索引的子串列。我們來看以下的例子：

```
word = ['A','B','C','D','E','F', 'G', 'H']
print(word [:4])
print(word [1:8])
print(word [5:])
```

其執行結果如下：

```
['A', 'B', 'C', 'D']
['B', 'C', 'D', 'E', 'F', 'G', 'H']
['F', 'G', 'H']
```

## 6-2-2 多維串列

通常串列的使用可以分為一維串列、二維串列與多維串列等等，基本的運作原理都相同。多維串列基本上就是一個串列中包含多個串列，每個串列中又包含多個元素。

```
[[1, 2, 3], [4, 5, 6], ...]
```

若要宣告二維串列寫法為：

```
[["" for i in range(3) ] for j in range(4)] or [[""] * 3 for j in range(4)]
```

其中 "" for i in range(3) 表示第二維串列中每個串列生成 3 個元素；for j in range(4) 表示將生成 4 個第二維串列，故執行得到的結果如下圖。

```
[['', '', ''], ['', '', ''], ['', '', ''], ['', '', '']]
```

以二維串列來說，索引位置示意圖如下。

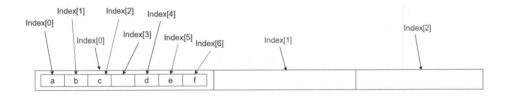

第一維串列索引位置由藍色標示，第二維串列用黑色標示。在使用相關方法時，因一維串列為 list[i] 表示，第二維表示為：

```
list[i][j]
```

以此類推。

在 Python 中，凡是二維以上的串列都可以稱作多維串列，想要提高串列的維度，只要在宣告串列時，增加中括號與索引值即可。例如三維陣列宣告方式如下：

```
num=[[[5,4,6],[6,8,16],[34,21,46]],[[25,47,33],[27,52,36],[62,39,18]]]
```

下例就是一種三維陣列的初值設定及各種不同陣列存取方式：

```
num=[[[5,4,6],[6,8,16],[34,21,46]],[[25,47,33],[27,52,36],[62,39,18]]]
print(num[0])
print(num[0][0])
print(num[0][0][0])
```

其執行結果如下：

```
[[5, 4, 6], [6, 8, 16], [34, 21, 46]]
[5, 4, 6]
5
```

## 6-2-3　常用的串列函數以及方法

串列常用的函式：

| 函式 | 參數 | 用途 |
|------|------|------|
| len(list) | | 回傳串列元素個數 |
| max(list) | list – 串列 | 回傳串列元素中最大值 |
| min(list) | | 回傳串列元素中最小值 |
| list(seq) | seq – tuple 型態 | 將 tuple 轉換為串列 |

常用的方法：

| 方法 | 參數 | 用途 |
|------|------|------|
| **list.append(obj)** | obj – 物件 | 串列末尾處新增一筆元素，<br><br>```word = ["cat", "dog", "bird"]```<br>```word.append("fish")```<br>```print(word)```<br><br>`['cat', 'dog', 'bird', 'fish']` |
| **list.count(obj)** | obj – 物件 | 回傳串列重複出現次數<br><br>```word = ["dog", "cat", "dog"]```<br>```print("dog 出現的次數 ", word.```<br>```count("dog"))```<br><br>`dog 出現的次數  2` |

| 方法 | 參數 | 用途 |
|---|---|---|
| **list.extend(seq)** | seq – 可為 list、tuple、集合、字典（僅將 key 作為元素加入） | 串列末尾處新增多筆元素 |
| **list.index(x[, start, end])** | x – 欲搜尋的字元<br>start – 開始位置<br>end – 結束位置 | 回傳欲搜尋的字元索引位置，若找不到則拋出異常 |
| **list.insert(index, obj)** | index – 需插入的索引位置<br>obj – 欲插入物件 | 在串列指定位置插入元素<br><br>```word = ["dog", "cat", "bird"]\nword.insert(2,"fish")\nprint(word)```<br><br>`['dog', 'cat', 'fish', 'bird']` |
| **list.pop([index = -1])** | index – 可選，欲移除串列元素的索引位置，不可超過串列總長度。預設為 -1，刪除最後一個 | 回傳已從串列中移除物件的串列，如果 pop() 括號內沒有指定索引值，則預設移除最後一個。<br><br>```word = ["dog", "cat", "bird"]\nword.pop(2)\nprint(word)```<br><br>`['dog', 'cat']` |
| **list.remove(obj)** | obj – 物件 | 串列中移除指定的元素<br><br>```word = ["dog", "cat", "bird"]\nword.remove ("cat")\nprint(word)```<br><br>`['dog', 'bird']` |
| **list.sort(key = None, reverse = False)** | key – 進行比較的元素，僅一個參數<br>reverse – 排序升降冪 True 為降冪；False 為升冪（預設） | 將串列中的元素進行升降冪排序<br><br>```word = ["dog", "cat", "bird"]\nword.sort()\nprint(word)```<br><br>`['bird', 'cat', 'dog']` |
| **list.clear()** | | 清空串列 |
| **list.copy()** | | 複製串列 |

Python 複合資料型態的完美體驗

| 方法 | 參數 | 用途 |
|------|------|------|
| **List.reverse()** | | reverse () 函數可以將 list 串列資料內容反轉排列<br><br>`word = ["dog", "cat", "bird"]`<br>`word.reverse()`<br>`print(word)`<br><br>`['bird', 'cat', 'dog']` |

　　一般在專案中經常會有一些原有資料存在的情形，基本上透過 list 的方法能夠保留原有資料既可新增、查詢、刪除等等功能作用。

**範例程式　ExList2.py**

```
01   person = ["John", "Merry", "Mi", "Jason"]
02
03   addPerson = str(input("請輸入新增人員名字："))
04
05   if person.count(addPerson) == 0:
06   person.insert(len(person) - 2, addPerson)
07
08   print("搜尋剛新增人員索引位置：", person.index(addPerson))
09
10   person1 = person.copy()
11   person.clear()
12
13   print("複製原串列：", person1)
14   print("原串列：", person)
```

**執行結果**

```
請輸入新增人員名字：Simon
搜尋剛新增人員索引位置： 2
複製原串列： ['John', 'Merry', 'Simon', 'Mi', 'Jason']
原串列： []
```

**程式解析**

➔ 第 01 行：創建一個一維串列。

- 第 03 行：提供使用者輸入人員名字。

- 第 05 ～ 08 行：搜尋該人員名字是否有重複出現次數，若為 0 則將該人員 插入總長度 -2 並回傳索引位置。

- 第 10 ～ 14 行：將原串列複製到 person1 變數，同時將 person 清空。 person1 亦存在其複製串列，故原串列清空不影響複製串列。

以下程式範例由使用者輸入資料後，再依序以 append() 函數附加到 list 串 列中，最後再將串列的內容印出。

**範例程式** **append.py** ▶ 使用 **append()** 函數附加資料到 **list** 串列中

```
01   num=int(input('請輸入總人數：'))
02   student = []
03   print('請輸入 {0} 個數值：'.format(num))
04
05   # 依序讀取分數
06   for item in range(1,num+1):
07       score = int(input()) # 取得輸入數值
08   student.append(score) # 新增到串列
09
10   print('總共輸入的分數', end = '\n')
11   for item in student:
12       print('{:3d} '.format(item), end = '')
```

**執行結果**

```
請輸入總人數： 3
請輸入3個數值：
89
76
84
總共輸入的分數
 89  76  84
```

**程式解析**

- 第 1 行：輸入總人數，並將輸入的字串轉換為整數。

- 第 2 行：建立空串列。

- 第 5 ～ 8 行：將所輸入的數值轉換為整數，再新增到串列。

- 第 11 ～ 12 行：將儲存於 student 的串列元素輸出。

## 6-3 元組（tuple）

元組與串列非常相似，差別在於元組的元素是不可修改，相當於是一種唯讀串列，不過仍可進行截取、組合、計算元素個數等等運算以及方法。還有一點小眉角，串列是以中括號 [] 來存放元素，元組卻是以小括號 () 來存放元素。

元組中的元素有順序性，可以存放不同資料型態的元素，但是個數及元素值都不能改變。基本上，雖然串列的功能整體來說較元組強大且具有彈性，但是元組型態的執行速度較快，由於不允許修改內容，資料存放的安全性也較高。當不提供元素可進行修改時，可使用元組避免其他人更動，元組亦可透過 list() 函數轉換成串列型態。

### 6-3-1 建立元組

我們已知道串列是以中括號表示，元組則是以小括號表示：

```
("123", 1, 2.0)
```

當然，若不加上小括號也是可行的。

```
>>> tuple1 = ("12", 1.0, 5)
>>> type(tuple1)
<class 'tuple'>
>>>
>>>
>>> tuple1 = "23", 2.5, "Python"
>>> type(tuple1)
<class 'tuple'>
```

不添加小括號，其形態還是 tuple

請注意！元組中只包含一個元素時，需在該元素末尾加上逗號（,），否則括號將被視為運算符號使用。

```
>>> tuple1 = ("23")
>>> type(tuple1)
<class 'str'>
>>>
>>> tuple1 = (10)
>>> type(tuple1)
<class 'int'>
>>>
>>> tuple1 = (10,)
>>> type(tuple1)
<class 'tuple'>
```

元組中元素僅有一個時，需在該元素末尾添加逗號

事實上，我們還可以直接使用內建的 tuple() 函數來建立元組，如下所示：

```
l1=tuple()      # 建立空元組
print(l1)
l2=tuple([2,4,6,8])
print(l2)
```

執行結果

```
()
(2, 4, 6, 8)
```

由於元組是序列（Sequence）的一種，如何取得元組中的元素和串列一樣，例如：

```
tuple1 = ("123", 45, 30.5, "Python")
print("tuple1[2]：", tuple1[2])
```

```
tuple1[2]:  30.5
```

另外，如果要檢查某一個元素是否存在或不存在於元組中，則可以使用 in 與 not in 運算子，例如：

```
>>> "Mon" in ("Mon","Tue","Fri")
True
>>> "Sun" not in ("Mon","Tue","Fri")
True
>>>
```

同樣的，元組也可以進行組合、刪除、切片等等運算。雖然儲存在元組的元素不可以用 [] 運算子來改變元素的值，不過元組內元素仍然可以利用「+」運算子可以將兩個元組資料內容串接成一個新的元組，而「＊」運算子可以複製元組的元素成多個。例如：

```
>>> tuple1 = ("123", 45, 30.5, "Python")
>>> tuple2 = ("C#", "Java")
>>>
>>> tuple3 = tuple1 + tuple2
>>> print(tuple3)
('123', 45, 30.5, 'Python', 'C#', 'Java')
>>>
>>>
>>> del tuple3
>>> print(tuple3)
Traceback (most recent call last):
  File "<pyshell#11>", line 1, in <module>
    print(tuple3)
NameError: name 'tuple3' is not defined
>>>
>>>
>>> tuple2 * 2
('C#', 'Java', 'C#', 'Java')
>>>
>>>
>>> "C#" in tuple2
True
```

當然切片運算也可以應用於元組，可用來取出若干元素。若是取得指定範圍的若干元素，使用正值就得正向取出元素（由左而右），但使用負值就採用負向（由右而左）取出元素。以下例子是說明各種元組切片運算的語法：

```
>>> (1,4,8)+(9,4,3)
(1, 4, 8, 9, 4, 3)
>>> (1,2,3)*3
(1,2,3, 1,2,3, 31,2,3)
>>>tup=(90,43,65,72,67,55)
>>>tup[2]
65
>>>tup[-3]
72
>>>tup[1:4]
(43, 65, 72)
>>>tup[-6:-2]
(90, 43, 65, 72)
>>>tup[-1:-3]  # 無法正確取得元素
()
>>>
```

## 6-3-2 常用元組函數

元組雖是串列的一種，但其本身比較屬於純取得資料供使用者讀取，由於元組內的元素不可以改變，所以會更動到元組元素內容值或元素個數的方法都無法使用，例如 append()、insert() 等函數。較常用函數僅有：

| 函式 | 參數 | 用途 |
|------|------|------|
| **len(tuple)** | | 計算元組元素個數 |
| **max(tuple)** | tuple – tuple 型態 | 回傳元組中元素最大值 |
| **min(tuple)** | | 回傳元組中元素最小值 |
| **tuple(seq)** | seq – list 型態 | 將串列轉換為元組 |
| **sum(tuple)** | tuple – tuple 型態 | 加總元組內各元素總和 |

如果要將字串轉換成元組，就可以使用 tuple() 函式，該函式會將字串逐一拆解成單一字元，每個字元為元組中的一項元素，請看下例的說明：

```
print(tuple('Hello')) #轉成 ('H', 'e', 'l', 'l', 'o')
```

我們也可以透過 tuple() 函數將串列轉換成元組，如下：

```
>>>l1=[1,3,5,7]
>>>t1=tuple(l1)
>>>l1
(1,3,5,7)
```

以下例子將示範如何將二維串列轉換元組。

範例程式 **ExTuple.py** ▶ 練習二維串列轉換元組

```
01  tupleData = ()
02  listData = []
03
04  strFieldName = str(input("請輸入不可修改欄位名稱（逗號為分隔索引位置；頓號
        則為放置在同一個索引位置）："))
05  strFieldData = str(input("請輸入欄位對應資料（逗號為分隔索引位置；頓號則為
        放置在同一個索引位置）："))
06
07  for i in range(len(strFieldName.split(","))):
```

```
08       listData.append(strFieldName.split(",")[i])
09
10  for j in range(len(strFieldData.split(","))):
11      x = 0
12
13      if len(listData)%2 == 0:
14          x = len(listData) - 1
15      else:
16          x = len(listData) + 1
17
18      listData.insert(x, [strFieldData.split(",")[j] for x in range(1)])
19
20  listToTuple = tuple(listData)
21  print("\n")
22  print(listToTuple)
```

**執行結果**

請輸入不可修改欄位名稱(逗號為分隔索引位置；頓號則為放置在同一個索引位置)：姓名,數學、國文、英文
請輸入欄位對應資料(逗號為分隔索引位置；頓號則為放置在同一個索引位置)：王小明,78、88、90

list轉換tuple: ('姓名', ['王小明'], '數學、國文、英文', ['78、88、90'])

**程式解析**

- 第 01 ～ 02 行：宣告空元組以及空串列。

- 第 04 ～ 05 行：輸入欄位名稱以及欄位對應值。

- 第 07 ～ 08 行：將欄位名稱以迴圈方式逐一加入串列中。

- 第 10 ～ 18 行：若當前串列個數為偶數插入位置以當前串列個數 -1；基數則插入位置以當前串列個數 +1 並分隔其對應值，數據格式為串列再依據基偶數插入當前串列中。

- 第 20 行：透過 tuple() 將串列轉換成元組。

## 6-3-3 拆解與交換

在其他程式語言，以 C 語言為例，如果想要交換（Swap）兩個變數的值，通常需要第三個 temp 變數來輔助，例如如果原先 first 變數值為 50，second 變

數值為 30，如果要將兩個變數值互調，即 first 變數值變更為 30，second 變數值變更為 50，其程式的寫法會如下的程式碼：

```
temp = first;
first = second;
second = temp;
```

經過上述三道指令後，才可以達到兩個變數互調的目的，這樣的應用尤其在資料結構中各種排序演算法最為常見。但是 Python 語言的 Unpacking（拆解）的特性，可以簡化變數交換的工作，只要一行指令就可以達到上述的資料交換的工作：

```
second,first = first,second
```

另外，Python 針對元組有個很特別的用法 Unpacking（拆解）。舉例來說，下列第 1 行敘述將 "happy", "cheerful", "flexible", "optimistic" 這些值定義為元組，第 2 行則使用變數取出元組中元素值，稱為 Unpacking（拆解）。

```
season = ("Spring", "Summer", "Fall", "Winter")
s1, s2, s3, s4= season   #Unpacking
print(s2)        # 輸出 Summer
```

事實上，Unpacking（拆解）不只限於 tuple，還包括 list 跟 set 等序列型物件，只要把握一個原則，序列拆解的等號左邊的變數個數必須與等號右邊的序列元素數量相同。例如：

**範例程式** **unpack01.py**

```
01  word1 = "zoo"
02  word2 = "animal"
03  print(" 交換前 : ")
04  print(' 單字 1={}, 單字 2={}'.format(word1,word2))
05  word2,word1 = word1,word2
06  print(" 交換後 : ")
07  print(' 單字 1={}, 單字 2={}'.format(word1,word2))
```

執行結果

```
交換前:
單字1=zoo,單字2=animal
交換後:
單字1=animal,單字2=zoo
```

程式解析

➧ 第 5 行:利用 Unpacking 的特性,變數值交換只要一行程式就可以達到。

　　以下範例是將 for 迴圈結合 Unpacking 的概念,應用在解析二維元組的資料。

範例程式 **unpack02.py**

```
01  product = (('iPhone','手機',' 我預算的首選 '),
02          ('iPad','平板',' 視股票獲利 '),
03          ('iPod','播放',' 價格最親民 '))
04
05  for(name, c_name,memo) in product:
06      print('%-10s %-12s %-10s'%(name,c_name,memo))
```

執行結果

```
iPhone      手機          我預算的首選
iPad        平板          視股票獲利
iPod        播放          價格最親民
```

程式解析

➧ 第 1 ～ 3 行:建立二維元組,即元組中有元組。

➧ 第 5 ～ 6 行:利用 Unpacking 的功能及 for 迴圈讀取二維元組,並輸出其值。

## 6-4 字典（dict）

字典與串列、元組的作用也非常相似，可存放任何型態的物件，屬於一種較為複雜的資料結構，對於資料的查找很方便。字典也具備元素沒有順序性、鍵值不可重覆與可以改變元素內容的三種特性。比較不同字典是以一個鍵（key）對應一個值（value），而不是以索引值進行呼叫。由於「鍵」沒有順序性，所以適用於序列與元組型態的切片運算、連接運算子（+）、重複運算子（*）等，在字典中就無法使用。

### 6-4-1 建立字典

在字典中，每一個元素都由鍵（key）和值（value）構成，字典裡元素的值可以是任何的資料型態，例如：字串、整數、list、物件等等。每個 key 與 value 之間以冒號（:）分隔，每一組 key:value 皆以逗號（,）區隔並以大括號包裹著每一組鍵值。

```
字典名稱 =（ 鍵 1：值 1, 鍵 2：值 2, 鍵 3：值 3.....）
```

建立字典以後，我們可以透過 key 來取得對應的 value，通常字典都是以 key 在查詢並取得對應值，故 key 為唯一且僅以字串命名，value 則不必。

建立字典的方式除了利用大括號 {} 產生字典，也可以使用 dict() 函數，或是先建立空的字典，再利用 [] 運算子以鍵設值，鍵（key）與值（value）之間以冒號元素（:）分開，資料之間必須以逗號（,）隔開，字典要取得其對應值，如同串列一樣，只是將索引值改成 key 名稱。例如：

```
dict1 = {"Name":"Python", "Version":"1.0", ...}
dict1["Version"]
```

如果搜尋字典中沒有的 key，則會拋出異常。

```
>>> dict1 = {"Name": "Python", "Version": "1.0"}
>>> dict1["Author"]
Traceback (most recent call last):
  File "<pyshell#55>", line 1, in <module>
    dict1["Author"]
KeyError: 'Author'
```

字典中無 "Author" 的 key，故顯示 KeyError 的錯誤訊息要修改字典的元素值必須針對「鍵」設定新值，才能取代原先的舊值。例如：

```
dic={'name':'陳大貴', 'year': '1965', 'school':'清華大學'}
dic['name']='朱安德'
print(dic)
```

會輸出如下結果：

```
{'name': '朱安德', 'year': '1965', 'school':'清華大學'}
```

也就是說，如果有相同的「鍵」卻被設定不同的「值」，則只有最後面的「鍵」所對應的「值」有效，前面的「鍵」將被覆蓋。如果要新增字典的鍵值對，只要加入新的鍵值即可。語法如下：

```
dic={'name':'陳大貴', 'year': '1965', 'school':'清華大學'}
dic['city']='新竹'
print(dic)
```

會輸出如下結果：

```
{'name': '陳大貴', 'year': '1965', 'school': '清華大學', 'city': '新竹'}
```

如果要刪除字典中的特定元素，語法如下：

```
del 字典名稱 [ 鍵 ]
```

例如：

```
del dic['city']
```

當字典不再使用時，如果想刪除整個字典，則可以使用 del 指令，

例如：

```
del dic
```

## 6-4-2 常用的字典函數與方法

各位建立字典之後，可以搭配 get() 方法來回傳 key 對應的值，或者以 clear() 方法清除字典所有內容，字典與串列一樣，皆提供函數以及方法使用，常見函數：

| 函式 | 參數 | 用途 |
|---|---|---|
| cmp(dict1, dict2) | dict1、dict2 – 字典 | 比較兩邊字典的元素 |
| len(dict) | dict– 字典 | 計算字典元素個數，即 key 的總數 |
| str(dict) | | 以字串的方式輸出字典的 key:value |

而方法包含：

| 方法 | 參數 | 用途 |
|---|---|---|
| dict.clear() | | 清空字典 |
| dict.copy() | | 複製字典 |
| dict.fromkeys(seq[, value]) | seq –key 串列<br>value – 可選。設置 value，預設為 None | 創建一個新字典 |
| dict.get(key, default = None) | key – 欲搜尋的 key<br>default – 若 key 不存在，設置預設值（None） | 回傳欲搜尋 key 的值，若不存在，則回傳預設值 |
| key in dict | | key 若存在於字典回傳 True，反之為 False。例如：<br><br>`>>> "Mon" in ["Mon","Tue","Fri"]`<br>`True`<br>`>>> "Sun" not in ["Mon","Tue","Fri"]`<br>`True` |
| dict.items() | | 以串列包裹元組方式回傳鍵值 |

| 方法 | 參數 | 用途 |
|---|---|---|
| dict.setdefault(key, default = None) | key － 欲搜尋的 key<br>default － 若 key 不 存 在，設置預設值（None） | 與 get() 方法相似，差別 key 不存在，setdefault() 方法將會自動添加 key，value 為預設值 |
| dict.update(dict2) | dict2 － 字典 | 將字典的 key:value 更新到另一個字典當中 |
| dict.pop(key[, default]) | key － 欲刪除的 key<br>default － 若 key 不 存 在，設置預設值 | 刪除 key:value 並回傳被刪除的 value |

## 🔧 清除－clear()

clear() 方法會清空整個字典，但是字典仍然存在，只不過變成空的字典。但是 del 指令則會將整個字典刪除。以下例子將示範如何使用 clear() 方法：

```
dic={'name':'陳大貴 ', 'year': '1965', 'school':'清華大學 '}
dic.clear()
print(dic)
```

執行結果

```
{}
```

## 🔧 複製 dict 物件－copy()

使用 copy() 方法可以複製整個字典，以期達到資料備份的功效，但新字典會和原先的字典佔用不同記憶體位址，兩者內容不會互相影響。例如：

```
dic1={'name':'陳大貴 ', 'year': '1965', 'school':'清華大學 '}
dic2=dic1.copy()
print(dic2)# 新字典和原字典內容相同
dic2["name"]=" 許德昌 "# 修改新字典內容
print(dic2)# 新字典內容已和原字典 dic1 內容不一致
print(dic1)# 原字典內容不會
```

```
{'name': '陳大貴', 'year': '1965', 'school': '清華大學'}
{'name': '許德昌', 'year': '1965', 'school': '清華大學'}
{'name': '陳大貴', 'year': '1965', 'school': '清華大學'}
```

## 搜尋元素值－get()

get() 方法會以鍵（key）搜尋對應的值（value），但是如果該鍵不存在則會回傳預設值，但如果沒有預設值就傳回 None，例如：

```
dic1={"name":"陳大貴", "year": "1965", "school":"清華大學"}
chen=dic1.get("name")
print(chen)  # 印出陳大貴
paper=dic1.get("color")
print(paper)  # 印出 None
paper=dic1.get("color","Gold")
print(paper)  # 印出 Gold
```

執行結果

```
陳大貴
None
Gold
```

## 移除元素－pop()

pop() 方法可以移除指定的元素，例如：

```
dic1={"name":"陳大貴", "year": "1965", "school":"清華大學"}
dic1.pop("year")
print(dic1)
```

執行結果

```
{'name': '陳大貴', 'school': '清華大學'}
```

Python 複合資料型態的完美體驗

## 更新或合併元素—update()

update() 方法可以將兩個 dict 字典合併，格式如下：

```
dict1.update(dict2)
```

dict1 會與 dict2 字典合併，如果有重複的值，括號內的 dict2 字典元素會取代 dict1 的元素，例如：

```
dic1={"name":"陳大貴 ", "year": "1965", "school":" 清華大學 "}
dic2={"school":" 北京清華大學 ", "degree":" 化工博士 "}
dic1.update(dic2)
print(dic1)
```

執行結果

```
{'name': '陳大貴', 'year': '1965', 'school': '北京清華大學', 'degree': '化工博士'}
```

## items()、keys() 與 values()

items() 方法是用來取 dict 物件的 key 與 value，keys() 與 values() 這兩個方法是分別取 dict 物件的 key 或 value，回傳的型態是 dict_items 物件，例如：

```
dic1={"name":" 陳大貴 ", "year": "1965", "school":" 清華大學 "}
print(dic1. items())
print(dic1. keys())
print(dic1.values())
```

執行結果

```
dict_items([('name', '陳大貴'), ('year', '1965'), ('school', '清華大學')]
dict_keys(['name', 'year', 'school'])
dict_values(['陳大貴', '1965', '清華大學'])
```

## 6-5  集合（set）

　　集合其實和元組（Tuple）與串列（List）很類似，不同的點在於集合不會包含重複的資料。集合與字典一樣擁有無排序的特性，透過集合的型態能直接過濾掉重複的資料，也支援聯集、交集、差集等運算。不過 set 集合只有鍵（key）沒有值（value），由於它不會記錄元素的位置，當然也不支援索引或切片運算、連接運算子（+）、重複運算子（*）等，在集合中也無法使用。

### 6-5-1  建立集合

　　集合可以使用大括號 {} 或 set() 方法建立，資料則以逗號隔開，建立方式如下：

```
集合名稱 ={ 元素 1, 元素 2,..}
```

　　例如：

```
{"Python", "Java", "PHP", "JavaScript"}
```

　　或者

```
set("abcdabcdabcdefg")
```

　　然而，當集合僅含有一個元素時，仍可以下寫法格式：

```
set(("abcdabcdabcdefg",))
```

　　要注意的是，若要創建一個空集合應以 set() 創建而非 {}，因 {} 為創建一個字典。

　　底下是使用 set() 方法建立集合的方法，括號 () 裡只能有一個 iterable（迭代）物件，也就是 str，list，tuple，dict……等物件，例如：

```
strObject = set("13579")
print(strObject)
listObject = set(["Cat", "Dog", "Bird"])
print(listObject)
```

```
tupleObject = set(("Cat", "Dog", "Bird"))
print(tupleObject)
dictObject = set({"topic":"sports", "age":18, "country":"USA"})
print(dictObject)
```

set() 使用 dict 當引數時只會保留 key，上面敘述的執行結果如下：

```
{'7', '9', '1', '5', '3'}
{'Bird', 'Dog', 'Cat'}
{'Bird', 'Dog', 'Cat'}
{'country', 'topic', 'age'}
```

另外，如果要檢查某一個元素是否存在或不存在於集合中，則可以使用 in 與 not in 運算子，例如：

```
>>> "Fall" in {"Spring","Summer","Fall","Winter"}
True
>>> "Autumn" not in {"Spring","Summer","Fall","Winter"}
True
>>>
```

那麼創建集合之後，該如何使用聯集、交集、差集的作用呢？這部份其實可以藉由運算子簡單實現。

■ 聯集 – 集合 A 或集合 B 包含的所有元素。

```
A | B
```

■ 交集 – 包含集合 A 以及集合 B 的元素。

```
A & B
```

■ 差集 – 僅包含集合 A。

```
A - B
```

■ 對稱差 – 不同時包含集合 A 和集合 B 的元素。

```
A ^ B
```

### 範例程式 ExSet.py ▶ 練習集合的方法使用

```
01   likeBasketball = set(("class A", "class B", "class C"))
02   likeDodgeball = set(("class A", "class F", "class k"))
03
04   setDifference = likeBasketball.difference(likeDodgeball)
05   print("\nlikeBasketball 差集：", setDifference)
06   setDifference = likeDodgeball.difference(likeBasketball)
07   print("likeDodgeball 差集：", setDifference)
08
09   setIntersection = likeBasketball.intersection(likeDodgeball)
10   print("\nlikeBasketball 以及 likeDodgeball 的交集：", setIntersection)
11
12
13   setUnion = likeBasketball.union(likeDodgeball)
14   print("\nlikeBasketball 以及 likeDodgeball 的聯集：", setUnion)
15
16   setSymmetric_difference = likeBasketball.symmetric_
     difference(likeDodgeball)
17   print("\nlikeBasketball 以及 likeDodgeball 的對稱差：", setSymmetric_
     difference)
```

### 執行結果

```
likeBasketball差集： {'class B', 'class C'}
likeDodgeball差集： {'class k', 'class F'}

likeBasketball以及likeDodgeball的交集： {'class A'}

likeBasketball以及likeDodgeball的聯集： {'class k', 'class F', 'class A', 'class B', 'class C'}

likeBasketball以及likeDodgeball的對稱差： {'class k', 'class F', 'class B', 'class C'}
```

### 程式解析

+ 第 01 ～ 02 行：宣告兩個集合，一個為喜歡籃球的班級集合，一個為喜歡
  躲避球的班級集合。

+ 第 04 ～ 07 行：分別可取得喜歡籃球的差集、躲避球的差集。

+ 第 09 ～ 10 行：intersection() 取得包含在兩個集合中的元素。

+ 第 13 ～ 14 行：可取得兩個集合包含所有的元素。

+ 第 16 ～ 17 行：symmetric_difference() 方法僅會取得不同時都包含的元素。

## 6-5-2　常用集合方法

　　集合除了可使用 len() 以及 x in s 檢查是否存在欲搜尋的字元外，其常見方法：

| 方法 | 參數 | 用途 |
|---|---|---|
| set.add() | | 新增集合元素 |
| set.clear() | | 清空集合 |
| set.copy() | | 複製集合 |
| set.difference() | | 集合的差集，將回傳新的集合 |
| set.discard(item) / set.remove(item) | item– 欲移除的元素 | 移除集合中指定的元素。刪除一個不存在的元素不會拋出異常 / 刪除一個不存在的元素會拋出異常 |
| set.intersection(set1[, set2, ...]) | set1 – 必填。欲搜尋相同元素的集合<br>set2 – 可選。欲搜尋其他相同元素的集合，可多個並以逗號分隔 | 回傳兩個集合的交集的新集合 |
| set.isdisjoint() | | 判斷兩個集合中是否包含相同的元素，沒有回傳 True，反之為 False |
| set.issubset() | | 判斷集合的所有元素是否皆包含在指定的集合中，是為 True，反之為 False |
| set.issuperset() | | 判斷指定集合的所有元素是否皆包含在原集合中，是為 True，反之為 False |
| set.pop() | | 隨機移除一個元素 |
| set.symmetric_difference() | | 回傳兩個集合中不同時存在的元素的新集合 |

| 方法 | 參數 | 用途 |
|------|------|------|
| **set.union(set1, set2, ...)** | set1 – 必填。欲合併的集合<br>set2 – 可選。欲合併的集合，可多個並以逗號分隔 | 集合的聯集。即包含了所有集合的元素，重複的元素僅出現一次，回傳一個新集合 |
| **set.update(set)** | set – 元素或集合。若新增字串，可以大括號包裹，若無大括號包裹則會拆分成單個字元 | 修改當前集合，可新增元素，若新增的元素已存在則只會出現一次，重複的忽略 |

我們以下將介紹集合函數的使用方式：

## ⚙ 新增與刪除元素 — add() / remove()

add 方法一次只能新增一個元素，如果要新增多個元素，可以使用 update() 方法，底下是 add 與 remove 方法的使用方式：

```
word= {"animation", "realize", "holiday"}
word.add("computer")
print(word)
```

執行結果

```
{'computer', 'realize', 'animation', 'holiday'}
```

```
word= {"animation", "realize", "holiday"}
word.remove("holiday")
print(word)
```

執行結果

```
{'realize', 'animation'}
```

## ⚙ 更新或合併元素—update()

　　update() 方法可以將兩個 set 集合合併，set1 會與 set2 合併，由於 set 集合不允許重複的元素，如果有重複的元素會被忽略，格式如下：

```
set1.update(set2)
```

　　例如：

```
word= {"animation", "realize", "holiday"}
word.update({"realize", "happy","clever","horriable"})
print(word)
```

執行結果

```
{'happy', 'clever', 'horriable', 'holiday', 'animation', 'realize'}
```

　　建立集合後，可以使用 in 敘述來測試元素是否在集合中。

## 本章綜合範例

1. 請利用字串方法修改標題以及個人資料。(若要使用自訂函數,可參考下一章介紹)

```
是否要更改名稱(Y/N):y
是否要更改前後星號(Y/N):y
請輸入名字:許富強
請輸入暱稱:小強
請輸入Gmail:strong@gmail.com
你的興趣(以逗號分隔):閱讀,旅遊
=============================

撰寫Python小網站
作者: 許富強
暱稱: 小強
Gmail: strong@gmail.com
興趣: 閱讀|旅遊
```

解答 ExStrMethod.py

```
01  def EditData():
02      if len(strEditTitle) > 0:
03          print(strEditTitle)
04      else:
05          print(strTitle)
06
07      print("作者:", strName)
08      print("暱稱:", strId)
09      print("Gmail:", strEmail)
10      print("興趣:", strJoin)
11
12  strTitle = ""
13  strEditTitle = " 撰寫 Python 小網站 "
14
15  isEditTitle = str(input(" 是否要更改名稱 (Y/N):"))
16  isSymbol = str(input(" 是否要更改前後星號 (Y/N):"))
17
18  if isEditTitle == "Y" and isSymbol == "Y":
19      strEditTitle = str(input(" 請輸入欲更改名稱:"))
20      strSymbol = str(input(" 請輸入欲更改前後符號:"))
21
22      strEditTitle = strEditTitle.center(36, strSymbol)
23
```

```
24  elif isEditTitle == "Y" and isSymbol == "N":
25      strEditTitle = str(input("請輸入欲更改名稱："))
26      strEditTitle = strEditTitle.center(36, "*")
27
28  elif isEditTitle == "N" and isSymbol == "Y":
29      strSymbol = str(input("請輸入欲更改前後符號："))
30      strTitle = strTitle.center(36, strSymbol)
31
32  strName = str(input("請輸入名字："))
33  strId = str(input("請輸入暱稱："))
34  strEmail = str(input("請輸入 Gmail："))
35
36  while strEmail.endswith("@gmail.com") == False:
37      strEmail = str(input("請重新輸入 Gmail："))
38
39  strSavor = str(input("你的興趣（以逗號分隔）："))
40  strJoin = "|".join(strSavor.split(","))
41
42  print("="*30, "\n")
43  EditData()
```

2.   應用串列的 sort() 函數來進行資料排序的實作。

```
排序前順序： [98, 46, 37, 66, 69]
遞增排序： [37, 46, 66, 69, 98]
排序前順序：
['one', 'time', 'happy', 'child']
遞減排序：
['time', 'one', 'happy', 'child']
```

解答 sort.py

```
01  score = [98, 46, 37, 66, 69]
02  print('排序前順序：',score)
03  score.sort() #省略 reverse 參數，遞增排序
04  print('遞增排序：', score)
05  letter = ['one', 'time', 'happy', 'child']
06  print('排序前順序：')
07  print(letter)
08  letter.sort(reverse = True) #依字母做遞減排序
09  print('遞減排序：')
10  print(letter)
```

3. 實作串列中 reverse() 函數，其中包含兩個串列，一個串列中的項目全部都是數字，另一個串列中的項目全部都是字串。

```
反轉前內容： ['apple', 'orange', 'watermelon']
反轉後內容： ['watermelon', 'orange', 'apple']
反轉前內容： [65, 76, 54, 32, 18]
反轉後內容： [18, 32, 54, 76, 65]
```

解答 rev.py

```
01  fruit = ['apple', 'orange', 'watermelon']
02  print('反轉前內容：', fruit)
03  fruit.reverse()
04  print('反轉後內容：', fruit)
05  score = [65,76,54,32,18]
06  print('反轉前內容：', score)
07  score.reverse()
08  print('反轉後內容：', score)
```

4. 二維陣列與二階行列式的宣告與應用範例。

```
|a1 b1|
|a2 b2|
請輸入a1:8
請輸入b1:1
請輸入a2:9
請輸入b2:2
| 8 1 |
| 9 2 |
ans= 7
```

解答 column.py

```
01  print("|a1b1|")
02  print("|a2b2|")
03  arr=[[]*2 for i in range(2)]
04  arr=[[0,0],[0,0]]
05  arr[0][0]=int(input("請輸入a1:"))
06  arr[0][1]=int(input("請輸入b1:"))
07  arr[1][0]=int(input("請輸入a2:"))
08  arr[1][1]=int(input("請輸入b2:"))
09  ans= arr[0][0]*arr[1][1]-arr[0][1]*arr[1][0]  #求二階行列式的值
10  print("| %d %d |" %(arr[0][0],arr[0][1]))
11  print("| %d %d |" %(arr[1][0],arr[1][1]))
12  print("ans= %d" %ans)
```

Python 複合資料型態的完美體驗

5. 以下程式範例來將實作如何利用 sorted() 函數來對元組內的元素進行排序。

```
(8000, 7200, 8300, 4700, 5500)
由小而大： [4700, 5500, 7200, 8000, 8300]
由大而小： [8300, 8000, 7200, 5500, 4700]
資料仍維持原順序：
(8000, 7200, 8300, 4700, 5500)
```

解答 tuple_sorted.py

```
01  pay = (8000, 7200, 8300, 4700, 5500)
02  print(pay)
03  print('由小而大：',sorted(pay))
04  print('由大而小：', sorted(pay, reverse = True))
05
06  print('資料仍維持原順序：')
07  print(pay)
```

6. 以下程式範例能將秀出出現在任何一組樂透清單的數字、兩組都出現的數字及也會列出沒有出現在任一組樂透清單的數字。

```
{1, 2, 3, 4, 5, 6, 7, 8, 9, 10, 11, 12}
第一組樂透：{3, 5, 7, 10, 12}
第二組樂透：{2, 5, 6, 11, 12}
有 8 個數字出現在其中一次開獎 {2, 3, 5, 6, 7, 10, 11, 12}
有 2 個數字出現在每一次開獎 {12, 5}
總共有 4 個不幸運的數字 {8, 1, 4, 9}
```

解答 lotto.py

```
01  number={1,2,3,4,5,6,7,8,9,10,11,12}
02  print(number)
03  lotto1={3,5,7,10,12}  #第一組幸運彩蛋
04  print("第一組樂透:",lotto1)
05  lotto2={2,5,6,11,12}  #第二組幸運彩蛋
06  print("第二組樂透:",lotto2)
07  lucky=lotto1 | lotto2
08  print("有 %d 個數字出現在其中一次開獎 " %len(lucky), lucky)
09  biglucky=lotto1&lotto2
10  print("有 %d 個數字出現在每一次開獎 " %len(biglucky), biglucky)
11  badnum=number -lucky
12  print("總共有 %d 個不幸運的數字 " %len(badnum), badnum)
```

# 本章課後習題

## 一、選擇題

( ) 1. 如果 fruit = ["papaya", "grape", "apple"]，請問執行 print(len(fruit)) 的執行結果為何？

(A) 4　　　　　　(B) 3　　　　　　(C) 5　　　　　　(D) 2

( ) 2. 請問 [i for i in range（1,21,4）] 所產生的串列內容為何？

(A) [1, 5, 9, 13]　　　　　　　　(B) [1, 5, 9, 13, 17,21]

(C) [1, 5, 9, 13, 17]　　　　　　(D) [5, 9, 13, 17,21]

( ) 3. 如果 word = ["red", "yellow", "green"]，請問執行 word.sort() 的執行結果為何？

(A) ['andy', 'mary', 'tom']　　　　(B) ['tom', 'andy', 'mary',]

(C) ['andy', 'tom' , 'mary']　　　(D) ['mary', 'tom', 'andy']

( ) 4. 下列哪一個是不合法的元組？

(A) ()

(B) [25,36,63]

(C) ('2020', 168, ' 新北市 ')

(D) ('salesman', [58000, 74800], 'department')

( ) 5. num = [[8, 2, 5, 9], [41, 45, 16,10]]，請問 num[0][2] 值為何？

(A) 2　　　　　　(B) 45　　　　　　(C) 16　　　　　　(D) 5

( ) 6. 如果 word =["A", "AB", "ABC", "ABCD","ABCDE","ABCD","ABC","AB","A"]，請問執行 print(len(word)) 的執行結果為何？

(A) 4　　　　　　(B) 5　　　　　　(C) 8　　　　　　(D) 9

( ) 7. 請問 [i for i in range（20,-5,-3）] 所產生的串列內容為何？

(A) [17, 14, 11, 8, 5, 2, -1,]　　　(B) [17, 14, 11, 8, 5, 2, -1, -4]

(C) [20, 17, 14, 11, 8, 5, 2, -1]　(D) [20, 17, 14, 11, 8, 5, 2, -1, -4]

（　　）8. 如果 word = ['ZANY', 'YOKEL', 'PANDA']，請問執行 word.sort() 的執行

結果為何？

(A) ['PANDA', 'YOKEL', 'ZANY']　　　(B) ['YOKEL', 'ZANY', 'PANDA']

(C) ['PANDA', 'ZANY', 'YOKEL']　　　(D) ['ZANY','PANDA', 'YOKEL',]

（　　）9. num = [[28, 78, 31], [28, 45, 15]]，請問 num[0][2] 值為何？

(A) 31　　　　　(B) 28　　　　　(C) 78　　　　　(D) 15

（　　）10. 下列哪一個是不合法的元組？

(A) ()　　　　　　　　　　　(B) (98,85, 76, 64,100）

(C) [('2020', 7, 16, ' 新北市 ')]　　(D) ('manager', 'labor')

## 二、填充題

1. 串列（list）是屬於不同資料型態的集合，並以 _____ 來示存放的元素。

2. 如果要檢查某一個元素是否存在於串列中，則可以使用 _____ 運算子。

3. set 集合可以使用 _____ 或 _____ 方法建立。

4. _____ 函數會在串列末端加入新的元素。

5. 串列的 _____ 函數可以在括號內指定索引位置的元素移除。

6. _____ 函數可以將 list 串列資料內容反轉排列。

7. _____ 這個函數可以回傳串列中特定內容出現的次數。

8. 當字典不再使用時，如果想刪除整個字典，則可以使用 _____ 指令。

9. _____ 方法會清空整個字典，但是字典仍然存在，只不過變成空的字典。

10. 字典中的 _____ 方法可以將兩個 dict 字典合併。

11. _____ 函數可以回傳串列中特定元素第一次出現的索引值。

12. 字典的元素是放置於 _____ 內，是一種「鍵（key）」與「值（value）」對應的資料型態。

三、問答與實作題

1. 請問 [i+3 for i in range(10,25,2)] 的串列結果？

2. 請寫出以下程式的執行結果。

```
dic={'color':'yellow', 'price': 520, 'function':'Play music'}
dic['price']= 1200
print(dic)
```

3. 請寫出以下程式的執行結果。

```
threeC = ["TV", "Computer", "Phone","LCD"]
del threeC[2]
print(threeC)
del threeC[0]
print(threeC)
```

4. 請寫出以下程式的執行結果。

```
threeC = ["TV", "Computer", "Phone","LCD"]
threeC.pop()
threeC.pop()
print(threeC)
```

5. list = [2,8,5,6,3,4,7]，請分別寫出以下敘述的切片運算結果。

   ❶ list[3:7]

   ❷ list[-1:]

6. 請寫出以下程式的執行結果。

```
hobby_tom={'baseball', 'read', 'jogging'}
hobby_john={'basketball', 'swimming', 'jogging','music'}
print(hobby_tom&hobby_john)
print(hobby_tom | hobby_john)
print(hobby_john -hobby_tom)
```

7. 請寫出以下程式的執行結果。

```
num=[[[1,77],[1,4],[5,3]],[[2,6],[5,3],[7,3]]]
print(num[0][1])
print(num[0][1][1])
```

8. 請寫出以下程式的執行結果。

```
>>> (5,4,3)*2
```

9. 試簡述串列的組成元素。

10. 請試著比較集合（set）與字典（dict）的異同。

11. 請問 [i+5 for i in range(10,15)] 的串列結果？

12. list = [1,3,5,7,9,7,5,3,1]，請分別寫出以下敘述的切片運算結果。

❶ list[4:8]

❷ list[-2:]

13. 請寫出以下程式的執行結果。

```
friendA= {"Andy", "Axel", "Michael","Julia"}
friendB = {"Peter", "Axel", "Andy","Tom"}
print(friendA&friendB)
```

# 07
CHAPTER

# 函數的祕密花園

截至目前為止，相信各位已經能夠寫出一個架構完整的 Python 程式了，但是緊接著您會開始發現當功能越多，程式碼就會愈寫愈長，這時對程式可讀性的要求就會愈高。特別是當程式越來越大、越來越複雜時，會發現到有某些程式碼經常被重覆地撰寫。各位想像一下，如果在一支程式中有許多相似的程式碼，亦即不同的資料套用相同的運算流程，若是沒有用較為有條理的方式來處理，勢必會造成相當紊亂與複雜的程式碼。

函數就像生產線分工負責的獨立單位

所謂「模組化」設計精神，把程式由上而下逐一分析，並將大問題逐步分解成各個較小的問題，模組化的概念也沿用到程式設計中，從實作的角度來看，就是函數。因此使用函數（Function）就可將程式碼組織為一個小的、獨立的運行單元，就像是一台機器，你可以自行指定它的功能，並且可在程式中的各個地方重複執行多次。

## 7-1　函數簡介

函數本身其實就像是一部機器，或者說像是一個黑盒子。在各位國中所學的數學便曾經提及函數，數學上函數的形式如下：

```
y = f(x)
```

其中 x 代表輸入的參數，f(x) 表示是 x 的函數，而 y 則是針對一個特定值 x 所得到的結果與回傳參數。如果這樣的例子還太過抽象的話，我們利用以下生活上的例子來說明，假設有一個函數叫做「冷氣機」，此函數的抽象形式為：

```
涼風 = 冷氣機（開機指令）
```

當使用者對「冷氣機」這個函數輸入「開機」的指令，冷氣機就會吹出涼風。或者有另一函數稱為「微波爐」，則「微波爐」函數的抽象形式就是：

熱過的便當 = **微波爐**（冷的便當， 開機指令， 結束時間）

日常生活中有許多函數的應用

經過前面的說明，相信各位讀者應該對於函數都有初步的瞭解了吧！對於程式設計師而言，函數是由許多的指令所組成，可將程式中重複執行的區塊定義成函數型態，一旦函數的定義夠明確，就能讓程式呼叫該函數來執行重複的指令，使用函數的好處有以下三點：

1. 避免造成相同程式碼重複出現，增加程式的重複利用性。
2. 讓程式更加清楚明瞭，降低維護時間與成本，增加程式的易讀性與容易除錯。
3. 將較大的程式分割成多個不同的函數，可以獨立開發、編譯，最後可連結在一起。

## 7-1-1　Python 函數類型

Python 的函數類型大概區分成三種，分別是內建函數（Built-in）、標準函數庫（Standard library）及自訂函數（User-defined），簡單介紹如下：

■ **內建函數（Built-in）**：Python 本身就內建許多的函數，像是之前使用過的 help()、range()、len()、type() 都是內建的函數，直接可以呼叫使用。

■ **標準函數庫（Standard library）**：或稱第三方開發的模組庫函數，所謂模組就是指特定功能函數的組合，Python 提供的標準函數庫（Standard Library），提供了許多相當實用的函數，使用這類的函數，必須事先將該函數所屬套件匯入。

■ **自訂函數（User-defined）**：需要先定義函數，然後才能呼叫函數，這種函數則是依自己的需求自行設計的函數，這也是本章中所要說明的重點。

## 7-1-2　定義函數

在 Python 中函數必須要以關鍵字「def」定義，其後空一格接自行命名的函數名稱，當然函數名稱必須遵守識別字名稱的規範，然後串接一對小括號，小括號內可以填入傳入函數的參數，小括號之後再加上「:」，格式如下所示：

```
def 函數名稱 ( 參數 1, 參數 2, ...):
    程式指令區塊
    return 回傳值   # 有回傳值時才需要
```

請注意！程式指令區塊可能是單行、多行指令（Statement）或者是運算式，函數的程式敘述區塊必須縮排，函數不一定需要具備參數，如果有多個參數就必須利用逗號（,）加以區隔。以上即為一個函式的基本架構，包含兩個區塊：

■ **宣告**：我們會利用 def 這個關鍵字來定義我們的函數，包含函式名稱以及這個函式所需的參數。

■ **程式指令區塊**：我們需要這個函式做什麼的程式碼。

如果函數有定義參數，呼叫函數時必須連帶傳入相對應的引數（Arguments），當函數執行結束後，如果需要傳回結果，可以利用 return 指令回傳結果值。一般來說，使用函數的情況大多都是做處理計算的工作，因此都需要回傳結果給函數呼叫者，回傳值可以是一個或多個，必須利用逗號（,）加以區隔，當然也可以沒有回傳值。

定義完函數後，並不會主動執行，只有在主程式中呼叫函數時才能開始執行，呼叫函數的語法格式所示：

```
函數名稱 ( 引數 1, 引數 2, ...)
```

下面將在 IDLE 交談式 shell 定義一個名為 hello() 的簡單函數，該函數會輸出一句預設的字串。程式碼如下：

```
>>>def hello():
    print(' 程式設計真有趣 ')

>>>hello()
Happy New Year
```

此處要再按一次 ENTER
鍵才會結束函數的定義

上面的自訂函數 hello()，當中沒有任何參數，函數功能只是以 print() 函數輸出指定的字串，當呼叫此函數名稱 hello() 時，會印出函數所要輸出的字串，如本例中的「程式設計真有趣」字串。

上述程式中沒有回傳值，我們也可以將函數的執行結果，以 return 指令回傳指定的變數值。例如範例（func.py）底下函數有回傳值：

```
def func(a,b,c):
    x = a +b +c
    return x

print(func(1,2,3))
```

執行結果

6

各位可以修正上述程式碼，直接將輸出的指令寫在函數內，並取消原先的回傳指令，這種情況下，該函數則會回傳 None，請參考以下的範例程式碼：
（func1.py）

```
def func(a,b,c):
    x = a +b +c
    print(x)

print(func(1,2,3))
```

**執行結果**

```
6
None
```

　　以下程式範例是要求使用者輸入兩個數字，並比較哪一個數字較大。如果輸入的兩數一樣，則輸出任一數。

**範例程式** **compare.py** ▶ 建立比較兩數大小的函數

```
01   def mymax(x,y):
02       if x>y:
03           return x
04       else:
05           return y
06
07   print('數字比大小')
08   a=int(input('請輸入a:'))
09   b=int(input('請輸入b:'))
10   print("較大者之值為:%d" %mymax(a,b))# 函數呼叫
```

**執行結果**

```
數字比大小
請輸入a:8
請輸入b:6
較大者之值為:8
```

**程式解析**

◆ 第 1 ～ 5 行是利用 > 運算子判定究竟是 x 較大或是 y 較大，並輸出較大值。

◆ 第 10 行為了要使用 mymax 函數，必須要呼叫 mymax(a,b) 函數，並以 a 與 b 當作參數傳遞給 mymax 函數。

　　以下程式範例是計算所輸入兩數 x、y 的 $x^y$ 值函數 Pow()。

範例程式 **pow.py** ▶ 求取某數的某次方值實作練習

```
01   def Pow(x, y):
02       p = 1;
03       for i in range(y+1):
04           p *= x
05       return p
06   print('請輸入兩數 x 及 y 的值函數：')
07   x=int(input('x='))
08   y=int(input('y='))
09   print('次方運算結果：%d' %Pow(x, y))
```

執行結果

```
請輸入兩數x及y的值函數：
x=3
y=5
次方運算結果：729
```

程式解析

- 在第 1 ～ 5 行中，我們定義了函數的主體。

- 第 9 行為了要使用 Pow 函數，必須要呼叫 Pow(x,y) 函數，並以 x 與 y 當作參數傳遞給 Pow 函數。

## 7-1-3 參數預設值

雖然我們能夠將參數傳遞給函數，但是如果傳遞的參數過多，那麼在參數的設定上就會顯得有些麻煩。特別是當某些參數只有在特殊情況下才會變動時，就可以使用設定參數預設值的方式，直接讓函數設定預設值，如此一來，呼叫函數就不需要再傳參數。例如：

```
>>> def myname(name='王建民'):
        print(name)


>>> myname()
王建民
```

## 7-1-4 任意引數傳遞

Python 也支援任意引數列（Arbitrary Argument List），也就是如果各位事先不知道呼叫函數時要傳入的多少個引數，這種情況下可以在定義函數時在參數前面加上一個星號（*），表示該參數可以接受不定個數的引數，而所傳入的引數會視為一組元組（tuple）；但是在定義函數時在參數前面加上 2 個星號（**），傳入的引數會視為一組字典（dict）。下列程式將示範在函數中傳入不定個數的引數：

**範例程式 para.py** ▶ 呼叫函數 - 傳入不定個數的引數

```
01   def square_sum(*arg):
02       ans=0
03       for n in arg:
04       ans += n*n
05       return ans
06
07   ans1=square_sum(1)
08   print('1*1=',ans1)
09   ans2=square_sum(1,2)
10   print('1*1+2*2=',ans2)
11   ans3=square_sum(1,2,3)
12   print('1*1+2*2+3*3=',ans3)
13   ans4=square_sum(1,3,5,7)
14   print('1*1+3*3+5*5+7*7=',ans4)
15
16   def progname(**arg):
17       return arg
18
19   print(progname(d1='python', d2='java', d3='visual basic'))
```

**執行結果**

```
1*1= 1
1*1+2*2= 5
1*1+2*2+3*3= 14
1*1+3*3+5*5+7*7= 84
{'d1': 'python', 'd2': 'java', 'd3': 'visual basic'}
```

**程式解析**

- ◆ 第 1 ～ 5 行：如果事先不知道要傳入的引數個數，可以在定義函數時在參數前面加上一個星號（＊），表示該參數接受不定個數的引數，傳入的引數會視為一組元組（tuple）。

- ◆ 第 16 ～ 17 行：參數前面加上 2 個星號（＊＊），傳入的引數會視為一組字典（dict）。

下一個例子將示範函數包含有一般參數與不確定個數的參數，這類函數的設計必須將不確定個數的參數放在最右邊。請看底下的例子：

**範例程式** **para1.py** ▶ 函數包含有一般參數與不確定個數的參數

```
01   def dinner(mainmeal, *sideorder):
02       # 列出所點餐點的主餐及點心副餐
03       print(' 所點的主餐為 ',mainmeal,' 所點的副餐點心包括 :')
04       for snack in sideorder:
05           print(snack)
06
07   dinner(' 鐵板豬 ',' 烤玉米 ')
08   dinner(' 泰式火鍋 ',' 德式香腸 ',' 香蕉牛奶 ',' 幸運餅 ')
```

**執行結果**

```
所點的主餐為 鐵板豬 所點的副餐點心包括 :
烤玉米
所點的主餐為 泰式火鍋 所點的副餐點心包括 :
德式香腸
香蕉牛奶
幸運餅
```

**程式解析**

- ◆ 第 1 ～ 5 行：在定義函數時該函數包含有一般參數與不確定個數的參數，在參數前面加上一個星號（＊），表示該參數接受不定個數的引數，傳入的引數會視為一組元組（tuple）。

- ◆ 第 7 ～ 8 行：以不同的引數個數呼叫函數。

## 7-1-5 關鍵字引數

由於 Python 的引數傳入的方式有分「位置引數」（Position Argument）與「關鍵字引數」（Keyword Argument）兩種方式，預設方式則是以「位置引數」為主，主要特點是傳入的引數個數與先後順序，簡單來說，如果是第一個引數，丟出去的資料，只能讓排第一個參數來接收，依此類推。

至於關鍵字引數呼叫函數時，會直接以引數所對應的參數名稱來進行傳值，如果位置引數與關鍵字引數混用必須確保位置引數必須在關鍵字引數之前，而且每個參數只能對應一個引數。在此我們以實例程式（keyword.py）來加以說明：

```
def equation(x,y,z):
    ans = x*y+z*x+y*z
    return ans

print(equation(z=1,y=2,x=3))
print(equation(3, 2, 1))
print(equation(x=3, y=2 , z=1))
print(equation(3, y=2 , z=1))
```

執行結果

```
11
11
11
11
```

從執行結果來看，各位可以看出這 4 種不同的關鍵字引數或混合位置引數與關鍵字引數的呼叫方式其執行結果值都一致，例如下式就是種錯誤的參數設定方式：

```
equation (2, x=3, z=1)
```

上式第一個位置引數是傳入給參數 x，第 2 個引數又指定參數 x，這種重複指定相同參數的值時，就會發生錯誤，所以使用上要特別留意。

## 7-1-6 變數的有效範圍

所謂變數的有效範圍（Scope）依據變數所在的位置來決定，並且用來決定在程式中有哪些指令（Statement）可以合法使用與存取這個變數。Python中變數的有效範圍可分為兩種層次：「區域變數」（Local variable）、「全域變數」（Global variable）。

### 區域變數（Local variable）

區域變數是指宣告在函數之內的變數，它的有效範圍只在宣告的函數區塊中，其它函數都不可以使用該變數。例如：

```
def product():
    number_1=33
    number_2=11
    return number_1*number_2
```

上例中所宣告在函數 product () 內的變數 number_1、number_2 就是區域變數，僅供函數 product () 使用。

### 全域變數（Global variable）

全域變數是指宣告函數之外的變數，全域變數在整個程式的任何指令都可以合法使用該變數，大部分的變數都屬於這種變數，有效範圍涵蓋整個 Python 程式檔案。例如：

```
score=15
def total(a,b):
    return a+b+score

score_1=70
score_2=86
print(' 成績 1+ 成績 2+ 全班加分 =',total(score_1,score_2))
```

在這個範例裡 score 是一個全域變數，因此它可以被函數 total() 直接拿來使用，也可供主函數使用。要注意一點就是如果在宣告變數時全域變數和區域變數同名的話，Python 會讓程式以區域變數為主。

函數的祕密花園

**TIPS**

**輸入問題**：如果在函數內部要修改一個全域變數，該怎麼做？

**ChatGPT 回答畫面：**

> 如果您想在函數內部修改一個全域變數，您需要使用 `global` 關鍵字來指示 Python 這是一
> 個全域變數，而不是在函數內部創建的區域變數。以下是一個示例：

```python
count = 0  # 全域變數

def increment_counter():
    global count  # 告訴 Python 這是一個全域變數
    count += 1

increment_counter()
print(count)  # 輸出: 1
```

## 7-1-7　lambda 函數

lambda 函數是一種新型態的程式語法，其主要目的是為了簡化程式，增強效能，或稱為匿名函數（Anonymous function）。通常一般函數需要給定函數名稱，但是 lambda 並不需要替函數命名，其語法如下：

```
lambda 參數串列, ... : 運算式
```

其中運算式之前的冒號「:」不能省略，運算式不能使用 return 指令與程式區塊。例如以下程式範例是將 add() 函數宣告為 lambda，並計算兩數的和。

**範例程式** **lambda.py** ▶ lambda 宣告與使用範例

```
01  total=lambda a,b:a+b
02  num1=0
03  num2=0
04  num1=int(input(' 輸入數值 1：'))
05  num2=int(input(' 輸入數值 2：'))
06  print(' 數值 1+ 數值 2 =',total(num1,num2))
```

執行結果

```
輸入數值 1:6
輸入數值 2:5
數值 1+數值 2 = 11
```

程式解析

➧ 第 1 行使用 lambda 函數定義函數，將所傳入的引數相加後回傳。

➧ 第 6 行呼叫 lambda 函數，則該函數會自動呼叫。

TIPS

**輸入問題**：請設計一 Python 程式，使用 lambda 來定義各種不同的運算

**ChatGPT 回答畫面（程式範例：lambda(CGPT).py）：**

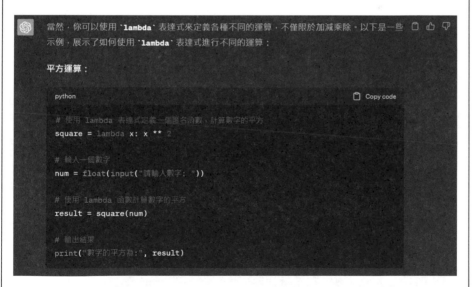

當然，你可以使用 `lambda` 表達式來定義各種不同的運算，不僅限於加減乘除。以下是一些示例，展示了如何使用 `lambda` 表達式進行不同的運算：

**平方運算：**

```python
# 使用 lambda 表達式定義一個匿名函數，計算數字的平方
square = lambda x: x ** 2

# 輸入一個數字
num = float(input("請輸入數字: "))

# 使用 lambda 函數計算數字的平方
result = square(num)

# 輸出結果
print("數字的平方為:", result)
```

這段程式碼使用 lambda 表達式定義了一個匿名函數 square，該函數計算傳入的數字的平方。然後，使用剛剛定義的 lambda 函數 square，將輸入的數字傳遞給該函數，計算出數字的平方，並將結果儲存在變數 result 中。最後，使用 print 函數將結果輸出，顯示出輸入數字的平方。

## 7-2 參數傳遞模式

函數中參數傳遞的功用是將主程式中呼叫函數的引數值,傳遞給函數的參數,接著在函數中,處理所定義的程式敘述,這種關係有點像投手與捕手的關係,一個投球一個接球。首先各位要了解 Python 並不能如其他語言(如 C、C++ 等)可以自行選擇參數傳遞的方式,而是利用所傳遞的參數是屬於可變和不可變物件來判斷,又可以分為「傳值呼叫」(Call by value)、「傳址呼叫」(Call by address),我們來說明如下:

參數傳遞模式有點像是投手與捕手的關係

### 7-2-1 傳值呼叫

所謂傳值呼叫(Call by value),是指主程式呼叫函數的實際參數時,系統會將實際參數的數值傳遞並複製給函數中相對應的形式參數。由於函數內的形式參數已經不是原來的變數(形式參數是額外配置的記憶體),因此在函數內的形式參數執行完畢時,並不會更動到原先主程式中呼叫的變數內容。Python 中當所傳遞的引數如果是一種不可變物件(Immutable object),例如數值、字串、元組(tuple)時,Python 就會視為一種「傳值」呼叫模式。

接下來我們利用以下範例來說明傳值呼叫的基本方式,目的在於將兩個變數的內容傳給函數 swap_test() 以進行交換,不過由於變數是屬於數值,所以經過交換後並不會針對引數本身作修改。

📎 **範例程式** **swap.py** ▶ 傳值呼叫實作

```
01   def swap_test(x,y):
02       print(' 函數內交換前:x=%d, y=%d' %(x,y))
03       x,y=y,x  # 交換過程
04       print(' 函數內交換前:x=%d, y=%d' %(x,y))
```

```
05
06    a=10
07    b=20 # 設定 a,b 的初值
08    print(' 函數外交換前：a=%d, b=%d' %(a,b))
09    swap_test(a,b)  # 函數呼叫
10    print(' 函數外交換後：a=%d, b=%d' %(a,b))
```

執行結果

```
函數外交換前：a=10,  b=20
函數內交換前：x=10,  y=20
函數內交換前：x=20,  y=10
函數外交換後：a=10,  b=20
```

程式解析

* 第 3 行 x 與 y 數值的交換過程。

* 第 6 ～ 7 行設定 a、b 的初值。

* 第 9 行函數呼叫指令。

TIPS

**輸入問題**：設計一 Python 程式，使用傳值呼叫的實作

**ChatGPT 回答畫面（範例程式：swap(CGPT).py）**：

當談到傳值呼叫（**Call by Value**）時，有時候我們需要使用可變對象，例如串列（**List**）或字典（**Dictionary**），來展示更進階的概念。這是因為可變對象在函數內部的修改會影響到原始的對象。以下是一個進階一點的範例程式碼：

```python
def modify_list(lst):
    print("函數內部修改前 lst =", lst)
    lst.append(4)
    print("函數內部修改後 lst =", lst)

my_list = [1, 2, 3]
print("呼叫函數前 my_list =", my_list)
modify_list(my_list)
print("呼叫函數後 my_list =", my_list)
```

在這個範例中，我們定義了一個 modify_list 函數，它接受一個串列 list。
當我們呼叫這個函數時，傳遞給它的是 my_list 的複本，但因為串列是可變
物件，所以在函數內部使用 append 方法修改了 list，同時也影響到了原來
的 my_list。這展示了對於可變物件，即使使用傳值呼叫，函數內部的修改
仍然可以影響到原始物件。

## 7-2-2　傳址呼叫

　　傳址呼叫是表示在呼叫函數時，系統並沒有另外分配實際的位址給函數的
形式參數，而是將參數的位址直接傳遞給所對應的引數，Python 中當所傳遞的
引數如果是一種可變物件（Mutable Object），例如串列（list）、字典（dict）
與集合（set）等，在函數內如果可變物件被修改內容值，因為佔用同一位址，
會連動影響函數外部的值。

---

**TIPS**

**輸入問題**：如何判斷一個物件是可變（Mutable Object）還是不可變
（Immutable Object）？

**ChatGPT 回答畫面：**

你可以使用 `type()` 函數和一些操作來判斷一個物件是可變還是不可變。以下是一些方法：

1. 使用 `type()` 函數：使用 `type()` 函數可以獲得一個物件的類型。通常來說，內置的可變物件類型（如列表、字典、集合）會返回對應的類型，而不可變物件類型（如整數、浮點數、元組、字符串）也會返回對應的類型。

2. 使用 `isinstance()` 函數：`isinstance(object, classinfo)` 函數用於檢查一個物件是否是某個類型的實例。你可以使用這個函數來檢查物件是否是可變物件的實例。

3. 使用操作：對物件進行操作，如果操作後物件的內容改變，則它是可變物件；如果不改變，則它可能是不可變物件。這是一個非常直觀的方法，但並不適用於所有情況。

---

　　以下程式範例是設計一 exchange() 函數，以傳址呼叫方式將串列（list）參
數的值互相交換，最後主程式中串列參數的值也會隨之改變。

範例程式 **exchange()** ▶ 函數的傳址呼叫宣告與實作

```
01  def exchange(num):
02      num[0],num[1]=num[1],num[0]  # 交換兩數過程
03
04  print("請輸入兩個數值：")
05  num=[]
06  num.append(int(input()))
07  num.append(int(input()))
08  print('num[0]=',num[0])
09  print('num[1]=',num[1])
10  exchange(num)
11  print('------------ exchange() 函數交換 ----------------')
12  print('num[0]=',num[0])
13  print('num[1]=',num[1])
```

執行結果

```
請輸入兩個數值：
3
7
num[0]= 3
num[1]= 7
------------ exchange()函數交換 ----------------
num[0]= 7
num[1]= 3
```

程式解析

➡ 第 1 ～ 2 行將傳入參數內串列資料型態的第一個數值與第二個數值交換。

➡ 第 6 ～ 7 行中則由主程式中取得兩個數值。

➡ 第 10 行中呼叫 exchange() 函數，並傳遞參數位址給該函數。

# 7-3 常見數值函數

　　Python 本身就內建許多的函數，本節將為各位整理出 Python 中較為常用且相當實用的內建數值函數。

下表列出 Python 與數值運算有關的內建函數。

| 名稱 | 說明 |
|------|------|
| int(x) | 轉換為整數型別 |
| bin(x) | 轉整數為二進位，以字串回傳 |
| hex(x) | 轉整數為十六進位，以字串回傳 |
| oct(x) | 轉整數為八進位，以字串回傳 |
| float(x) | 轉換為浮點數型別 |
| abs(x) | 取絕對值，x 可以是整數、浮點數或複數 |
| divmod(a,b) | a // b 得商，a % b 取餘數，a、b 為數值， |
| pow(x,y[, z])) | 如果沒有 z 參數，x ** y，傳回值為 x 的 y 次方。如果有 z 參數，其意義為為 x 的 y 次方除以 z 的餘數 |
| round(x[,y ]) | 如果沒有 y 參數，將數值四捨六入，也就是 4（含）以下捨去，6（含）以上進位。如果為 5，則視前一位數來決定，如果前一位為為偶數則將 5 捨去，如果前一位為為奇數則將 5 進位。如果有 y 參數則是用來設定有幾位小數。 |
| chr(x) | 取得 x 的字元 |
| ord(x) | 傳回字元 x 的 unicode 編碼 |
| str(x) | 將數值 x 轉換為字串 |
| sorted(list[,reverse=True\|False) | 將串列 list 由小到大排序，其中 reverse 參數預設值為 False，預設會由小到大排序，但是如果 reverse 參數設定為 True，則會由大到小排序 |
| max( 參數列 ) | 取最大值 |
| min( 參數列 ) | 取最小值 |
| len(x) | 回傳元素個數 |
| sum(list) | 將串列中所有數值進行加總 |

上述的 pow 函數除了可以進行指數運算外，也可以用來計算餘數，下例分別為 pow() 函數的兩種用法：

```
pow(2,3)    # 輸出的結果值為 8
pow(2,4,5)  # 輸出的結果值為 16 除以 5 的餘數，結果值為 1
```

另外補充的是 divmod(a,b) 函數，其回傳值分別為商數及餘數，並以元組（tuple）資料型態來儲存這兩個結果值，例如：

```
result=divmod(100,7)
print('100 除以 7 的商為 =',result[0]) # 輸出 14
print('100 除以 7 的餘數為 =',result[1]) # 輸出 2
```

以下程式將示範如何用 divmod() 函數來計算班遊剩餘款項平均每位出遊者可以退費多少錢，又剩多少錢可以存入班費的共同基金。

### 範例程式 fee.py ▶ divmod() 函數的生活應用實例

```
01   money=int(input(' 請輸入班遊剩餘的金額 :'))
02   num=int(input(' 請輸入這次出遊的總人數 :'))
03   ans=divmod(money,num)
04   print(' 每一位同學的平均退費為 ',ans[0],' 元 ')
05   print(' 剩餘可以存入班費共同基金為  ',ans[1],' 元 ')
```

### 執行結果

```
請輸入班遊剩餘的金額:958
請輸入這次出遊的總人數:12
每一位同學的平均退費為 79 元
剩餘可以存入班費共同基金為   10 元
```

### 程式解析

◆ 第 3 行：divmod(a,b) 函數，其回傳值分別為商數及餘數，並以元組（tuple）資料型態來儲存這兩個結果值。

至於 round() 函數的範例如下：

```
print(round(6.4))
print(round(6.5))
print(round(3.5))
print(round(7.8))
print(round(7.837,2))
print(round(7.835,2))
```

函數的祕密花園

```
print(round(7.845,2))
print(round(7.845,1))
```

**執行結果**

```
6
6
4
8
7.84
7.83
7.84
7.8
```

以下程式範例將示範各種常用數值函數的使用範例。

**範例程式** **value.py** ▶ 數值函數的使用範例

```
01   print('int(9.6)=',int(9.6))
02   print('bin(20)=',bin(20))
03   print('hex(66)=',hex(66))
04   print('oct(135)=',oct(135))
05   print('float(70)=',float(70))
06   print('abs(-3.9)=',abs(-3.9))
07   print('chr(69)=',chr(69))
08   print('ord(\'%s\')=%d' %('D',ord('D')))
09   print('str(543)=',str(543))
```

**執行結果**

```
int(9.6)= 9
bin(20)= 0b10100
hex(66)= 0x42
oct(135)= 0o207
float(70)= 70.0
abs(-3.9)= 3.9
chr(69)= E
ord('D')=68
str(543)= 543
```

**程式解析**

- 第 1 ～ 9 行：各種數值函數的使用語法範例。

接下來的例子將應用 sum、sorted、max、min 及 round 等函數來協助計算各次數學小考的成績，並將各次小考的成績進行加總及平均，再以 round() 函數取平均分數到小數點後 1 位，同時也由小到大排序所有的小考分數。

**範例程式** **math.py** ▶ 統計各次數學小考的重要數據

```
01  score=[97,76,89,76,90,100,87,65]
02  print(' 本學期總共考過的數學小考次數 ', len(score))
03  print(' 所有成績由小到大排序的結果為：{}'.format(sorted(score)))
04  print(' 本學期所有分數的總和 ', sum(score))
05  print(' 本學期所有分數的平均 ', round(sum(score)/len(score),1))
06  print(' 本學期考最差的分數為 ', min(score))
07  print(' 本學期考最好的分數為 ', max(score))
```

**執行結果**

```
本學期總共考過的數學小考次數  8
所有成績由小到大排序的結果為： [65, 76, 76, 87, 89, 90, 97, 100]
本學期所有分數的總和  680
本學期所有分數的平均  85.0
本學期考最差的分數為  65
本學期考最好的分數為  100
```

**程式解析**

- 第 1 行：各次分數以串列資料型態來加以儲存。

- 第 3 行：sorted 函數預設由小到大排序。

函數的祕密花園

## 一、選擇題

( ) 1. 下列何者為 Python 的引數傳入的預設方式？

(A) 位置引數             (B) 關鍵字引數

(C) 傳址引數             (D) 傳值引數

( ) 2. 請問 divmod(108,11) 值為何？

(A) (9, 8)      (B) (9, 7)      (C) (9, 6)      (D) (9, 9)

( ) 3. 下列何者敘述有誤？

(A) 搜尋（Search）指的是從資料檔案中找出滿足某些條件的記錄之動作

(B) 遞迴區分為直接遞迴和間接遞迴

(C)「尾歸遞迴」就是程式的最後一個指令為遞迴呼叫

(D) 用迴圈去循環重複程式碼的某些部分來得到答案是一種分治法

( ) 4. 下列何者敘述有誤？

(A) 使用模組前必須使用 import 指令進行匯入

(B) time 模組這個模組可以取得日曆相關資訊

(C) 傳遞的引數如果是一種不可變物件就會視為一種「傳值」呼叫模式

(D) lambda 並不需要替函數命名

( ) 5. 請問 list1=[1,93,25,32,32,48,2,9,11,49]，則 max(list1) 值為何？

(A) 92      (B) 48      (C) 49      (D) 93

( ) 6. 在定義函數時在參數前面加上一個星號（*），表示該參數可以接受不定個數的引數，而所傳入的引數會視為？

(A) 一組字串（string）        (B) 一組串列（list）

(C) 一組元組（tuple）        (D) 一組字典（dict）

( ) 7. Python 的函數類型不包括？

　　(A) 內建函數　　(B) 標準函數庫　(C) 自訂函數　　(D) 商業化函數

( ) 8. 關於 Python 函數何者敘述有誤？

　　(A) 以關鍵字 def 定義函數　　(B) 以 () 運算子進行函數呼叫

　　(C) 我們無法自訂函數　　　　(D) 提供許多實用的內建函數

( ) 9. 請問 int（3.55）值為何？

　　(A) 3.6　　　　(B) 3.5　　　　(C) 4　　　　(D) 3

## 二、填充題

1. 呼叫函數時只要使用「()」括號運算子傳入引數即可，但是引數傳入的方式有分「＿＿＿＿＿＿」與「＿＿＿＿＿＿」兩種方式。

2. ＿＿＿＿＿＿ 運算式視為一種函數的表現方式，它可以根據輸入的值，決定輸出的值。

3. 當所傳遞的引數是一種不可變物件（Immutable Object）（如數值、字串）時，Python 程式語言就會視為一種「＿＿＿＿＿＿」呼叫。

4. 變數可以區分成以下二種作用範圍的變數：＿＿＿＿＿＿ 變數和 ＿＿＿＿＿＿ 變數。

5. 當所傳遞的引數是一種可變物件（Mutable Object）（如串列），Python 程式語言就會視為一種「＿＿＿＿＿＿」呼叫。

## 三、問答與實作題

1. 請說明使用函數的好處？

2. Python 的函數類型有哪幾種？

3. 請寫出下列程式的執行結果：

```
def func(a,b,c):
    x = a +b +c
    print(x)

print(func(1,2,3))
```

4. 請問以下程式的執行結果？

```
def funbox(*arg):
    product=1
    for n in arg:
        product *= n
    return product
ans=funbox(1,3,5,7,9)
print(ans)
```

5. 請問以下程式的執行結果？

```
def func(a,b):
    p1 = a * b
    p2 = (a + b) * (a-b)
    return p1, p2

num1 ,num2 = func(6, 3)
print(num1,num2)
```

6. 請問以下程式的執行結果？

```
def Pow(x,y):
    p=1
    for i in range(y):
        p *= x
    return p

x,y=3,4
print(Pow(x,y))
```

7. 請問以下程式的執行結果？

```
ans = lambda x : 8*x+7
print(ans(5))
```

8. 請問以下程式的執行結果？

```
def func(x,y,z):
    formula = x*x+y*y+z*z
    return formula

print(func(z=3,y=2,x=1))
print(func(y=2,x=1,z=3))
```

9. 試簡述 lambda() 函數的異同。

10. 在 Python 中可以區分成哪二種作用範圍的變數？

11. 請問以下程式的執行結果？

```
book = ['FB', 'IG', 'LINE']
total=''
for item in book:
    total += item
    print(total)
print(total)
```

12. 請問以下程式的執行結果？

```
def Pow(x,y):
    p=1
    for i in range(y):
        p *= x
    return p

x,y=2,6
print(Pow(x,y))
```

13. 請問以下程式的執行結果？

```
def func(x,y,z):
    formula = x+y+z
    return formula

print(func(z=5,y=2,x=7))
print(func(x=7, y=2 , z=5))
```

14. 試比較自訂函數與 lambda() 函數的異同。

15. 在 Python 中可以區分成哪二種作用範圍的變數？

函數的祕密花園

# MEMO

# 08
CHAPTER

# 模組與套件
# 實用關鍵密技

Python 自發展以來累積了相當完整的標準函數庫，這些標準函數庫裡包含相當多元實用的模組，相較於模組是一個檔案，套件就像是一個資料夾，用來存放數個模組。除了內建套件外，Python 也支援第三方公司所開發的套件，這項優點不但可以加快程式的開發，也使得 Python 功能可以無限擴充，這使得其功能更為強大，受到許多使用者的喜愛。

## 8-1　認識模組與套件

所謂模組是指已經寫好的 Python 檔案，也就是一個「*.py」檔案，程式檔中可以撰寫如：函數（function）、類別（class）、使用內建模組或自訂模組以及使用套件等等。

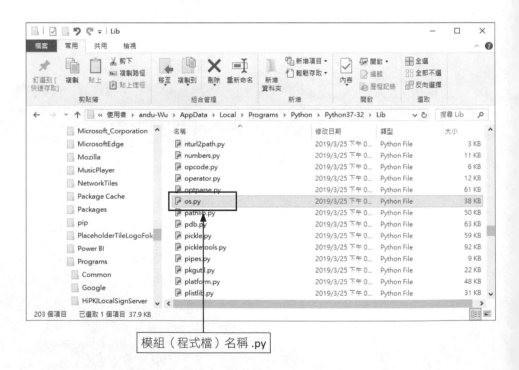

模組（程式檔）名稱 .py

在 Python 安裝路徑下的 Lib 資料夾中可看到程式檔名稱為 os.py，而這就是一個模組，程式檔內容可看到變數的宣告、函數定義以及匯入其他的模組。

套件簡單來說，就是由一堆 .py 檔集結而成的。由於模組有可能會有多個檔情況，為了方便管理以及避免與其他檔名產生衝突的情形，將會為這些分別開設目錄也就是建立出資料夾。先來看如下套件的結構：

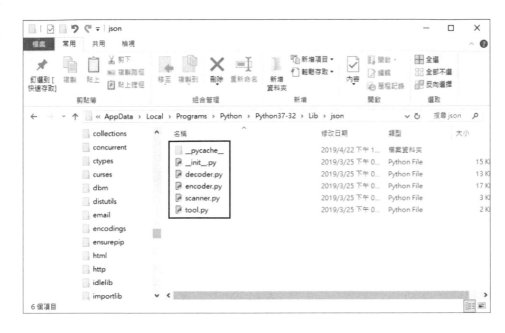

為了能夠清楚查看，這邊將透過資料夾顯示其結構。json 資料夾中包含許多 .py 檔，其中 __init__.py 其作用在於標記文件夾視為一個套件。基本上若無其他特殊需求，該檔案內容為空即可，若為建立屬於自己的套件時，可自行新增 __init__.py。

📎 **TIPS** **__pycache__ 文件夾的產生以及作用**

當我們用 python 撰寫好 .py 檔並第一次執行程式後，可發現資料夾底下會生成 __pycache__ 文件夾，裡面會產生一個 .pyc 檔案。

為什麼會有這部分的產生呢？原因是程式語言會經過編譯、解譯等等步驟，導致程式執行過程中需要花費一些時間，所以在第一次執行的程式經過編解譯步驟後暫時將這部分寫入至 .pyc 檔，於之後執行同一支程式檔時直接進行載入，節省程式執行時所花費的時間。

如程式檔有異動過呢？這部分也很好理解，異動的程式檔執行後，自動將會去比對檔案時間新舊並進行是否需要重新編譯的動作再寫入 .pyc 檔。

## 8-1-1 模組的使用

匯入模組的方式除了匯入單一模組外，也可以一次匯入多個模組，使用模組前必須先使用 import 關鍵字匯入，語法如下：

```
import 模組或套件名稱
```

就以 random 模組為例，它是一個用來產生亂數，如果要匯入該模組，語法如下：

```
import random
```

在模組中有許多函數可供程式設計人員使用，要使用模組中的函數語法如下：

```
import 模組名稱.函數
```

例如 random 模組中有 randint()、seed()、choice() 等函數，各位在程式中可以使用 randint()，它會產生 1 到 100 之間的整數亂數：

```
random.randint(1, 100)
```

如果每次使用套件中的函數都必須輸入模組名稱，容易造成輸入錯誤，這時可以改用底下的語法匯入套件後，在程式使用該模組中的函數。語法如下：

```
from 套件名稱 import *
```

以上述的例子來說明，我們就可以改寫成：

```
from random import *
randint(1, 10)
```

萬一模組的名稱過長，這時不妨可以取一個簡明有意義的別名，語法如下：

```
import 模組名稱 as 別名
```

有了別名之後，就可以利用「別名.函數名稱」的方式進行呼叫。

```
import math as m   # 將 math 取別名為 m
print("sqrt(9)= ", m.sqrt(9))   # 以別名來進行呼叫
```

## 8-2 建立自訂模組

由於 Python 提供相當豐富又多樣的模組，提供開發者能夠不需花費時間再額外去開發一些不同模組來使用，為何還需要自行定義的模組來使用呢？不能用其提供的內建模組走遍天下嗎？若多經歷過一些專案的開發後，會發現再多的模組都不一定樣樣符合需求，此時會需要針對要求去撰寫出符合的程式以及其邏輯。當各位累積了大量寫程式的經驗之後，必定會有許多自己寫的函數，這些函數也可以整理成模組，等到下一個專案時直接匯入就可以重複使用這些函數。

### 8-2-1 建立自訂模組

首先，開啟 Python 直譯器並點選左上角的 File 下拉選單 -> New File，畫面上會有多一個空白的程式檔並可開始撰寫程式。下面就來示範如何建立自訂模組：

範例程式 **CalculateSalary.py** ▶ 自訂模組練習

```
01   # 設置底薪 (BaseSalary)、結案獎金件數 (Case)、職位獎金 (OfficeBonus)
02   BaseSalary = 25000
03   CaseBonus = 1000
04   OfficeBonus = 5000
05
06   # 請輸入職位名稱 (Engineer)、結案獎金金額 (CaseAmount) 變數
07   Engineer = str(input(" 請輸入職位名稱："))
08   Case = int(input(" 請輸入結案案件數 ( 整數 )："))
09
10   # 計算獎金 function
11   def CalculateCase(case, caseBonus):
```

```
12        return case * caseBonus
13
14  def CalculateSalary(baseSalary, officeBonus):
15        return baseSalary + officeBonus
16
17  CaseAmount = CalculateCase(Case, CaseBonus)
18  SalaryAmount = CalculateSalary(BaseSalary, OfficeBonus)
19
20  print("該工程師薪資:", CaseAmount + SalaryAmount)
```

執行結果

```
請輸入職位名稱：工程師
請輸入結案案件數(整數)：5
該工程師薪資： 35000
```

TIPS

**輸入問題**：要怎麼查詢模組所在目錄的目錄名串列？

**ChatGPT 回答畫面**：

您可以使用 `sys` 模組中的 `path` 屬性，它是一個包含目錄名的列表，代表 Python 解釋器 搜索模組的路徑。您可以通過將模組所在目錄添加到 `sys.path` 中，然後查看列表來查詢模 組所在目錄的目錄名列表。

## 8-2-2　名稱空間的功用

　　Python 的標準函數庫裡面非常多好用的模組，可以讓我們省下不少程式開發的時間，往往一個程式裡會匯入多個模組，這時函數名稱就有可能會重複，好在 Python 提供名稱空間（Namespace）機制，它就像是一個容器，將模組資源限定在模組的命名空間內，避免不同模組之間同名衝突的問題。

　　事實上，一個程式檔中最怕與其他匯入的程式檔或當前程式中的變數、函數…等等造成名稱命名上的衝突以及混淆，為了避免造成命名上的衝突，Python 語言就以名稱空間這種機制來加以防範，也就是說，在同一個名稱空間中變數名稱不能重複命名，但是不同的名稱空間則允許有相同的名稱。事實上，在 Python 模組所建立的變數、函數名稱、類別名稱，其最大範圍就是在模組內，這些所建立的變數、函數名稱、類別名稱就是以模組作為其名稱空間。名稱空間總可分為以下 3 種：

❶ 全域性名稱空間（Global）：模組所定義的函數、類別、變數以及其他匯入的模組皆可在該模組下使用則皆屬於全域性。

❷ 區域性名稱空間（Local）：函數或類別其傳入的參數以及內部定義的變數。簡單來說，一旦跳出該函數或類別以外的程式，只要屬於這區域定義皆無法呼叫。

❸ 內建名稱空間（Built-in）：如 input、print、int、list、…等等皆可在任何一個模組底下呼叫。

以 CalculateSalary.py 來說明：

該 .py 內的程式皆屬於全域性

```
CalculateSalary.py - D:\進行中書籍\博碩_Python\範例檔\ch08\CalculateSalary.py (3.7.3)          —     □     ×
File  Edit  Format  Run  Options  Window  Help
#設置底薪(BaseSalary)、結案獎金件數(Case)、職位獎金(OfficeBonus)
BaseSalary = 25000
CaseBonus = 1000
OfficeBonus = 5000


#請輸入職位名稱(Engineer)、結案獎金金額(CaseAmount)變數
Engineer = str(input("請輸入職位名稱："))
Case = int(input("請輸入結案案件數(整數)："))


#計算獎金function
def CalculateCase(case, caseBonus):
    return case * caseBonus

def CalculateSalary(baseSalary, officeBonus):
    return baseSalary + officeBonus

CaseAmount = CalculateCase(Case, CaseBonus)
SalaryAmount = CalculateSalary(BaseSalary, OfficeBonus)

print("該工程師薪資：", CaseAmount + SalaryAmount)

                                                                                          In: 1  Col: 0
```

一旦離開該函數則其所定義的傳入參數皆無法呼叫

模組與套件實用關鍵密技

通常匯入的模組使用其函數、變數、…等等其前方皆會加上其模組名稱，例如匯入模組名稱為 test.py，則呼叫變數 x。為了程式可觀性，如下寫法：

```
test.x
```

以告知其他開發者該變數來源為何，不需擔心與正在撰寫的模組內含有同名稱導致互相衝突。

## 8-3 常用內建模組

相信大家都對模組以及套件都有相對的認識，接著將會介紹常見的內建模組。Python 標準函數庫提供許多不同功用的模組，供開發者可依照需求進行呼叫，常用的內建模組：

❶ os 模組 – 提供與作業系統相關互動功能

❷ sys 模組 – 提供對直譯器互動或維護變數操作

❸ math 模組 – 提供較為複雜數學運算的函數，與 cmath 模組相對應

❹ random 模組 – 可隨機產生亂數或排序

❺ time 模組 – 提供時間處理以及轉換時間格式

❻ datetime 模組 – 相較於 time 模組，該模組更有效處理日期時間

❼ calendar 模組 – 該模組提供的函數皆與日曆有關

除了 Python 提供的內建模組外，也能依照當前需求建立自訂模組提供相關人員使用。

### 8-3-1 os 模組

該模組功能可用來建立檔案、檔案刪除、異動檔案名等等。相關函數列表如下：

| 函數 | 參數 | 用途 |
|---|---|---|
| os.getcwd() | | 取得當前工作路徑 |
| os.rename(src, dst) | src– 要修改的檔名<br>dst– 修改後的檔名 | 重新命名檔案名稱 |
| os.listdir(path) | path – 指定路徑 | 列出指定路徑底下所有的檔案 |
| os.walk(path, topdown) | path – 指定路徑<br>topdown– 預設 True，可排序回傳後的資料 | 以遞迴方式搜尋指定路徑下的所有子目錄以及檔案 |
| os.mkdir(path) | path – 指定路徑 | 建立目錄 |
| os.rmdir(path) | path – 指定路徑 | 刪除目錄 |
| os.remove(path) | path – 指定要移除的文件路徑 | 刪除指定路徑的文件 |

透過 os 模組提供的函數查詢當下工作目錄路徑：

```
os.getcwd()
```

取得工作目錄的路徑後可在其目錄底下操作類似於查詢 / 新增 / 編輯 / 刪除等等功能。

```
path = os.getcwd()                         # 先查詢目前工作目錄路徑
os.mkdir(path + "\\CreateFolder ")         # 於該路徑底下建立目錄，這邊需注意
                                           # 的是路徑以兩個反斜線 (\\) 區隔
os.rename("CreateFolder", "OldFolder")     # 修改新建立的目錄名稱
os.rmdir(path + "\\OldFolder "             # 透過 rmdir() 函數刪除目錄
```

## 8-3-2　sys 模組

os 模組提供可針對作業系統相關操作，而 sys 模組則比較傾向於與 Python 直譯器互動。

| 函數 | 參數 | 用途 |
|---|---|---|
| sys.argv() | | 可取得外部傳入的參數 |
| sys.modules.keys() | | 回傳已匯入的模組名 |

| 函數 | 參數 | 用途 |
|------|------|------|
| sys.modules.values() | | 回傳已匯入的模組引用路徑 |
| sys.modules() | | 紀錄 / 取得所有匯入的模組 |

在撰寫程式時，經常會遇到需要從程式外部取得傳入的參數，又該如何去接取這部分的傳入參數值呢？這時需要使用到語法如下：

```
sys.argv()
```

範例程式 **GetParam.py** ▶ 取得外部傳入參數

```
01    import sys
02
03    if len(sys.argv) <0:
04        print(" 尚未有取得外部參數值 ")
05    else:
06        print("Python 版本號：", sys.version)
07        print(" 作業系統：", sys.platform)
08
09        for n in range(len(sys.argv)):
10            print("param：" + str(n), sys.argv[n])
```

**執行結果**

```
命令提示字元
Microsoft Windows [版本 10.0.17134.885]
(c) 2018 Microsoft Corporation. 著作權所有，並保留一切權利。

C:\Users\User>cd C:\Users\User\AppData\Local\Programs\Python\Python37-32

C:\Users\User\AppData\Local\Programs\Python\Python37-32>python GetParam.py One Two Three
Python版本號：3.7.4 (tags/v3.7.4:e09359112e, Jul  8 2019, 19:29:22) [MSC v.1916 32 bit (Intel)]
作業系統：win32
param0：GetParam.py
param1：One
param2：Two
param3：Three
```

**程式解析**

◆ 第 03 ～ 04 行：為判斷是否有傳入參數，由於外部取得可為多個參數，所以將會取得一個 list（串列），可藉由 len 計算 list 長度。

◆ 第 05 ～ 10 行：若有傳入參數值，則列印出 Python 版本號以及作業系統
並透過迴圈列印出傳入值。

順帶一提，每當開發者導入新的模組皆會將當前環境加載了哪些模組紀錄
在 sys.modules，能透過其提供的函數查詢所有的模組名稱：

```
sys.modules.keys()
```

若要查詢某個模組路徑，語法如下：

```
sys.modules[模組名稱]
```

當不確定是否已有模組記錄在 sys.modules 當中，可透過 in 關鍵字查詢。

```
模組名稱 in sys.modules
```

## 8-3-3　math 模組

Python 已有支援基本運算子，如：+、-、*、/。而 math 模組將提供許多
對於浮點數的數學運算，列舉出比較常用的函數：

| 函數 | 參數 | 用途 |
|---|---|---|
| math.fabs(x) | x、y 皆為數值 | x 的絕對值 |
| math.fmod(x, y) | | x/y 的餘數 |
| math.pow(x, y) | | x 的 y 次方，同 x**y |
| math.factorial (x) | | x 的階乘 |
| math.isnan(x) | | x 若不是數字，則為 True，反之為 False |
| math.gcd(x, y) | | x 和 y 的最大公約數 |

📎 **範例程式　ExMath.py ▶ 練習 math 模組函數**

```
01  import math
02  x = 10
03  y = -2
04
05  z = math.fabs(x / y)
```

```
06   h = math.factorial(z)
07
08   if math.isnan(h) == False:
09       print(" 計算後數值：", h)
10       print(" 最大公約數：", math.gcd(h, x))
```

執行結果

```
計算後數值： 120
最大公約數： 10
```

程式解析

- 第 02 ～ 03 行：設定 x、y 變數並各別給予值。

- 第 05 行：x 除以 y 後的值為負數，透過 fabs() 取得其絕對值並指向變數 z。

- 第 06 行：計算 z 的階乘後指向給變數 h。

- 第 08 ～ 10 行：判斷 h 是否為數字，若 h 是數字則為 False 並列印其計算後的值以及 h、x 的最大公約數。

TIPS

輸入問題：請設計一 Python 程式，使用 math 模組函數。

**ChatGPT 回答畫面（範例程式：ExMath(CGPT).py）：**

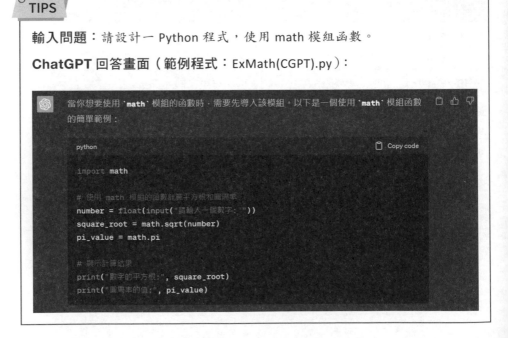

在這個範例中，我們導入了 math 模組並使用了 sqrt 函數計算平方根，以及使用了 pi 常數獲取圓周率的值。我們可以根據自己的需求，使用 math 模組中提供的各種數學函數和常數。

## 8-3-4　random 模組

隨機產生一組亂數在程式當中是相當常見的功能，而在現實中，我們也能常常看到類似這種機制的娛樂性質的遊戲，例如：大樂透，抽籤等等。

| 函數 | 參數 | 用途 |
|------|------|------|
| random.random() | | 生成一個 0～1 的隨機浮點數，即 0 <= n <= 1.0 |
| random.randint(a, b) | a、b 皆為數值 | 隨機產生指定範圍內的整數 |
| random.uniform(a, b) | | 隨機產生指定範圍內的浮點數 |
| random.randrange([start], stop[, step]) | start – 起始<br>stop – 終點<br>step – 遞增間隔 | 指定範圍內的序列中取得一個亂數 |
| random.choice(seq) | seq – 代表序列 | 從序列中取得一個隨機元素 |
| random.sample(population, k) | population– 代表序列<br>k – 長度 | 從序列中取得 k 指定範圍內的長度的元素 |
| random.shuffle(lis) | lis– 代表序列 | 序列中隨機排序 |

雖然是一些較為簡單的功能，不過每個函數各有不同的地方。

- **random() /uniform()**：雖然這兩個函數皆為產生一個隨機浮點數值，但 random() 僅提供生成 0～1 的隨機浮點數，而 uniform() 則可指定範圍內生成隨機浮點數

- **randint()/randrange()**：這兩個函數皆可產生一個隨機整數。而比較有趣的是，randrange() 不但能產生隨機或指定範圍內的整數，也能透過其設定參數指定產生奇數 / 偶數的整數

**範例程式** **ExRandrange.py** ▶ 練習 randrange() 隨機自動產生變數

（任一整數 / 奇數 / 偶數）

```
01   import random
02
03   print("任一整數：", random.randrange(100))
04
05   print("任一整數：", random.randrange(52, 100))
06
07   print("奇數：", random.randrange(1, 100, 2))
08
09   print("偶數：", random.randrange(0, 100, 2))
```

**執行結果**

```
任一整數  38
任一整數  88
奇數  63
偶數  72
```

**程式解析**

◆ 第 03 行：產生 100 以內的隨機整數。

◆ 第 05 行：產生指定範圍內的隨機整數。

◆ 第 07 行：產生 1 ～ 100 以內且以遞增間隔為 2 的隨機奇數。其抽取樣本為 1、3、5、…99。

◆ 第 09 行：產生 0 ～ 100 以內且以遞增間隔為 2 的隨機偶數。其抽取樣本為 0、2、4、…100。

## TIPS

輸入問題：請設計一 Python 程式，使用 randrange( ) 函數。

**ChatGPT 回答畫面（範例程式：ExRandrange(CGPT).py）：**

當使用 `random.randrange(start, stop, step)` 函數，你可以更進一步應用，例如：

1. 生成指定範圍內的多個隨機整數：

```python
import random

random_integers = [random.randrange(10, 20) for _ in range(5)]
print("多個隨機整數:", random_integers)
```

這段程式碼中的 random_integers 是一個串列生成式，它的語法為 [expression for item in iterable]。在這個情況下，expression 是 random.randrange(10, 20)，表示在範圍從 10 到 20（不包含 20）之間生成一個隨機整數，而 item 則是 '_'（通常用作一個無關緊要的變數名稱，表示我們在生成時不需要使用這個變數），而 iterable 是 range(5)，表示我們希望重複執行 5 次這個生成過程。

有隨機自動產生亂數函數，自然也就有隨機抽取樣本的函數：

- **choice()/sample()**：這兩函數非常相似，序列皆支援 list、tuple、字串等等。差異在於，sample() 可指定抽取長度取得多個元素；choice() 僅可抽取一個元素

- **shuffle()**：序列中的資料隨機排序。序列僅支援 list

### 範例程式 ExRandomSort.py ▶ 練習隨機抽取樣本以及序列資料隨機排序

```
01  import random
02  name = ["小明", "小黃", "小紅", "小綠", "小白"]
03
04  print("抽取一個元素:", random.choice(name))
05
```

```
06   print(" 抽取三個元素：", random.sample(name, 3))
07
08   print(" 抽取三個元素：", random.shuffle(name))
```

(執行結果)

```
抽取一個元素： 小白
抽取三個元素： ['小綠', '小明', '小白']
隨機排序： None
```

(程式解析)

➧ 第 05 行：僅取得一個隨機抽取元素。

➧ 第 06 行：隨機抽取三個元素。

➧ 第 08 行：該函數可說是將該序列中的排序重新洗牌。

## 8-3-5　time 模組

在 Python 當中，有關日期時間的處理模組有：time、datetime、calendar。通常表示時間有 3 種表示：

■ **時間戳（timestamp）**：從 1970 年 1 月 1 日 00:00:00 開始按秒計算的偏移量。回傳 float 型別

```
ime.time()
```

■ **格式化時間字串（Format String）**：

- %y 兩位數的年份表示（00-99）

- %Y 四位數的年份表示（000-9999）

- %m 月份（01-12）

- %d 月內中的一天（0-31）

- %H 24 小時制（0-23）

- %I 12 小時制（01-12）

- %M 分鐘（00-59）

- %s 秒（00-59）

- %a/%A 簡化 / 完整星期名稱

- %b/%B 簡化 / 完整月份名稱

- %U 一年中的星期數（00-53），星期天為一星期的開始

- %W 一年中的星期數（00-53），星期一為一星期的開始

- %w 星期（0-6），星期天為一星期的開始

■ **元組（struct_time）**：共有 9 個元素（年、月、日、時、…等等）

| 索引（Index） | 參數（Attribute） | 用途（Values） |
|---|---|---|
| 0 | tm_year（年） | 000-9999 |
| 1 | tm_mon（月） | 1-12 |
| 2 | tm_mday（日） | 1-31 |
| 3 | tm_hour（時） | 0-23 |
| 4 | tm_min（分） | 0-59 |
| 5 | tm_sec（秒） | 0-59 |
| 6 | tm_wday | 0-6，（0 代表星期一） |
| 7 | tm_yday | 1-366，（一年中第幾天） |
| 8 | tm_isdst | 預設 0，是否為夏令時段 |

而 time 模組較為常見的函數如下表格：

| 函數 | 參數 | 用途 |
|---|---|---|
| time.strftime(format[, t]) | format – 格式化定義<br>t - struct_time 型別或 gmtime()<br>或 localtime() 回傳值 | 時間字串 |
| time.localtime([sec])/<br>time.gmtime([sec]) | sec – 為 struct_time 型別 | 轉換當前時區的 struct_time |
| time.strptime(str, format) | str – 字串時間<br>format – 格式化定義 | 轉換 struct_time 型別 |
| time.asctime([t]) | t - struct_time 型別或 gmtime()<br>或 localtime() 回傳值 | 轉換成時間形式：月份日時間年 |

模組與套件實用關鍵密技

localtime() 函數傳回的元組資料型態，各名稱的意義如下：

- **tm_year**：元組資料索引值 0，代表西元年。

- **tm_mon**：元組資料索引值 1，代表 1-12 月份。

- **tm_mday**：元組資料索引值 2，代表 1-31 日數。

- **tm_hour**：元組資料索引值 3，代表 0-23 小時。

- **tm_min**：元組資料索引值 4，代表 0-59 分。

- **tm_sec**：元組資料索引值 5，代表 0-60 的秒數，有可能閏秒。

- **tm_wday**：元組資料索引值 6，代表星期幾，數值 0-6。

- **tm_yday**：元組資料索引值 7，代表一年中第幾天，數值為 1-366，有可能潤年。

- **tm_isdst**：元組資料索引值 8，代表時光節約時間，0 為無時光節約時間，1 為無時光節約時間。

**範例程式　ExTime.py ▶ 練習時間轉換格式**

```
01  import time
02
03  t = time.time()
04  tLocal = time.localtime (t)
05
06  print(" 轉換時間形式 ( 年 / 月 / 日 ) : ", time.strftime("%Y/%m/%d", tLocal))
07  print(" 轉換時間形式 ( 月份日時間年 ) : ", time. asctime (tLocal))
```

**執行結果**

```
轉換時間形式(年/月/日)： 2019/07/30
轉換時間形式(年/月/日 時:分:秒)： Tue Jul 30 21:43:55 2019
```

**程式解析**

- ◆ 第 03 ～ 04 行：將時間戳的格式轉換成 struct_time 格式。

- ◆ 第 06 ～ 07 行：透過 strftime() 以及 asctime() 轉換易能閱讀的時間形式。

雖然 time 模組能夠提供很多時間上的轉換處理等等，但若要取得年、月等等單一資料則需要做一些轉換處理取得，而這部份可透過 datetime 模組去取得。

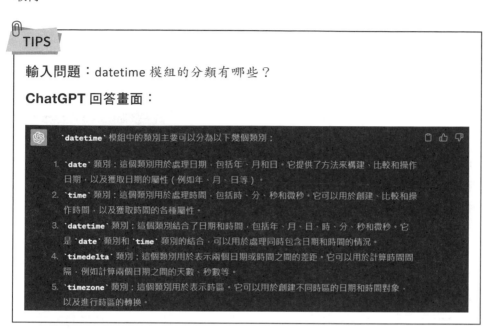

**TIPS**

**輸入問題**：datetime 模組的分類有哪些？

**ChatGPT 回答畫面**：

> `datetime` 模組中的類別主要可以分為以下幾個類別：
>
> 1. `date` 類別：這個類別用於處理日期，包括年、月和日。它提供了方法來構建、比較和操作日期，以及獲取日期的屬性（例如年、月、日等）。
> 2. `time` 類別：這個類別用於處理時間，包括時、分、秒和微秒。它可以用於創建、比較和操作時間，以及獲取時間的各種屬性。
> 3. `datetime` 類別：這個類別結合了日期和時間，包括年、月、日、時、分、秒和微秒。它是 `date` 類別和 `time` 類別的結合，可以用於處理同時包含日期和時間的情況。
> 4. `timedelta` 類別：這個類別用於表示兩個日期或時間之間的差距。它可以用於計算時間間隔，例如計算兩個日期之間的天數、秒數等。
> 5. `timezone` 類別：這個類別用於表示時區。它可以用於創建不同時區的日期和時間對象，以及進行時區的轉換。

## 8-3-6　calendar 模組

calendar 模組所提供的類別、函數皆與日曆相關，也提供開發者可針對日期的一些操作以及產生日曆的生成器。

| 函數 | 參數 | 用途 |
|---|---|---|
| calendar.calendar(year, w=2, l=1, c=6) | year – 年<br>w – 每日寬度間隔<br>l – 每星期行數<br>c – 3 個月一行，其間隔距離<br><br>每行長度為 21*w+18+2*c | 生成指定年份的日曆 |

| 函數 | 參數 | 用途 |
|---|---|---|
| **calendar.month(year, month, w=2, l=1)** | year – 年<br>month – 月<br>w– 每日寬度間隔<br>l– 每星期行數<br><br>每行長度為 7*w+6 | 生成指定年月份的日曆 |
| **calendar.firstweekday()** | | 回傳當前每週起始日期設置。星期一為 0，星期日為 6 |
| **calendar. setfirstweekday (weekday)** | weekday – 星期 | 設置每週起始日期。星期一為 0，星期日為 6<br>weekday 可輸入 calendar. MONDAY/TUESDAY/ WEDNESDAY/THURSDAY/FRIDAY/ SATURDAY/SUNDAY |
| **calendar.isleap(year)** | year – 年 | 判斷是否為閏年，是為 True；反之為 False |
| calendar.leapdays(y1, y2) | y1、y2– 年 | 取得 y1、y2 兩年之間的閏年總數 |

而 calendar 除了本身已有提供一些函數可呼叫之外，其底下將還分成三大類別：

■ **calendar.Calendar(firstweekday=0)**：提供用於日曆數據進行格式化方法

■ **calendar.TextCalendar(firstweekday=0)**：用於生成純本文日曆

■ **calendar.HTMLCalendar(firstweekday=0)**：生成 HTML 日曆

**範例程式 ExCalendar.py ▶ 列印出 n 年內的某月日曆**

```
01  import calendar
02
03  y = int(input("請輸入年份："))
04  m = int(input("請輸入月份："))
05  ys = int(input("列印 n 年內為閏年的月曆："))
```

```
06   notLeap = []
07
08   calendar.setfirstweekday(calendar.SUNDAY)
09
10   for i in range(ys):
11     if calendar.isleap(y+i) == True:
12       print("\n")
13   calendar.prmonth(y+i, m)
14   else:
15   notLeap.append(y+i)
16
17   print("\n 以下非閏年：",notLeap)
18   print("{}到{}期間有幾個閏年{}".format(y, y+ys, calendar.leapdays(y,
     y+ys)))
```

執行結果

```
請輸入年份：2010
請輸入月份：7
列印n年內為閏年的月曆：9


        July 2012
Su Mo Tu We Th Fr Sa
 1  2  3  4  5  6  7
 8  9 10 11 12 13 14
15 16 17 18 19 20 21
22 23 24 25 26 27 28
29 30 31


        July 2016
Su Mo Tu We Th Fr Sa
             1  2
 3  4  5  6  7  8  9
10 11 12 13 14 15 16
17 18 19 20 21 22 23
24 25 26 27 28 29 30
31

以下非閏年： [2010, 2011, 2013, 2014, 2015, 2017, 2018]
2010到2019期間有幾個閏年：2
```

## 8-4 套件管理程式─pip

　　除了官方提供的內建程式庫、自訂建立模組外，也能透過其他第三方套件來協助，更降低開發程式的時間。

## 8-4-1　第三方套件集中地 PyPI

PyPI（Python Package Index, 簡稱 PyPI）為 Python 第三方套件集中處，可於網址查看網頁：https://pypi.org

直接輸入套件名稱搜尋

點擊 browse projects 後將導頁至如下圖畫面

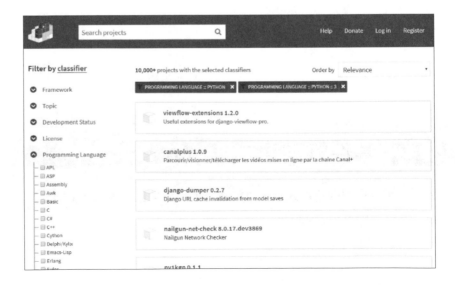

上圖於畫面中查看到搜尋框並輸入欲要查詢的套件名稱，亦或者點擊下方 browse projects 按鈕直接透過分類後的搜尋條件進行瀏覽。

那麼，該如何進行套件安裝呢？點擊套件進入到其詳細內容網頁，左上角會有個 pip install 套件名稱的字樣，接著就可透過 pip 下載套件。

提供指令可透過 pip 管理工具協助安裝

亦提供檔案下載

## 8-4-2　pip 管理工具

pip（python install package, 簡稱 pip）為 Python 標準庫的 package 管理工具，提供查詢、安裝、升級、移除等功能。如果安裝 Python 未有包含 pip 或者未有勾選安裝，直接點擊網址：https://bootstrap.pypa.io/get-pip.py，複製其內容到 Python 直譯器另存新檔，於命令提示字元中切換到 get-pip.py 的目錄再執行：

```
python get-pip.py
```

完成 pip 安裝完成後，開啟命令提示字元取得相關支援指令：

```
pip -help
```

## 本章綜合範例

1.  本使用 random 模組裡的 randint 函數來取得隨機整數以及利用 shuffle 函數將數列隨機洗牌。

```
8 7 1 5 4
['apple', 'bird', 'tiger', 'quick', 'happy']
```

解答 import.py

```
01    import random
02
03    for i in range(5):
04        a = random.randint(1,10)  # 隨機取得整數
05    print(a,end=' ')
06    print()
07    # 給定 items 數列的初始值
08    word = ['apple','bird','tiger','happy','quick']
09    random.shuffle(word)    # 使用 shuffle 函數打亂字的順序
10    print(word)# 將打亂後字依序輸出
```

# 本章課後習題

## 一、選擇題

（　　）1. 在撰寫程式時，經常會遇到需要從程式外部取得傳入的參數，又該如何去接取這部分的傳入參數值呢？

    (A) sys.argv()　　　　　　　　　(B) sys.modules.keys()

    (C) sys.modules.values()　　　　(D) sys.modules()

（　　）2. 完成 pip 安裝完成後，開啟命令提示字元取得相關支援指令？

    (A) pip -h　　　　　　　　　　　(B) pip -quit

    (C) pip -answer　　　　　　　　(D) pip –help

（　　）3. 有關函數的敘述下列何者有誤？

    (A) randrange() 函數是在指定範圍內的序列中取得一個亂數

    (B) randint() 可以隨機取得浮點數

    (C) shuffle 能在序列中隨機排序

    (D) choice() 能從序列中取一個隨機數

（　　）4. 假設已匯入 math 模組，請求下列函數值不正確？

    (A) math.sqrt(100)=10.0　　　　(B) math.fabs(-7.55)=7.550

    (C) math.fmod(25,3)= 1.0　　　　(D) math.floor(-0.8)=-1

（　　）5. random 模組內的函數不包括下列何者？

    (A) sample()　　　　　　　　　(B) randint()

    (C) seed(x)　　　　　　　　　　(D) uniform()

（　　）6. 可以用來取得 y1、y2 兩年之間的閏年總數的函數為？

    (A) calendar.calendar()　　　　(B) calendar.isleap()

    (C) calendar.leapdays()　　　　(D) calendar.firstweekday()

（　　）7. walk() 是以遞迴方式搜尋底下所有檔案 / 文件，其回傳的元組不包括？

　　　　(A) root　　　　　　(B) dirs　　　　　(C) groups　　　　(D) files

（　　）8. Python 的內建模組不包括？

　　　　(A) calendar　　　(B) datetime　　　(C) sys　　　　　(D) pie

（　　）9. 匯入模組的說明下列何者正確？

　　　　(A) 模組（module）其實就是一個程式檔（程式檔名 .py）

　　　　(B) 只能一次匯入一個模組

　　　　(C) 無法只匯入模組中特定函數

　　　　(D) 必須使用系統預設的模組名稱無法另取別名

（　　）10. 關於 os 模組功能的說明何者不正確？

　　　　(A) os.getcwd() 取得當前工作路徑

　　　　(B) os.rename(src, dst) 重新命名檔案名稱

　　　　(C) os.listdir(path) 列出指定路徑底下所有的檔案

　　　　(D) os.rmdir(path) 建立目錄

## 二、填充題

1. ＿＿＿＿＿＿ 簡單來說就是由一堆 .py 檔集結而成的。

2. json 資料夾中包含許多 .py 檔，其中 ＿＿＿＿＿＿ 其作用在於標記文件夾視為一個套件。

3. 使用模組前必須先使用 ＿＿＿＿＿＿ 關鍵字匯入。如果要一次匯入多個模組，則必須以 ＿＿＿＿＿＿ 隔開不同的模組名稱。

4. datatime 模組提供了 ＿＿＿＿＿＿ 物件可以計算兩個日期或時間的差距。

5. ＿＿＿＿＿＿ 函數是在指定的範圍內，依照遞增基數隨機取一個數，所以取出的數一定是遞增基數的倍數。

6. 要查詢模組所在目錄的目錄名串列可匯入 sys 模組並下 ＿＿＿＿＿＿ 指令查詢。

7. 為了避免造成命名上的衝突，Python 語言就以 _____ 這種機制來加以防範。

8. _____ 提供可針對作業系統相關操作。

9. shuffle(x) 函數是直接將序列 x 打亂，並傳回 _____ 。

10. _____ 函數會回傳目前的日期及時間，並以元組資料型態回傳。

## 三、問答與實作題

1. 名稱空間總可分為以下 3 種？

2. 如何建立自訂模組，試簡述之。

3. 請舉出至少五種常用的內建模組。

4. 要將套件名稱指定別名的語法為何？試舉例之。

5. 如何才能一次匯入多個套件？

6. 試比較 random() 及 uniform() 兩者間的異同？

7. 請問以下程式的執行結果？

```
import datetime
print(datetime.time(21,13,32).hour)
```

8. 試比較 choice() 及 sample() 兩者間的異同？

9. 請問以下程式的執行結果？

```
import math
print(math.gcd(169,26))
```

10. 如果想從 0-1000 間隨機取 10 個 5 的倍數，程式該如何撰寫？

11. 什麼是模組，試簡述之。

12. 請問以下程式的執行結果？

```
import math
print(math.gcd(144,272))
```

13. 如果想從 2-1000 間隨機取 20 個偶數，程式該如何撰寫？

# MEMO

# 09
CHAPTER

# 視窗程式設計
# 的贏家工作術

視窗操作模式與文字模式最大的不同點在於使用者與程式之間的操作方式，能使用者同時讓數個程式工作。每個程式在他自己的視窗中執行。在視窗模式下，使用者的操作是經由事件（event）的觸發與視窗程式溝通，使用圖形方式顯示使用者操作介面（Graphical User Interface, GUI），可以讓一般使用者透過比較直覺的方式來和程式互動，使用者在操作時只需要移動滑鼠游標，點選另一個被賦予功能的圖形，即可執行相對應已設計好的程序，如此達到操作程式的目的。例如下圖就是一種圖形使用者介面。

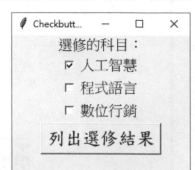

## 9-1　建立視窗

Python 提供了許多套件來幫助程式人員開發圖形化的視窗應用程式，例如 tkinter、wxPython、PyQt、Kivy、PyGtk 等。本章內容將會以 Python 所提供的 GUI tkinter（Tool Kit Interface）套件為主，tkinter 套件是是 Python 中最基本的圖形化工具標準模組。

### 9-1-1　匯入 tkinter 套件

要使用 tkinter 套件之前，必須先匯入模組，為了簡化後續程式的撰寫工作，也可以為套件名稱取一個別名。語法如下：

```
import tkinter as tk #為套件名稱取一個別名
```

GUI 介面的最外層是一個視窗物件，稱為主視窗，要先建立一個主視窗，才能在上面放置各種元件，例如標籤、按鈕、文字方塊、功能表…等視窗內部的元件，最後才實作事件處理函數。建立主視窗語法如下：

```
主視窗名稱 = tk.Tk()
```

例如視窗變數名稱為 win，建立主視窗的語法如下：

```
win = tk.Tk()
```

主視窗常用的方法有：

| 方法 | 說明 | 實例 |
|---|---|---|
| geometry(" 寬 x 高 ") | 設定主視窗尺寸（「x」是小寫字母 x），如果沒有提供主視窗尺寸的資訊，預設會以視窗內部的元件來決定視窗的寬與高。 | win.geometry("150x200") 表示設定視窗的寬度 150 像素，高度 200 像素。 |
| title(text) | 設定主視窗標題列文字。 | win.title(" 我的第一支視窗程式 ") |

當主視窗設定後，還要使用 mainloop() 方法讓程式進入循環監聽模式，來偵測使用者觸發的「事件（Event）」，這個迴圈會一直執行，直到將視窗關閉，語法如下：

```
win.mainloop()
```

**TIPS**

**輸入問題**：使用 mainloop() 方法時事件迴圈會進入什麼狀態？

**ChatGPT 回答畫面：**

使用 `mainloop()` 方法時，事件迴圈會進入一個不斷執行、等待事件觸發的狀態。這個事件迴圈是 GUI 應用程序的核心，它會不斷地監聽使用者的操作，例如按鈕點擊、滑鼠移動、鍵盤輸入等，並相應地觸發相對應的事件處理函數。

當您呼叫 `mainloop()` 方法後，程式將進入主事件迴圈，並等待事件的觸發。一旦有事件被觸發，相應的事件處理函數將被呼叫。這使得 GUI 應用程序能夠實時地與使用者進行交互，並響應使用者的操作。

在主事件迴圈運行期間，您可以通過按鈕點擊、滑鼠操作、鍵盤輸入等與應用程序進行互動。當使用者進行操作時，相應的事件將被觸發並且處理，而主事件迴圈不會被阻塞，這使得應用程序能夠保持反應。

以下範例將建立第一個空的視窗。

> **範例程式** **tk_main.py** ▶ 建立視窗的第一支程式

```
01   import tkinter as tk
02   win = tk.Tk()
03   win.geometry("400x400")
04   win.title(" 第一支視窗程式 ")
05   win.mainloop()
```

**執行結果**

**程式解析**

- ➡ 第 1 行：匯入 tkinter 模組，並為套件名稱取一個別名。

- ➡ 第 2 行：建立主視窗語法。

- ➡ 第 3 行：表示設定視窗的寬度 400 像素，高度 400 像素。

- ➡ 第 4 行：設定為主視窗標題列文字。

- ➡ 第 5 行：使用 mainloop() 方法讓程式進入循環監聽模式。

## 9-2　常用視窗元件介紹

前面已學會了如何建立一個主視窗，接下來就是將視窗圖形化元件加入到空白視窗，tkinter 套件提供非常多視窗 GUI 的函式庫，讓開發者可以透過常見的元件來設計整個視窗應用程式，接下來，就來介紹常用的 GUI 元件吧！

## 9-2-1　標籤元件（Label）

Label 標籤就是顯示一些唯讀的文字，通常作為標題或是控制物件的說明，我們無法對標籤元件作輸入或修改資料的動作，點擊它也不會觸發任何事件，建立 Label 語法如下：

```
元件名稱 = tk.Label(容器名稱, 參數)
```

容器名稱是指上一層（父類別）容器名稱，當建立了一個標籤元件，就可以指定其文字內容、字型色彩及大小、背景顏色、標籤寬跟高、與容器的水平或垂直間距、文字位置、圖片…等參數，各參數之間用逗號（,）分隔，常用的參數功能如下表：

| 參數 | 說明 |
|---|---|
| height | 設定高度 |
| width | 設定寬度 |
| text | 設定標籤的文字 |
| font | 設定字型及字體大小，字型會以 tuple（元組）來表示 font 元素，例如「新細明體」、大小為 14、粗斜體字型的設定方式。<br><br>`font =(' 新細明體 ', 14, 'bold', 'italic')`<br><br>字型也可以直接以字串表示，如下所示：<br><br>`" 新細明體 14 bold italic"` |
| fg | 設定標籤的文字顏色，指定顏色可以使用顏色名稱（例如 red、yellow、green）或使用十六進位值顏色代碼，例如紅色 #ff0000、黃色 #ffff00。 |
| bg | 設定標籤的背景顏色 |

| 參數 | 說明 |
|---|---|
| padx | 設定文字與容器的水平間距 |
| pady | 設定文字與容器的垂直間距 |
| borderwidth | 設標籤框線寬度，可以「bd」取代 |
| image | 標籤指定的圖片 |
| justify | 設定標籤有多行文字的對齊方式 |

下例將示範在視窗中顯示 Label 文字標籤。

範例程式 **label.py** ▶ Label 標籤的使用

```
01  import tkinter as tk
02  win = tk.Tk()
03  win.title("Label 標籤")
04  label = tk.Label(win, text = "Label 標籤")
05  label.pack()
06  win.mainloop()
```

執行結果

程式解析

◆ 第 01 行：這邊是將 tkinter 套件匯入。

◆ 第 02 行：將 tk.Tk() 指定給 win 變數並建立一個視窗。

◆ 第 03 行：透過 title() 函式為視窗給定標題名稱。

◆ 第 04 行：第一個參數為主視窗名稱，第二個參數之後則是 Label 所要顯示的文字敘述以及一些寬度、底線等等的設置。

◆ 第 05 行：設置完成後，最後須加上 pack() 版面佈局方式，來指定該標籤放置位置。

上述程式中各位應該有注意到第 5 行的 pack 方法，它是一種視窗元件的佈局方式。總共有 3 種佈局方法：pack、grid 以及 place。

## pack 方法

pack 方法是最基本的佈局方式，就是由上到下依序放置，常用參數如下：

| 參數 | 說明 |
| --- | --- |
| padx | 設定水平間距 |
| pady | 設定垂直間距 |
| fill | 是否填滿寬度 (x) 或高度 (y)，參數值有 x、y、both、none |
| expand | 左右分散對齊，可以設定 0 跟 1 兩種值，0 表示不要分散；1 表示平均分配 |
| side | 設定位置，設定值有 left、right、top、bottom |

位置及長寬的單位都是像素（pixel），例如以下程式碼將 2 個按鈕利用 pack 方法加入視窗，其中 width 屬性是按鈕元件的寬度，而 text 屬性為按鈕上的文字。

**範例程式** **pack.py** ▶ 利用 pack 方法加入視窗

```
01   import tkinter as tk
02   win = tk.Tk()
03   win.geometry("400x100")
04   win.title("pack 版面佈局 ")
05
06   taipei=tk.Button(win, width=20, text=" 台北景點 ")
07   taipei.pack(side="top")
08   kaohsiung=tk.Button(win, width=20, text=" 高雄景點 ")
09   kaohsiung.pack(side="top")
10
11   win.mainloop()
```

視窗程式設計的贏家工作術

執行結果

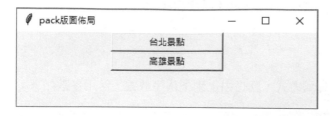

程式解析

◆ 第 1 行：匯入 tkinter 模組，並為套件名稱取一個別名。

◆ 第 2 行：建立主視窗語法。

◆ 第 3 行：表示設定視窗的寬度 400 像素，高度 100 像素。

◆ 第 4 行：設定為主視窗標題列文字。

◆ 第 6 ～ 9 行：在視窗中加入按鈕元件，按鈕上的文字為「台北景點」，以 pack() 方法安排版面佈局方式，位置齊上。其它第 8 ～ 9 行加入另外一個按鈕元件。

◆ 第 11 行：使用 mainloop() 方法讓程式進入循環監聽模式。

## place 方法

place 方法是以元件在視窗中的絕對位置與相對位置來告知系統元件的擺放方式，簡單來說，就是給精確的座標來定位。相對位置的方法是將整個視窗寬度或高度視為「1」，常用參數如下表。

| 參數 | 說明 |
|------|------|
| x | 以左上角為基準點，x 表示向右偏移多少像素 |
| y | 以左上角為基準點，y 表示向下偏移多少像素 |
| relx | 相對水平位置，值為 0 ～ 1，視窗中間位置 relx=0.5 |
| rely | 相對垂直位置，值為 0 ～ 1，視窗中間位置 rely=0.5 |

| 參數 | 說明 |
|---|---|
| anchor | 定位基準點，參數值有下列 9 種：<br>center: 正中心<br>n、s、e、w：上方中間、下方中間、右方中間、左方中間<br>ne、nw、se、sw：右上角、左上角、右下角、左下角，例如引數<br>anchor='nw'，就是前面所講的錨定點是左上角 |

範例程式 **place.py** ▶ 利用 **place** 方法加入視窗

```
01   import tkinter as tk
02   win = tk.Tk()
03   win.geometry("400x100")
04   win.title("pack 版面佈局 ")
05
06   taipei=tk.Button(win, width=30, text=" 台北景點 ")
07   taipei.place(x=10, y=10)
08   kaohsiung=tk.Button(win, width=30, text=" 高雄景點 ")
09   kaohsiung.place(relx=0.5, rely=0.5, anchor="center")
10
11   win.mainloop()
```

執行結果

程式解析

- ◆ 第 1 行：匯入 tkinter 模組，並為套件名稱取一個別名。

- ◆ 第 2 行：建立主視窗語法。

- ◆ 第 3 行：表示設定視窗的寬度 400 像素，高度 100 像素。

- ◆ 第 4 行：設定為主視窗標題列文字。

- 第 6 ～ 9 行：在視窗中加入按鈕元件，按鈕上的文字為「台北景點」，以 place() 方法安排版面佈局方式，位置為向右偏移 10 像素，向下偏移 10 像素。

- 第 8 ～ 9 行：加入另外一個按鈕元件，也以 place() 方法安排版面佈局方式，但設定位置的方式改採用相對位置的方式。

- 第 11 行：使用 mainloop() 方法讓程式進入循環偵聽模式，來偵測使用者觸發的「事件（Event）」。

## grid 方法

grid 方法是利用表格的形式定位，常用的參數如下：

| 參數 | 說明 |
| --- | --- |
| column | 設定放在哪一行 |
| columnspan | 左右欄合併的數量 |
| padx | 設定水平間距，就是單元格左右間距 |
| pady | 設定垂直間距，就是單元格上下間距 |
| row | 設定放在哪一列 |
| rowspan | 上下欄合併的數量 |
| sticky | 設定元件排列方式，有 4 種參數值可以設定：n、s、e、w：靠上、靠下、靠右、靠左 |

**範例程式** **grid.py** ▶ 利用 **grid** 方法加入視窗

```
01   import tkinter as tk
02   win = tk.Tk()
03   win.geometry("400x100")
04   win.title("pack 版面佈局 ")
05
06   taipei=tk.Button(win, width=30, text=" 台北景點 ")
07   taipei.grid(column=0,row=0)
08   kaohsiung=tk.Button(win, width=30, text=" 高雄景點 ")
09   kaohsiung.grid(column=0,row=1)
10   ilan=tk.Button(win, width=30, text=" 宜蘭景點 ")
11   ilan.grid(column=1,row=0)
12   tainan=tk.Button(win, width=30, text=" 台南景點 ")
```

```
13   tainan.grid(column=1,row=1)
14
15   win.mainloop()
```

執行結果

| pack版面佈局 | — □ ✕ |
|---|---|
| 台北景點 | 宜蘭景點 |
| 高雄景點 | 台南景點 |
|  |  |

程式解析

- 第 1 行：匯入 tkinter 模組，並為套件名稱取一個別名。

- 第 2 行：建立主視窗語法。

- 第 3 行：表示設定視窗的寬度 400 像素，高度 100 像素。

- 第 4 行：設定為主視窗標題列文字。

- 第 6 ～ 13 行：在視窗中加入按鈕元件，按鈕上的文字為「台北景點」，第 9 行以 grid() 方法安排版面佈局方式，欄列位置的索引為 column=0, row=0。依序加入其它三個按鈕元件，欄列位置的索引分別為 column=0, row=1、column=1, row=0、column=1, row=1。

- 第 15 行：使用 mainloop() 方法讓程式進入循環偵聽模式，來偵測使用者觸發的「事件（Event）」。

使用 grid 版面配置的位置就如底下的示意圖，儲存格內的數字分別代表（column, row）：

|  | 第 0 欄 | 第 1 欄 | 第 2 欄 |
|---|---|---|---|
| 第 0 列 | column=0,row=0 | column=1,row=0 | column=2,row=0 |
| 第 1 列 | column=0,row=1 | column=1,row=1 | column=2,row=1 |
| 第 2 列 | column=0,row=2 | column=1,row=2 | column=2,row=2 |

## 9-2-2　按鈕元件（Button）

按鈕元件的外觀常被設計的較具立體感，使用者直覺反應它是個可以「按下」的控制物件，建立按鈕元件的語法如下：

```
元件名稱 = tk.Button ( 容器名稱 , [ 參數 1= 值 1, 參數 2= 值 2,.... 參數 n= 值 n])
```

按鈕元件僅能顯示一種文字，但是文字可以跨行，除了保有許多 Label 元件的參數外，Button 元件多了一個 command 參數，較常用的參數如下表：

| 參數 | 說明 |
|---|---|
| textvariable | 將按鈕上的文字指定給字串的變數，例如：textvariable=btnvar，之後就可以使用 btnvar.get() 方法取得按鈕上的文字，或使用 btnvar.set() 方法來設定按鈕上的文字。 |
| command | 事件處理函數 |
| underline | 幫按鈕上的字元加上底線，如果不加底線請設定為 -1，0 表示第 1 個字元加底線，1 表示第 2 個字元加底線 ... 以此類推。 |

📎 **範例程式** **button.py** ▶ 設置 Button 元件

```
01  import tkinter as tk
02  win = tk.Tk()
03  win.title("Button 按鈕 ")
04  win.geometry('300x200')
05  button = tk.Button(win, text = "Press", underline=0)
06  button.pack()
07  win.mainloop()
```

執行結果

（程式解析）

➤ 第 05 行：Button 按鈕的第一個參數為主視窗名稱，表示 Button 為其子元件。第二個參數為按鈕上的文字，第三個參數則要求在第一個字元加上底線。

---

**TIPS**

**輸入問題**：設計一 Python 程式，使用 tkinter 套件來設置 button 元件。

**ChatGPT 回答畫面**（範例程式：button(CGPT).py）：

以下是一個使用 `tkinter` 套件來設置一個按鈕元件的簡單範例程式：

```python
import tkinter as tk

def on_button_click():
    label.config(text="按鈕被點擊了！")

# 建立主視窗
root = tk.Tk()
root.title("Button 範例")

# 建立按鈕元件
button = tk.Button(root, text="點擊我", command=on_button_click)
button.pack(pady=20)

# 建立用於顯示訊息的標籤元件
label = tk.Label(root, text="")
label.pack()
```

這個程式使用了 tkinter 套件來建立一個簡單的圖形化使用者介面（GUI），其中也包含一個按鈕元件和一個標籤元件。按鈕的點擊事件觸發了一個函數，該函數會更新標籤的文字。程式中的重要步驟包括創建主視窗、建立按鈕和標籤元件、定義按鈕的點擊事件函數以及進入主迴圈以等待使用者互動。

視窗程式設計的贏家工作術

## 9-2-3　文字方塊元件（Entry）

　　文字方塊元件（Entry）可以讓使用者在單行中輸入文字，如果想要輸入多行就要使用 Text 元件。建立 Entry 元件的語法如下：

```
元件名稱 = tk.Entry( 容器名稱 , 參數 )
```

　　常用的參數如下：

| 參數 | 說明 |
|------|------|
| width | 寬度。 |
| bg | 背景色，也可以使用 background 參數。 |
| fg | 前景色，也可以使用 foreground 參數。 |
| state | 為輸入狀態，預設值為 NORMAL 為可輸入的狀態，如果設定為 DISABLED 則表示無法輸入。 |
| show | 顯示的字元，通常在建立密碼資料時，可以指定顯示的字元，例如 show='*'，如此一來輸入的資料會以星號來顯示，而不會出現輸入的資料，以達到保密的效果。 |
| textvariable | 將文字方塊的文字指定給字串的變數，就可以用來取得或設定文字方塊的資料。 |

　　下例將示範在視窗中加入 Entry 單行文字。

範例程式　entry.py ▶ Entry 單行文字

```
01   import tkinter as tk
02   win = tk.Tk()
03   win.title(" 密碼資料 ")
04   win.geometry('300x200')
05
06   label = tk.Label(win, text = " 請輸入密碼 : ")
07   label.pack()
08   entry = tk.Entry(win,bg='yellow',fg='red',show='*')
09   entry.pack()
10
11   win.mainloop()
```

執行結果

程式解析

➡ 第 08 行：Entry 的第一個參數為主視窗名稱；第二個參數之後所呼叫的參數為元件的一些設置，其實 Entry 元件有點像 HTML 單行文字的輸入框。

## 9-2-4　文字區塊元件（Text）

文字區塊元件（Text）用來儲存或顯示多行文字，屬性和 Entry 元件大多雷同。包括純文字或格式文件，Text 元件也可以被用作文字編輯器。建立 Text 元件的語法如下：

```
元件名稱 =tk.Text ( 容器名稱 , 參數 1, 參數 2, . . . )
```

Text 元件和 Entry 元件的屬性有許多相同，較特別的參數有：

| 參數 | 說明 |
|---|---|
| borderwidth | 設定邊框寬度 |
| state | 設定元件內容是否允許編輯，預設值為「tk.NORMAL」表示文字元件內容可以編輯；如果參數值為「tk.DISABLED」，表示文字元件內容不可以修改。 |
| highlightbackground | 將背景色反白。 |
| highlightcolor | 反白色彩 |
| wrap | 換行，預設值 wrap=CHAR，表示當文字長度大於文字方塊寬度時會切段單字換行，如果 wrap=WORD 則不會切斷字。另一個設定值為 NONE，表示不會換行。 |

如果想在已建立的文字方塊設定文字內容，必須呼叫 insert() 方法，語法如下：

```
insert(index, text)
```

- **index**：依索引值插入字串，有三個常數值：INSERT、CURRENT（目前位置）和 END（將字串加入文字方塊，並結束文字方塊內容）。

- **text**：欲插入的字串。

📎
**TIPS**

**輸入問題**：要怎麼對文字進行增加、刪除和修改等操作？

**ChatGPT 回答畫面：**

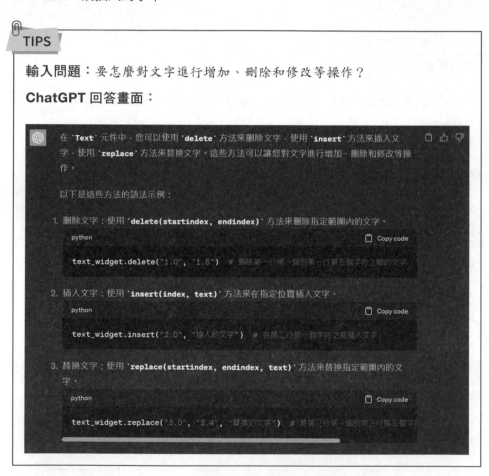

在 `Text` 元件中，您可以使用 `delete` 方法來刪除文字，使用 `insert` 方法來插入文字，使用 `replace` 方法來替換文字。這些方法可以讓您對文字進行增加、刪除和修改等操作。

以下是這些方法的語法示例：

1. 刪除文字：使用 `delete(startindex, endindex)` 方法來刪除指定範圍內的文字。

```python
text_widget.delete("1.0", "1.5")  # 刪除第一行第一個到第一行第五個字符之間的文字
```

2. 插入文字：使用 `insert(index, text)` 方法來在指定位置插入文字。

```python
text_widget.insert("2.0", "插入的文字")  # 在第二行第一個字符之前插入文字
```

3. 替換文字：使用 `replace(startindex, endindex, text)` 方法來替換指定範圍內的文字。

```python
text_widget.replace("3.0", "3.4", "替換的文字")  # 將第三行第一個到第三行第五個字
```

接著示範如何在視窗程式中加入 Text 多行文字：

**範例程式** | **text.py ▶ Text 多行文字**

```
01  from tkinter import *
02  sentences=" 玉階生白露，夜久侵羅襪。\n 卻下水晶簾，玲瓏望秋月。"
03  win = Tk()
04  win.title("Text 多行文字 ")
05  win.geometry('300x200')
06  text = Text(win, width = 30, height = 14, bg = "yellow", wrap=WORD)
07  text.insert(END,sentences)
08  text.pack()
09  win.mainloop()
```

執行結果

**TIPS**

**輸入問題**：設計一 Python 程式，使用 tkinter 套件來加入 Text 多行文字。

**ChatGPT 回答畫面（範例程式：text(CGPT).py）：**

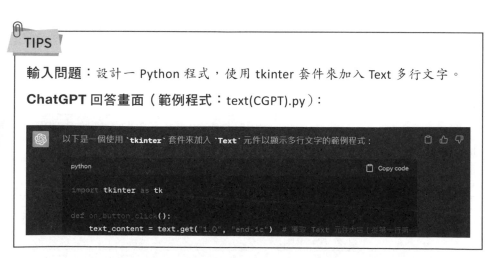

```
                label.config(text=text_content) # 更新標籤內容

# 建立主視窗
root = tk.Tk()
root.title("Text 元件範例")

# 建立 Text 元件
text = tk.Text(root, height=5, width=30)
text.pack(pady=10)

# 建立按鈕元件
```

這個程式建立了一個帶有多行文字的 Text 元件，並且在按下按鈕後顯示 Text 元件內容。使用者可以在 Text 元件中輸入多行文字，然後按下按鈕以顯示所輸入的內容。程式中的重點是建立一個 Text 元件，設定其高度和寬度，然後使用 get 方法獲取 Text 元件的內容。

## 9-2-5 捲軸元件（Scrollbar）

捲軸元件是用來操控當內容超出視窗大小時，為了幫使用者瀏覽資料，所產生滑動頁面的事件。經常被使用在文字區域（Text）、清單方塊（Listbox）或是畫布（Canvas）等元件，語法如下：

```
Scrollbar(父物件,參數 1= 設定值 1,參數 2= 設定值 2,...)
```

這些參數都是選擇性參數，下表較常用的參數：

| 屬性 | 說明 |
|---|---|
| background | 設背景色，可以「bg」取代 |
| borderwidth | 定框線粗細，可以「bd」取代 |
| width | 元件寬度 |
| command | 移動捲軸時，會呼叫此參數所指定函數來作為事件處理程式 |
| highlightbackground | 反白背景色彩 |
| highlightcolor | 反白色彩 |
| activebackground | 當使用滑鼠移動捲軸時，捲軸與箭頭的色彩 |
| orient | 預設值 =VERTICAL，代表垂直捲軸，orient=HORIZONTAL，代表水平捲軸 |

範例程式 scrollbar.py ▶ ScrollBar（捲軸）

```
01   import tkinter as tk
02   win = tk.Tk()
03   win.title("ScrollBar 捲軸 ")
04   win.geometry('300x200')
05   text = tk.Text(win, width = "30", height = "5")
06   text.grid(row = 0, column = 0)
07   scrollbar = tk.Scrollbar(command = text.yview, orient = tk.VERTICAL)
08   scrollbar.grid(row = 0, column = 1, sticky = "ns")
09   text.configure(yscrollcommand = scrollbar.set)
10   win.mainloop()
```

執行結果

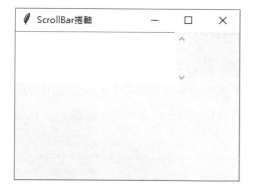

程式解析

● 第 06 行：透過 grid() 以行列的放置位置將 Text 元件置左。

● 第 07 行：透過事件綁定，使得 Scrollbar 得以在 Text 元件的 y 軸進行滑動
事件以及設定滾輪位置。

● 第 08 行：將 scrollbar 對齊 Text 元件並使用 sticky 指定對齊方式。

● 第 09 行：最後，Text 元件則再將該其位置反饋給 Scrollbar。

剛開始畫面上不會出現滾輪軸，當輸入的內容超過 Text 視窗設定的範圍，就會出現滾輪軸可進行滑動的動作。

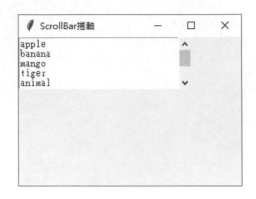

## 9-2-6　訊息方塊元件（messagebox）

訊息方塊元件是一種有提示訊息的對話方塊，是一種以簡便的訊息來作為使用者與程式間互動的介面，通常用於顯示讓使用者注意的文字，除非使用者看到，否則程式會停在訊息框裡面，就是平時看到的彈出視窗。基本結構如下：

❶　messagebox 的標題列，以參數「title」表示。

❷　代表 messagebox 的小圖示，以參數「icon」表示。

❸　顯示 messagebox 的相關訊息，以參數「message」代表。

❹　顯示 messagebox 的對應按鈕，以參數「type」表示。

訊息方塊元件概分兩大類：「詢問」類和「顯示」類。「詢問」類是以「ask」為開頭，伴隨 2 ～ 3 個按鈕來產生互動行為。而「顯示」類是以

「show」開頭，只會顯示一個「確定」鈕。下表為 messagebox 訊息方塊元件常見的方法。

| 種類 | messagebox 方法 |
|------|------------------|
| 詢問 | askokcancel（標題, 訊息, 選擇性參數） |
| | askquestion（標題, 訊息, 選擇性參數） |
| | askretrycancel（標題, 訊息, 選擇性參數） |
| | askyesno（標題, 訊息, 選擇性參數） |
| | askyesnocancel（標題, 訊息, 選擇性參數） |
| 顯示 | showerror（標題, 訊息, 選擇性參數） |
| | showinfo（標題, 訊息, 選擇性參數） |
| | showwarning（標題, 訊息, 選擇性參數） |

下例將示範訊息類及顯示類兩種訊方塊。

**範例程式** **messagebox.py** ▶ GUI 介面 - 訊息方塊

```
01   from tkinter import *
02   from tkinter import messagebox
03   wnd = Tk()
04   wnd.title('訊息方塊元件 (messagebox)')
05   wnd.geometry('180x120+20+50')
06
07   def first():
08       messagebox.showinfo('顯示類對話方塊',
09               '「顯示」類是以「show」開頭，只會顯示一個「確定」鈕。')
10
11   def second():
12       messagebox.askretrycancel('詢問類對話方塊',
13               '「詢問」類是以「ask」為開頭，伴隨 2～3 個按鈕來產生互動。')
14
15   Button(wnd, text='顯示類對話方塊', command =
16           first).pack(side = 'left', padx = 10)
17   Button(wnd, text='詢問類對話方塊', command =
18           second).pack(side = 'left')
19   mainloop()
```

視窗程式設計的贏家工作術

執行結果

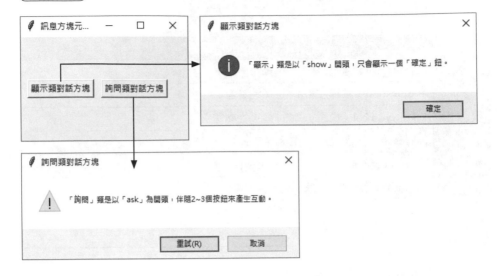

程式解析

- 第 8 ～ 9 行：顯示類訊息方塊的語法實例。

- 第 12 ～ 13 行：詢問類訊息方塊的語法實例。

## 9-2-7 核取按鈕元件（Checkbutton）

核取按鈕元件（Checkbutton）可以讓使用者多重勾選或全部不選，只要點選 Checkbutton 元件，就會出現打勾的符號，再點選一次，打勾符號就會消失。建立核取按鈕元件的語法如下：

```
元件名稱 =tk.Checkbutton（容器名稱，參數 1，參數 2,....）
```

Checkbutton 常用的參數如下：

| 屬性 | 說明 |
|---|---|
| background（或 bg） | 設背景色 |
| height | 元件高度 |
| width | 元件寬度 |

| 屬性 | 說明 |
|---|---|
| text | 元件中的文字 |
| variable | 元件所連結的變數，可取得或設定核取按鈕元件的狀態 |
| command | 當選項按鈕被點選後，會呼叫這個參數所設定的函式 |
| textvariable | 存取核取按鈕元件的文字 |

核取方塊有勾選和未勾選兩種狀態。

■ **勾選**：以預設值「1」表示；使用屬性 onvalue 來改變其值。

■ **未勾選**：設定值「0」表示；使用屬性 offvalue 變更設定值。

下例設計一可供選修的科目清單，讓使用者勾選想選修的課程：

### 範例程式　Checkbutton.py ▶ GUI 介面 -Checkbutton

```
01   from tkinter import *
02   wnd = Tk()
03   wnd.title('Checkbutton 核取方塊')
04
05   def check():  # 回應核取方塊變數狀態
06       print('這學期預定選修的科目包括:', var1.get(), var2.get()
07               ,var3.get())
08
09   ft1 =('新細明體', 14)
10   ft2 = ('標楷體', 18)
11   lb1=Label(wnd, text = '選修的科目：', font = ft1).pack()
12   item1 = '人工智慧'
13   var1 = StringVar()
14   chk1 = Checkbutton(wnd, text = item1, font = ft1,
15       variable = var1, onvalue = item1, offvalue = '')
16   chk1.pack()
17   item2 = '程式語言'
18   var2 = StringVar()
19   chk2 = Checkbutton(wnd, text = item2, font = ft1,
20       variable = var2, onvalue = item2, offvalue = '')
21   chk2.pack()
22   item3 = '數位行銷'
23   var3 = StringVar()
24   chk3 = Checkbutton(wnd, text = item3, font = ft1,
25       variable = var3, onvalue = item3, offvalue = '')
```

視窗程式設計的贏家工作術

```
26   chk3.pack()
27   btnShow = Button(wnd, text = '列出選修結果', font = ft2,
28       command = check)
29   btnShow.pack()
30   mainloop()
```

**執行結果**

```
Python 3.7.3 (v3.7.3:ef4ec6ed12, Mar 25 2019, 21:26:53) [MSC v.1916 32
bit (Intel)] on win32
Type "help", "copyright", "credits" or "license()" for more informatio
n.
>>>
===================== RESTART: D:/進行中書籍/博碩_Python/範例檔/ch09/Chec
kbutton.py =====================
>>>
===================== RESTART: D:/進行中書籍/博碩_Python/範例檔/ch09/Chec
kbutton.py =====================
這學期預定選修的科目包括：人工智慧 程式語言
```

**程式解析**

- 第 5 ～ 7 行：定義 check() 函數回應核取方塊變數狀態。

- 第 12 行：設定變數 item1 來作為核取方塊的屬性 text、onvalue 的屬性
  值。

- 第 13 行：將變數 var1 轉為字串，並指定給屬性 variable 使用，藉以回傳
  核取方塊「已核取」或「未核取」的回傳值。

- 第 14 ～ 15 行：產生核取方塊，並設定 onvalue、offvalue 屬性值。

- 第 27 ～ 28 行：呼叫 check() 方法做回應。

## 9-2-8 單選按鈕元件（Radiobutton）

單選按鈕元件（Radiobutton）所提供的選項列表只能選其中一個，無法多選。例如詢問一個人的國籍、性別、膚色…等。要建立 Radiobutton 的語法如下：

元件名稱 =tk.Radiobutton( 容器名稱 , 參數 1, 參數 2,....)

Radiobutton（單選按鈕）常用的參數如下：

| 屬性 | 說明 |
|------|------|
| font | 設定字型 |
| height | 元件高度 |
| width | 元件寬度 |
| text | 元件中的文字 |
| variable | 元件所連結的變數，可以取得或設定目前的選取按鈕 |
| value | 設定使用者點選後的選項按鈕的值，利用這個值來區分不同的選項按鈕 |
| command | 當選項按鈕被點選後，會呼叫這個參數所設定的函式 |
| textvariable | 用來存取按鈕上的文字 |

範例程式 **Radiobutton.py ▶ GUI 介面 -Radiobutton**

```
01  from tkinter import *
02  wnd = Tk()
03  wnd.title('Radiobutton 元件 ')
04  def select():
05      print(' 你的選項是 :', var.get())
06
07  ft = (' 標楷體 ', 14)
08  Label(wnd,
09      text = " 請問您的最高學歷 : ", font = ft,
10      justify = LEFT, padx = 20).pack()
11  place = [(' 博士 ', 1), (' 碩士 ', 2),(' 大學 ', 3),
12          (' 高中 ', 4),(' 國中 ', 5),(' 國小 ', 6)]
13  var = IntVar()
14  var.set(2)
```

```
15   for item, val in place:
16       Radiobutton(wnd, text = item, value = val,
17           font = ft, variable = var, padx = 20,
18           command = select).pack(anchor = W)
19   mainloop()
```

執行結果

程式解析

- 第 4 ～ 5 行：定義 select() 函數。

- 第 13、14 行：將被選的單選按鈕以 IntVar() 方法來轉為數值，再以 set() 方法指定第三個單選按鈕為預設值。

- 第 15 ～ 18 行：以 for 迴圈來產生單選按鈕並讀取 place 串列的元素，並利用屬性 variable 來取得變數值後，再透過 command 來呼叫函數，來顯示目前是哪一個單選按鈕被選取。

## 9-2-9　功能表元件（Menu）

功能表元件通常位於視窗標題列下方，它是一種將相關指令集中在一起的下拉的彈出式選單，只要使用者去按某個指令，就會彈出的選項列表，再從其中選擇要執行的工作。不過 Menu 元件只能產生功能表的骨架，還必須配合 Menu 元件的相關方法。下表列出 Menu 元件有關的方法：

| 方法 | 說明 |
|------|------|
| activate(index) | 動態方法 |
| add(type, **options) | 增加功能表項目 |
| add_cascade(**options) | 新增主功能表項目 |
| add_checkbutton(**options) | 加入 checkbutton（核取方塊） |
| add_command(**options) | 以按鈕形式新增子功能表項目 |
| add_radiobutton(**options) | 以單選按鈕形式新增子功能表項目 |
| add_separator(**options) | 加入分隔線，用於子功能表的項目之間 |

接著將以實例說明建立功能表的過程：

**範例程式　menu1.py ▶ 功能表**

```
01  import tkinter as tk
02  win = tk.Tk()
03  win.title("")
04  win.geometry('300x200')
05  menubar = tk.Menu(win)
06  win.config(menu = menubar)
07  file_menu = tk.Menu(menubar)
08  menubar.add_cascade(label = " 檔案 ", menu = file_menu)
09  edit_menu = tk.Menu(menubar)
10  menubar.add_cascade(label = " 編輯 ", menu = edit_menu)
11  run_menu = tk.Menu(menubar)
12  menubar.add_cascade(label = " 執行 ", menu =run_menu)
13  window_menu = tk.Menu(menubar)
14  menubar.add_cascade(label = " 視窗 ", menu = window_menu)
15  online_menu = tk.Menu(menubar)
16  menubar.add_cascade(label = " 線上說明 ", menu = online_menu)
17  win.mainloop()
```

在建立功能表之前需要先有個功能表列，如上述程式碼中 05 行這行將先行建立一個功能表列，緊接著第 06 行 win.config（menu = menubar）則是將功能表列 menubar 指向給 win 的 menu，這道指令表示 menubar 只用在添加子功能，之後加入的功能則會顯示在 menubar 中。

視窗程式設計的贏家工作術

而第 07 ～ 16 行則是示範如何在視窗中建立主功能表，執行結果如下：

目前所建立的每項主功能都還沒有子功能，如果各位想要在主功能中新增子功能，則必須透過 add_command 指令。接著請各位分別在第 8、10、12 行插入以下程式碼：

第 8 行

```
file_menu.add_command(label = " 開啟舊檔 ")
```

第 10 行

```
edit_menu.add_command(label = " 復原 ")
```

第 12 行

```
run_menu.add_command(label = " 編譯及執行本程式 ")
```

加入上述四行程式碼後，完整的程式碼如下：

### 範例程式 menu2.py ▶ 功能表

```
01   import tkinter as tk
02   win = tk.Tk()
03   win.title("")
04   win.geometry('300x200')
05   menubar = tk.Menu(win,tearoff=0)
06   win.config(menu = menubar)
```

```
07   file_menu = tk.Menu(menubar,tearoff=0)
08   menubar.add_cascade(label = " 檔案 ", menu = file_menu)
09   file_menu.add_command(label = " 開啟舊檔 ")
10   edit_menu = tk.Menu(menubar)
11   menubar.add_cascade(label = " 編輯 ", menu = edit_menu)
12   edit_menu.add_command(label = " 復原 ")
13   run_menu = tk.Menu(menubar)
14   menubar.add_cascade(label = " 執行 ", menu =run_menu)
15   run_menu.add_command(label = " 編譯及執行本程式 ")
16   window_menu = tk.Menu(menubar)
17   menubar.add_cascade(label = " 視窗 ", menu = window_menu)
18   online_menu = tk.Menu(menubar)
19   menubar.add_cascade(label = " 線上說明 ", menu = online_menu)
20   win.mainloop()
```

執行結果

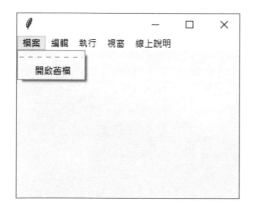

在上圖中畫面中，各位應該有注意到所新增的子功能上方有條分隔線，如果使用者點擊分隔線，則會脫離目前的功能列表產生新的視窗，如下圖所示：

如果要將分隔線移除，只要在建立檔案功能表中將 tearoff 參數設定為 0 即可，例如：

```
file_menu = tk.Menu(menubar,tearoff=0)
```

重新執行之後，就會發現當開啟「檔案」功能表時，只會出現「開啟舊檔」選項的子功能，在新增的子功能上方的分隔線已消失不見了。

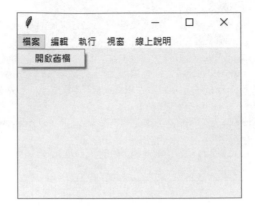

## 本章課後習題

**一、選擇題**

(    ) 1. 下列哪一個不是視窗元件佈局方法？

     (A) pack       (B) grid       (C) place       (D) table

(    ) 2. 下列關於視窗程式設計的描述何者不正確？

     (A) GUI 介面的最外層是一個視窗物件，稱為主視窗

     (B) 當主視窗設定後，還要使用 mainloop() 方法讓程式進入循環監聽模式

     (C) tkinter 套件內的方法可以直接使用無需事先匯入

     (D) 主視窗建立後才能在上面放置各種元件

(    ) 3. 下列關於視窗程式設計元件的描述何者不正確？

     (A) Label 標籤就是顯示一些唯讀的文字

     (B) 按鈕元件僅能顯示一行文字

     (C) 要輸入多行就要使用 Text 元件

     (D) Checkbutton 元件可以讓使用者多重選擇

(    ) 4. 下列哪一個套件無法協助開發視窗程式設計？

     (A) wxPython     (B) PyGtk     (C) tkinter     (D) numpy

(    ) 5. 利用表格的形式定位的佈局方式為何？

     (A) grid       (B) table       (C) place       (D) pack

(    ) 6. 當主視窗設定完成之後必須讓透過哪一道指令程式進入循環監聽模式，來偵測使用者觸發的「事件（Event）」，這個迴圈會一直執行，直到將視窗關閉？

     (A) main()       (B) init()       (C) super()       (D) mainloop()

(    ) 7. 哪一種版面佈局方式是以元件在視窗中的絕對位置與相對位置來告知系統元件的擺放方式？

     (A) pack       (B) cell       (C) grid       (D) place

## 二、填充題

1. _____ 方法是最基本的版面佈局方式，就是由上到下依序放置。

2. _____ 元件可以讓使用者做多重選擇或全部不選。

3. _____ 元件主要功能是用來顯示唯讀的文字敘述。

4. 當使用者按下按鈕時會觸發 _____ 事件，並呼叫對應的事件處理方法進行後續的處理工作。

5. Button 元件的 _____ 參數必須設定一個函數名稱，當使用者按下按鈕時，就必須呼叫這個函數。

6. _____ 元件是一種有提示訊息的對話方塊。

7. 在視窗模式下，使用者的操作是經由 _____ 的觸發與視窗程式溝通。

8. 視窗元件的佈局方法有三： _____ 、 _____ 以及 _____ 。

9. _____ 元件可以用來繪圖，包括線條、幾何圖形或文字等。

10. _____ 元件用來顯示或編輯多行文字，包括純文字或具有格式的文件，也可以被用作文字編輯器。


## 二、問答與實作題

1. 請簡單說明 grid 版面配置的位置的示意圖。

2. 請簡述建立視窗程式的基本流程。

3. 請寫出下列表格中所陳述功能的 Label 標籤元件常用參數的名稱？

| 參數 | 說明 |
|---|---|
|  | 設定高度 |
|  | 設定標籤的文字 |
|  | 設定標籤的背景顏色 |
|  | 設定文字與容器的垂直間距 |
|  | 設定標籤有多行文字的對齊方式 |

4. 請配對下列各元件的功能說明。

   (A) Scroolbar 是一種有提示訊息的對話方塊

   (B) messagebox) 在單行的文字方塊中輸入簡單的資料

   (C) Entry 用來儲存或顯示多行文字

   (D) Text 當內容超出視窗大小時，為了幫使用者瀏覽資料，所產生滑動頁面的事件。

5. place() 視窗佈局方式的參數 anchor，其參數值有哪 9 個？

6. 請簡述訊息方塊元件的類別。

7. 請簡述使用者如何與圖形使用者介面的程式進行溝通？

8. Python 提供了哪幾種常見的套件協助程式人員開發圖形化的視窗應用程式。

9. 請說明 pack 版面佈局的元件擺放規則。

10. 請寫出下列程式碼第 7 行建立視窗應用程式讓程式進入循環監聽模式。

```
01  # -*- coding: utf-8 -*-
02
03  import tkinter as tk
04  win = tk.Tk()
05  win.geometry("400x400")
06  win.title(" 視窗程式 ")
07
```

11. 請以 grid 方法設計如下的執行外觀。

12. 請設計如下的視窗執行外觀。

13. 視窗操作模式與文字模式最大的不同點？

14. 試簡述事件處理的運作機制。

# MEMO

**10**

CHAPTER

# 檔案輸入與
# 輸出的速學技巧

當 Python 的程式執行完畢之後，所有儲存在記憶體的資料都會消失，這時如果需要將執行結果儲存在不會揮發的儲存媒體上（如硬碟等），必須透過檔案模式來加以保存。簡單來說，所謂「檔案」是一種儲存資料的單位，它能將資料存放在非揮發性（Non-volatile）的儲存媒介中，例如硬碟、光碟機等等。檔案還包含了日期、唯讀、隱藏等等存取資訊。Python 也提供了許多相關的功能讓開發人員可以容易的進行檔案的操作。

## 10-1 檔案功能簡介

事實上，所有程式所產生的資料都可以存成檔案，如此資料才能累積再利用。每個檔案都必須有一個代表它的檔案名稱（File Name），檔名可區分成「主檔名」與「副檔名」，中間以句點（.）做分隔，透過這樣的命名方式可以清楚分辨其名稱與類型。如下所示：

主檔名 . 副檔名

「副檔名」的功能在於記錄檔案的類型，下表列出一些常用的副檔名：

| 副檔名 | 檔案類型 |
|---|---|
| .py | Python 原始程式檔 |
| .gif | Gif 格式的影像檔 |
| .zip | Zip 格式的壓縮檔 |
| .txt | 純文字檔 |
| .html .htm | 網頁檔 |

首先須先了解有關於檔案操作等等功能的模組，如：os、pathlib…等等，在前面章節有稍微提到有關於 os 功能，相信大家對於這部分應是不太陌生。

## 10-1-1　檔案分類

檔案儲存的種類可以分文字檔（text file）與二進位檔（binary file）兩種。分別說明如下：

### 🔧 文字檔

文字檔是以字元編碼的方式進行儲存，在 Windows 作業系統的記事本（NotePad）程式中則預設以 ASCII 編碼來儲存文字檔，每個字元佔有 1 位元組。例如在文字檔中存入 10 位數整數 1234567890，由於是以字元格式循序存入，所以總共需要 10 位元組來儲存。

### 🔧 二進位檔

所謂二進位檔，就是以二進位格式儲存，將記憶體中資料原封不動儲存至檔案之中，適用於非字元為主的資料。如果以記事本程式開啟，各位只會看到一堆亂碼喔！

其實除了字元為主的文字檔外，所有的資料都可以說是二進位檔，例如編譯過後的程式檔案、圖片或影片檔案等。二進位檔的最大優點在於存取速度快、占用空間小以及可隨機存取資料，在資料庫應用上較文字檔案來得適合。

## 10-1-2　循序式與隨機式檔案

對於檔案存取方式，通常可分為以下兩種，循序式存取（Sequential Access）與隨機式存取（Random Access）。說明如下：

### 🔧 循序式存取（Sequential Access）

也就是由上往下，一筆一筆讀取檔案的內容。如果要儲存資料時，則將資料附加在檔案的尾端，這種存取方式常用於文字檔案，而被存取的檔案則稱為循序檔。

檔案輸入與輸出的速學技巧

## 🔧 隨機式存取（Random Access）

可以指定檔案讀取指標的位置，從檔案中的任一位置讀出或寫入資料，此時稱此被存取的檔案為隨機存取檔。而所謂的「隨機存取檔」多半是以二進位檔案為主，會以一個完整單位來進行資料的寫入。

## 10-1-3　檔案功能模組

除了前面針對檔案稍提到的一些基礎功能操作之外，一些和檔案功能相關的模組如下：

| 功能模組 | 用途 |
|---|---|
| **os.path** | 取得檔案的屬性 |
| **pathlib** | 類似於 os 功能，屬於更高階且完整的檔案系統功能並適用於不同操作系統 |
| **shutil** | 用於檔案移動、複製以及權限管理 |
| **fileinput** | 可針對一個或多個檔案的內容操作 |
| **tempfile** | 用於建立臨時檔案以及目錄，關閉後會自動刪除 |
| **glob** | 查詢符合關鍵字的文件路徑名 |
| **fnmatch** | 查詢符合關鍵字的文件路徑名，與 glob 很相似，但該函式還需搭配使用 os.listdir 取得文件串列 |
| **linecache** | 回傳文件中所指定行數的內容 |

對於檔案處理的功能也算是提供相當多樣的方法，接著將介紹些常用的方法。

## 🔧 shutil

os 提供檔案搜尋、建立等等，唯獨少了複製、移動的功能性。shutil 則可以補足其缺點。

| 函式 | 參數 | 用途 |
|---|---|---|
| **shutil.copyfile(src, dst)** | src、dst–檔名或路徑 | src 複製檔案至 dst<br>• 若 src 同於 dst 會顯示 SameFileError<br>• dst 已含有檔案則直接覆蓋 |
| **shutil.copy2(src, dst)** | | 複製相關檔案資訊至 dst |
| **shutil.move(src, dst)** | | 移動檔案 |

下例將以 shutil 模組示範如何進行檔案的複製與移動。

🖊️ **範例程式 | ExShutil.py ▶ 複製並移動檔案**

```
01   import shutil, pathlib
02
03   file = str(input("請輸入欲要複製的檔名（可含副檔名）："))
04   copyFile = str(input("請輸入複製檔案的名稱（可含副檔名）:"))
05
06   path = pathlib.Path.cwd() / copyFile
07
08   if path.exists() == True:
09       print("\n該檔名已存在 ")
10   else:
11       is_Success = shutil.copyfile(file, copyFile)
12       print("已複製完成檔案 {}：".format(is_Success))
13
14       is_Move = shutil.move(copyFile, "D:\\")
15       print("並移動至該路徑：{}".format(is_Move))
```

**執行結果**

```
請輸入欲要複製的檔名(可含副檔名)：test.py
請輸入複製檔案的名稱(可含副檔名):test1.py
已複製完成檔案test1.py：
並移動至該路徑：D:\test1.py
```

**程式解析**

➟ 第 06 行：取得複製檔完整路徑。

➟ 第 08 ～ 09 行：判斷該檔名是否存在。

檔案輸入與輸出的速學技巧

- ◆ 第 11 ～ 12 行：若檔名未存在則複製檔案。

- ◆ 第 14 ～ 15 行：複製後並移動檔案。

TIPS

**輸入問題：**請設計一 Python 程式，將 test.txt 檔案複製並移動至使用者桌面。

**ChatGPT 回答畫面（範例程式：**ExShutil(CGPT).py）：

如果你只想要複製檔案到指定的目錄，而不需要刪除原始檔案，你可以簡單地使用 `shutil.copy` 函數。以下是一個示例程式，將 `test.txt` 檔案從當前目錄複製到使用者的桌面：

```python
import shutil
import os

source_file = "test.txt"  # 原始檔案名稱
destination_folder = os.path.expanduser("~\\Desktop")  # 使用者桌面路徑

# 複製檔案到目標位置
shutil.copy(source_file, destination_folder)

print(f"已成功複製檔案至桌面：{destination_folder}")
```

程式會根據使用者的桌面路徑來指定目標路徑，然後將 test.txt 檔案複製到指定的路徑上，並在執行完成後顯示一條訊息表示檔案已複製到桌面。使用 os.path.expanduser("~\\Desktop") 可以獲取使用者的桌面路徑。

## linecache

linecache 可從檔案中取得任何行中的內容，由於內容取得後則會存在快取區。

| 函式 | 參數 | 用途 |
|---|---|---|
| **linecache.getlines(filename)** | filename－檔名 | 回傳檔案中全部內容，每行以序列為結構 |
| **linecache.getline(filename, lineno)** | filename－檔名 lineno－行數 | 回傳檔案第 N 行內容 |

| 函式 | 參數 | 用途 |
|------|------|------|
| **linecache.clearcache()** | | 清除快取 |
| **linecache.checkcache([filename])** | filename – 檔名 | 檔案若有異動則檢查快取區數據並更新 |
| **linecache.updatecache(filename)** | filename – 檔名 | 檔案若有異動則更新快取區數據 |

下例將取得 test.txt 檔案中內容並打亂順序後隨機抽取其中一項內容。

**範例程式** **ExLinecache.py ▶ linecache 的應用實例**

```
01   import linecache, random
02
03   fileName = str(input(" 請輸入欲要取得內容檔名 (txt 檔 )："))
04   times = int(input(" 請輸入需要打亂次數："))
05
06   if ".txt" not in fileName:
07       fileName = fileName + ".txt"
08
09   getLines = linecache.getlines(fileName)
10   print(" 取得 {} 檔案原內容：\n{}".format(fileName.replace(".txt", ""),
     getLines))
11
12   for i in range(times):
13       random.shuffle(getLines)
14
15   print("\n 隨機抽取：", random.choice(getLines))
```

**執行結果**

```
請輸入欲要取得內容檔名(txt檔)：test
請輸入需要打亂次數：5
取得test檔案原內容：
['Hello Python!!\n', 'My name is John.\n', 'I love programming.\n',
 'Time create heroes.\n', 'Happy new year.\n']

隨機抽取： My name is John.
```

**程式解析**

◆ 第 03 ～ 04 行：提供使用者輸入。

- 第 06 ～ 07 行：若檔名未有副檔名存在則加上。
- 第 09 ～ 10 行：getlines() 取得檔案全內容。
- 第 12 ～ 13 行：依照使用者輸入次數打亂序列中排序。
- 第 15 行：之後隨機抽取序列中的資料。

---

**TIPS**

**輸入問題**：請設計一 Python 程式，使用 linecache 功能模組。

**ChatGPT 回答畫面（範例程式：ExLinecache(CGPT).py）：**

當使用 `linecache` 模組時，可以通過它來從檔案中讀取特定行的內容。以下是一個使用 `linecache` 的簡單應用實例：

```python
import linecache

file_path = 'test.txt'
line_number = 3

# 使用 linecache.getline() 讀取指定行的內容
line_content = linecache.getline(file_path, line_number)

print(f"第 {line_number} 行的內容是：{line_content.strip()}")
```

這段程式碼使用 Python 的 'linecache' 模組來讀取特定檔案中的指定行數的內容。通過 'linecache.getline()' 函數，可以輕鬆地從指定的檔案中檢索出特定行的內容，而不需要打開整個檔案。這對於需要快速讀取檔案中的特定行數時非常有用。該程式碼示範了如何使用 'linecache' 模組來實現這一功能，並透過 'print()' 函數將讀取到的行內容顯示在終端中。

---

## 10-2 認識檔案與開啟

Python 標準庫也提供簡單開啟檔案的方法：

```
open()
```

# 10-2-1　檔案開啟─open() 函式

　　open() 為 Python 內建的函式，可用於針對檔案進行 I/O 的動作，若無法開啟文件，則會拋出例外（OSError），較簡便語法格式如下：

```
open(file, mode='r')
```

　　較為完整的語法格式為：

```
open(file[, mode='r', buffering=-1, errors=None, encoding=None,
newline=None, closefd=True, opener=None])
```

　　其參數說明：

- **file**：文件路徑（相對 / 絕對路徑），必填
- **mode**：指定打開檔案的模式，預設為 r，相關模式種類：

| 字元 | 說明 |
|:---:|---|
| r | 僅讀取檔案，其為預設模式 |
| t | 文本模式，為預設值，同義詞 'rt' |
| w | 僅用於寫入。<br>1. 檔案已存在則清空其內容，並重新寫入新內容<br>2. 檔案不存在將會建立新檔案 |
| x | 僅用於寫入。<br>1. 檔案已存在則會出現錯誤 |
| a | 僅用於寫入，用於追加其內容。<br>1. 檔案已存在，指標會放在該檔案內容的結尾處。簡單來説，新寫入的內容將會在已有內容之後<br>2. 檔案不存在將會建立新檔案 |
| b | 二進位制模式 |
| + | 打開檔案進行更新（可讀寫） |

- **buffering**：由於寫入的資料最後皆會需要寫入硬碟中，這部份可理解為其寫入硬碟時的快取區（又或者可稱為暫存區）。可取值規範為三個：-1、0、1、>1。

檔案輸入與輸出的速學技巧

- -1 代表系統預設 buffer 大小（io.DEFAULT_BUFFER_SIZE）
- 0 代表不使用 buffer（unbuffered）且僅適用於二進位制模式
- 1 代表行緩衝（line buffering）
- >1 代表指定緩衝區大小且僅適用於二進位制模式

■ **errors**：用於指定處理編碼和解碼錯誤，不可用於二進位制模式。較為常見有：

- strict – 若編碼錯誤則會顯示錯誤
- ignore – 編碼如果問題，程式將會忽略並往下進行程式執行

■ **encoding**：回傳的資料為哪種編碼，一般採用 uft8

■ **newline**：區分換行符號，僅適用於文本模式。其取的值包含：None、''、\n、\r、'\r\n'

一般如果沒有特殊需求，open() 方法較常會使用 file 以及 mode 兩個參數。其餘參數則可填可不填。

**TIPS**

**輸入問題**：如何修改檔案的權限，控制誰可以讀取、寫入或執行檔案？

**ChatGPT 回答畫面：**

要修改檔案的權限，可以使用 `os.chmod()` 函數。這個函數可以設定檔案的權限模式，控制誰可以讀取、寫入或執行檔案。權限模式是一個三位數的數字，分別代表擁有者、群組和其他使用者的權限。

每個數位由三個位元組成，分別表示「讀取」（4）、「寫入」（2）和「執行」（1）的權限。以下是一些範例：

- 7：擁有者、群組和其他使用者都有讀取、寫入和執行的權限。
- 6：擁有者有讀取和寫入的權限，但沒有執行的權限，群組和其他使用者有讀取的權限。
- 4：擁有者有讀取的權限，但沒有寫入和執行的權限，群組和其他使用者也有讀取的權限。

## 10-2-2　設定正確的檔案編碼

　　檔案處理時，如果文件設定的編碼和檔案讀取指定的編碼不同，會造成檔案判讀上的錯誤，以繁體中文 Windows 為例，其檔案開啟 open() 函數預設的編碼是 cp950，即 Big-5 編碼。前面提到開啟檔案的方式是以 Windows 預設的編碼方式（cp950 的 Big-5 碼的編碼方式）來讀取檔案，如果想在開啟檔案時明確指定編碼方式，作法如下：

```
file1=open('introduct.txt', 'r', encoding='cp950')
```

　　萬一在讀取檔案時，指定的檔案編碼方式和實際該檔案的編碼方式不同，就會造成檔案開啟的錯誤。例如如果檔案在 Windows「記事本」是以 UTF-8 的編碼格式存檔，如果我們在使用 open() 函數開啟檔案時，如果指定了 cp950 的編碼，就會造成錯誤。下圖秀出 test_encode.txt 在存檔時以 UTF-8 編碼格式存檔。

　　如果各位在開啟檔案時，以指定 cp950 編碼的方式去開啟 test_encode.txt（編碼格式為 UTF-8），就會出現錯誤訊息，例如底下指令：

```
obj=open('test_encode.txt',r, encoding='cp950')
```

為了修正這項錯誤，就必須將 encoding='cp950' 修正成 encoding='UTF-8'，
就可以正常顯示檔案內容。指令修改如下：

```
obj=open('test_encode.txt',r, encoding='UTF-8')
```

## 10-2-3　建立 / 讀取檔案

上一小節已取得其模式定義，緊接著就可以開啟檔案進行讀寫。

```
file = open("test.txt", mode='w')
```

由於在當前目錄底下沒有該檔案存在，則該模式會自動新增一個檔案。
此時我們也將獲得 open() 函式回傳該文件相關訊息並指向給 file 變數。但是
如果失敗，就會發生錯誤，提醒各位，在執行完檔案操作後，記得一定要利
用 close() 函數做關閉檔案的動作，雖然程式在完全結束前會自動關閉所有開啟
的檔案。但仍有兩種情況需要手動關閉檔案，第一種是開啟過多的檔案導致系
統運行緩慢，第二種是開啟檔案數目超過作業系統同一時間所能開啟的檔案數
目，如此便要手動釋放不再使用的檔案來提高系統整體執行效率。語法如下：

```
file.close()
```

當 file 變數取得相關文件訊息時，含有以下屬性：

| 屬性 | 說明 |
|---|---|
| **file.closed** | 若檔案已關閉為 True；反之為 False |
| **file.mode** | 回傳開啟檔案的定義模式 |
| **file.name** | 回傳檔案名稱 |

若要為檔案內增加內容需要透過該函式：

| 函式 | 參數 | 用途 |
|---|---|---|
| **file.write(str)** | str – 字串 | 將字串寫入檔案並回傳字串長度 |
| **file.writelines(sequence)** | sequence – 序列 | 將序列中的字串寫入檔案，如需換行則可制定換行符號 |

由以下函式進行讀取：

| 函式 | 參數 | 用途 |
|------|------|------|
| **file.read([size])** | size – 指定讀取的字節數，為 int 型態 | 用於從檔案讀取指定字數範圍的字串。<br>● 若未指定或負則讀取所有 |
| **file.readline([size])** | size – 指定讀取的字節數，為 int 型態 | 用於讀取檔案整行字串，包含 "\n" 換行字元。<br>● 若未指定，讀取整行<br>● 如指定非負數，則回傳指定字數範圍的字串 |
| **file.readlines([size])** | size – 指定讀取的字節數，為 int 型態 | 用於讀取所有行並以序列結構回傳。<br>● 如指定非負數，則回傳指定字數範圍中的序列結構 |

底下我們再摘要說明這三種檔案讀取函數三者間的特點：

■ 我們可以在 read() 方法中傳入一個參數來告知要讀取幾個字元。

■ read() 方法是一次讀取一個字元，但是 readline() 方法可以整行讀取，並將整行的資料內容以字串的方式回傳，如果所傳回的是空字串，就表示已讀取到檔案的結尾。

■ readlines() 方法會一次讀取檔案所有行，再以串列（List）的型式傳回所有行。

底下的例子，將示範這三種檔案讀取方式的語法實作。

### 範例程式 **ExReadAndWrite.py** ▶ 建立並讀取檔案

```
01  file_a = open("book.txt", "a")
02  file_a.write("Python 程式設計 ")
03  file_a.writelines(["\n 資料結構與演算法 ", "\n 網路行銷與電子商務 "])
04  file_a.close()
05
06  file_r = open("book.txt", "r")
07  print(" 讀取檔案 (read)：", file_r.read())
```

```
08  file_r.seek(0)
09  print(" 讀取檔案 (readline)：", file_r.readline())
10  file_r.seek(0)
11  print(" 讀取檔案 (readlines)：", file_r.readlines())
12  file_r.close()
```

**執行結果**

```
讀取檔案 (read)： Python程式設計
資料結構與演算法
網路行銷與電子商務
讀取檔案 (readline)： Python程式設計

讀取檔案 (readlines)： ['Python程式設計\n', '資料結構與演算法\n', '網路行銷與
電子商務']
```

**程式解析**

- 第 01 行：指定開啟檔案模式以及檔名並將回傳文件相關訊息指向給變數。

- 第 02 ～ 03 行：分別透過 write()、writelines() 函式寫入資料。

- 第 06 ～ 11 行：三種皆為讀取檔案，差別在於取得資料的作用不同。

- 第 08、10 行：將檔案游標指定到開頭，於後續將會在介紹。

- 第 04、12 行：關閉檔案。

為了讀取以及寫入的操作，各自分別指定其模式定義，不但增加了程式的行數也容易造成過多的重覆動作，那這該如何解決呢？於下節中將會介紹如何以組合模式來解決這類問題。

而稍前有提起過檔案在寫入硬碟之前會有個快取區存放，而當透過 write() 或 writelines() 函式寫入資料時，並非立即從快取區當中將資料寫入硬碟中，畢竟電腦在運作時不止只做當前畫面的動作，內部還會有一些功能系統正在運作，此時電腦會自動依照分配的資源進行一些系統運轉，這才會有快取區的存在。

file.close() 其實就是為了確保資料有正常寫入並釋放資源，當然不使用該函式也是可以正常執行程式，但無法確保寫入的資料完整性。

## 10-2-4　開啟檔案組合模式

　　為了能夠快速理解開啟模式，前面僅提到 r、w、x、…等等單開啟模式，其中 r、w 最為常使用。當每次僅指定單開啟模式，例如：r。因 r 模式為讀取，這時只能使用 file.read() 函式，無法同時操作寫入以及讀取。因為單模式無法同時兼顧讀寫，便促使組合模式的發展，組合種類如下：

| 字元 | 說明 |
|------|------|
| **r+** | 可寫入檔案至任何位置，預設游標為檔案開頭 |
| **w+** | 可讀寫，且<br>1. 檔案已存在則清空其內容，並重新寫入新內容<br>2. 檔案不存在將會建立新檔案 |
| **a+** | 可讀寫並用於追加其內容。<br>1. 檔案已存在，指標會放在該檔案內容的結尾處。簡單來說，新寫入的內容將會以已有內容之後<br>2. 檔案不存在將會建立新檔案 |
| **rb(+)** | 二進位制並以讀取（讀寫）模式開啟檔案 |
| **wb(+)** | 二進位制並以寫入（讀寫）模式開啟檔案。<br>1. 檔案已存在則清空其內容，並重新寫入新內容<br>2. 檔案不存在將會建立新檔案 |
| **ab(+)** | 二進位制並以寫入（讀寫）模式開啟檔案，用於追加其內容<br>1. 檔案已存在，指標會放在該檔案內容的結尾處。簡單來說，新寫入的內容將會以已有內容之後<br>2. 檔案不存在將會建立新檔案 |

　　接著來幫大家稍微釐清一下該如何理解。例如：w 為寫入模式，加上 + 為可讀寫模式變成 w+ 則這模式就為可讀寫模式。只是要注意其兩點，一是 w 在檔案存在時則會清空其內容並寫入新的內容；二是檔案不存在，則會建立新檔案。

## 10-2-5　常見檔案處理方法

　　相關檔案處理方法除了讀寫方法以及關閉檔案方法之外，還有提供其他方法：

檔案輸入與輸出的速學技巧

| 函式 | 參數 | 用途 |
|---|---|---|
| file.flush() | | 將緩衝區中的資料立即寫入檔案並同時釋放資源，非被動等待系統分配資源後執行寫入。相較於 close()，屬於主動 |
| file.seek(offset[, whence]) | offset – 指定的字節數，為 int 型態<br>whence – 表示由哪個位置開始算起。<br>• 0 代表檔案開頭算起<br>• 1 代表當前位置算起<br>• 2 代表檔案末尾算起 | 用於移動游標到指定位置開始算起，並取得指定的字節數之後的字串 |
| file.tell() | | 回傳當前游標位置 |
| file.truncate([size]) | size – 指定讀取的字節數，為 int 型態 | 若指定字節數則截斷其指定範圍的字串；反之，未指定則截斷至當前位置。其截斷之後的字串將被刪除 |

在讀寫檔案過程中有可能因為讀寫時游標的位置，導致當前讀寫的地方跟預想的不一樣。如果要取得游標位置，分別可以使用 seek() 或者 tell()。下例將示範上述幾個方法的綜合應用。

**範例程式** **ExRelatedFunctions.py** ▶ 截斷其當前游標字節數的字串

```
01  file = open("RelatedFunctions", "w+")
02  file.write("HIHI!!! I like Program, Do you like this?")
03
04  file.flush()
05
06  print(" 寫入之後的游標位置：", file.tell())
07
08  file.seek(8, 0)
09  file.truncate(22)
10
11  print(file.read())
```

執行結果

```
寫入之後的游標位置： 41
I like Program
```

程式解析

◆ 第 01 ～ 02 行：以讀寫模式開啟檔案並寫入資料。

◆ 第 04 行：主動將緩衝區的資料寫入硬碟中。

◆ 第 06 行：因無法確定檔案游標位置，將取得當前的游標位置。因寫入的動作，故其游標位置為檔案尾端。

◆ 第 08、09 行：指定游標位置在指定位置的第 8 個字節數，再搭配 truncate() 截斷字串。因此從開頭算起至 Program 其長度為 22，因讀取將以游標算起，故讀取出其字串 I like Program。

**TIPS**

**輸入問題**：在合作開發專案時，flush() 的作用是什麼？

**ChatGPT 回答畫面**：

> 在合作開發專案時，`flush()` 方法的作用在於確保即時的文件更新和信息共享。通過將緩衝區中的數據立即寫入到文件中，可以讓協作團隊的成員在讀取和修改文件時能夠看到最新的變更，從而減少混淆、保持一致性、並支持更順暢的溝通和協調。此外，`flush()` 也有助於確保日誌記錄的即時性、數據狀態的一致性、以及在跨團隊通信中傳遞信息的效率。然而，在使用 `flush()` 時需注意平衡性能和一致性的考量。

檔案輸入與輸出的速學技巧

## 10-2-6　使用 with...as 指令

一般在理想的讀取檔案其語法格式為：

```
file = open("test.txt", mode='w')
file.write(" 正在寫入 ing....")
file.close()
```

但在開發中萬一不小心打錯了字,又或者可能讀寫檔案有編解碼上的問題等等,一旦發生異常問題將不會執行之後的程式,所以需要撰寫攔截例外的方法。而 try...finally 為無論是否有發生異常問題,執行 try 之後都會執行 finally 裡的程式。

```
try:
    file = open("test.txt", mode='w+')
    file.write("write...")
finally:
    file.close()
```

Python 2.5 之後的版本,不需要每次都要撰寫 finally 忽略異常問題,可使用新的語法:

```
with expression [as var]:
    do something code
```

當 with...as 區域中發生錯誤將會跳出該區域,在該區域所指向的變數最後會自動關閉其參考來源,以至於不需經常使用到 finally。有了上述語法的認識之後,底下的語法範例就是示範如何結合 python 的 os 及 sys 模組來進行檔案的複製,完整的程式碼如下:

```
import os.path # 匯入 os.path
import sys # 匯入 sys

if os.path.isfile('copyfile.txt'):
    print(' 此檔案已存在 ')
    sys.exit()
else:
    file1=open('file.txt','r') # 讀取模式
    file2=open('copyfile.txt','w')# 寫入模式
    text=file1.read() # 讀取檔案
    text=file2.write(text) # 寫入檔案
    file1.close()
    file2.close()
```

首先必須先將 os.path 及 sys 模組匯入。其中 os.path.isfile() 是用來判斷檔案是否存在,如果存在回傳 True,如果不存在回傳 False。另外一個方法是 sys. exit() 方法,其主要功能是終止程式。

# 10-3 例外處理

當程式發生拋出例外（或稱異常）（Exception）都會影響其正常執行，所謂例外是指程式執行時，產生了「不可預期」的特殊情形，這種情況通常發生在對於程式撰寫的指令誤用、語法不熟悉或是程式的設計邏輯有錯誤，這時Python 直譯器會接手管理，發出錯誤訊息，並將程式終止。

而程式拋出的例外訊息如果沒有攔截並自行定義拋出的訊息，大多使用者無法清楚了解當前的錯誤訊息來源為何？又是什麼問題造成程式不能正常執行？

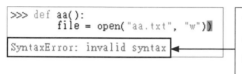

該錯誤訊息為 Python 語法錯誤。若為開發者，可快速了解其錯誤訊息為何？而使用者往往都是沒有接觸程式，難以立即了解其錯誤為何？

也就是說，在程式執行當中，往往無法完全保證每一支程式都可順利往下繼續其操作，所以基本上程式撰寫的時候，都會加上攔截例外方法。但 Python允許我們捕捉例外的錯誤類型，並允許自行撰寫例外處理程序，當例外被捕捉時就會去執行例外處理程序，接著程式仍可正常繼續執行。也就是說，一支好的程式必須考慮到可能發生的例外，並攔截下來加以適當的處理。

例如進行兩數相乘時，因為在取得輸入的數值時是一種字串型態的資料，但因為程式設計人員的疏忽，造成忘了將輸入的字串資料型態轉換成整數資料型態，就會發生如下圖資料型態不符的錯誤訊息，並造成程式的中斷，這當然不是一種好的處理方式。下面就先從這個例子開始談起：

## 範例程式 inputerror.py ▶ 除零錯誤

```
01  num1=input('請輸入第一個整數 :')
02  num2=input('請輸入第二個整數 :')
03  print('兩數相乘的結果值 = ', num1*num2)
```

**發生例外的執行結果：**

```
請輸入第一個整數:5
請輸入第二個整數:6
Traceback (most recent call last):
  File "C:\Users\USER\Desktop\博碩_Python(大專版)\範例檔\ch10\inputerror.py", li
ne 3, in <module>
    print('兩數相乘的結果值= ', num1*num2)
TypeError: can't multiply sequence by non-int of type 'str'
```

從上面的例子可以看出，當程式發生例外時，程式就會出現紅色字體的錯誤訊息，並強迫程式終止執行。為了能將這個程式正常執行，必須將所輸入數值以 int() 函數轉換成整數資料型態，如此才可以得到正確的程式執行結果，其正確的程式碼及執行結果修正如下：

**範例程式　zero.py ▶ 除零錯誤**

```
01   num1=int(input('請輸入第一個整數:'))
02   num2=int(input('請輸入第二個整數:'))
03   print('兩數相乘的結果值 = ', num1*num2)
```

**正確執行結果**

```
請輸入第一個整數:5
請輸入第二個整數:6
兩數相乘的結果值=   30
```

## 10-3-1　try...except...finally 用法

如果要攔截拋出例外時的類型，以及自行定義出使用者使用系統能夠理解的訊息，則可以透過該方法：

```
try:
    #do something code...
except Except_Type:
    #do something exception code...
else:
    #do not anything exception code...
finally:
    #do something common code...
```

try、except、finally 在功能上有所不同，說明如下：

- **try**：可將欲要攔截例外的程式放置 try 區域。

- **except**：可為多個。當拋出例外時會透過 except 判斷為哪一種類型的異常問題並要做怎樣的處理。

  - 若無其相對應的 Except_type 則直接結束程式並拋出訊息。

- **else**：在無任何異常發生，才會觸發（可選用）。

- **finally**：無論有無異常發生，皆會觸發（可選用）。

📖 **範例程式** **ExException.py** ▶ 發生異常則拋出例外訊息

```
01   try:
02       "1" + 2
03   except SyntaxError:
04       print("SyntaxError - 語法錯誤 ")
05   except TypeError:
06       print("TypeError - 型態錯誤 ")
07   except NameError:
08       print("NameError - 該變數未宣告 ")
09   except IndexError:
10       print("IndexError - 指定索引位置錯誤 ")
11   else:
12       print(" 無發生任何異常 ")
13   finally:
14       print("finally - 不管有沒發生異常都會執行 ")
```

**執行結果**

```
TypeError - 型態錯誤
finally - 不管有沒發生異常都會執行
```

## 10-3-2　常見錯誤類型

錯誤類型總共可分為二種：Errors、Warning，兩者之間的差別在於 Warning 屬於警告，並非會導致程式無法正常執行。常見的類別為：

| 例外類別 | 說明 |
|---|---|
| **Exception** | 常規錯誤類別 |
| **SyntaxError** | Python 語法錯誤 |
| **NameError** | 未宣告變數的錯誤 |
| **TypeError** | 類型錯誤 |
| **ZeroDivisionError** | 除零錯誤 |
| **IndexError** | 指定索引錯誤 |
| **NotImplementError** | 尚未實作的方法 |
| **ValueError** | 無效的參數 |
| **SyntaxWarning** | 可疑語法錯誤 |
| **DeprecationWarning** | 已棄用的特徵警告 |

　　一開始接觸程式的時候，多少會遇到一些例外錯誤的情形，通常剛接觸程式語言都會害怕遇到錯誤訊息，深怕看不懂回傳在畫面上的問題到底在哪裡，還好很多錯誤訊息的名稱都可一目瞭然得知其作用為何，這一點各位則不需要過於擔心。

# 本章課後習題

## 一、選擇題

( ) 1. 下列哪一個功能模組可以回傳文件中所指定行數的內容？

(A) linecache　　(B) glob　　(C) shutil　　(D) pathlib

( ) 2. 當使用 open() 函數開啟檔案時必須使用哪一個跳脫字元來表示 \ ？

(A) /　　(B) \　　(C) \\　　(D) //

( ) 3. 下列哪一個功能模組可以針對一個或多個檔案的內容操作？

(A) linecache　　(B) glob　　(C) shutil　　(D) fileinput

( ) 4. 以繁體中文 windows 為例，open() 函數預設的編碼模式？

(A) UTF-16　　(B) UTF-8　　(C) cp950　　(D) unicode

( ) 5. 下列哪一個函式能將緩衝區中的資料立即寫入檔案並同時釋放資源？

(A) file.flush()　　(B) file.seek()　　(C) file.tell()　　(D) file.truncate()

( ) 6. 下列哪一個 open() 函數開啟檔案的模式會建立新檔？

(A) "r"　　(B) "w"　　(C) "a"　　(D) "t"

## 二、填充題

1. 我們可以在 _____ 方法中傳入一個參數來告知要讀取幾個字元。

2. _____ 方法會一次讀取檔案所有行，再以串列型式傳回所有行。

3. _____ 是指程式執行時，產生了「不可預期」的特殊情形，這時 Python 直譯器會接手管理，發出錯誤訊息，並將程式終止。

4. Python 語言的 sys 模組中的 _____ 方法，其主要功能是終止程式。

5. Python 在處理檔案的讀取與寫入都是透過 _____ 。

6. 所謂 _____ 是紀錄目前檔案寫入或讀取到哪一個位置。

7. 在 Python 中要開啟檔案必須藉助 _____ 函數。

8. 檔案處理結束後要記得以 _____ 函數關閉檔案。

9. 以 _____ 模式開啟檔案，第一次開啟檔案，該檔案不會存在，此時系統就會自動建立新檔。

10. try...finally 為無論是否有發生異常問題，執行 try 之後都會執行 _____ 裡的程式。

## 三、問答與實作題

1. 試簡述底下幾個功能模組的用途。
   - pathlib
   - shutil
   - glob

2. 簡述 linecache 功能模組的主要用途。

3. 請簡述 file.flush() 函式的功能。

4. 何謂例外？試簡述之。

5. 請寫出下表的例外類型名稱？

| 例外類型 | 說明 |
| --- | --- |
|  | 未宣告變數的錯誤 |
|  | 類型錯誤 |
|  | 除零錯誤 |

6. 請填入下表中 open() 函數的檔案開啟模式。

| mode | 說明 |
| --- | --- |
|  | 讀取模式（預設值） |
|  | 寫入模式，建立新檔或覆蓋舊檔（覆蓋舊有資料） |
|  | 附加（寫入）模式，建立新檔或附加於舊檔尾端 |

7. 試舉例說明如何在 open() 函數以絕對路徑的方式開啟檔案？

8. 如果開啟很多檔案，有何機制可以讓系統自動關閉檔案，而不需要一一用 close() 關閉檔案

9. 在使用 open() 函數開啟檔案時，其中有一個參數是設計檔案編碼，請問如果文件設定的編碼與 open() 函數檔案讀取指定的編碼不同時，會發生什麼問題嗎？

10. 錯誤類型總可分為哪二種？二者間有何差別？

11. 簡述檔案儲存的類別。

12. 試簡述檔案存取方式。

檔案輸入與輸出的速學技巧

**MEMO**

# 11
CHAPTER

# 演算法的
# 實戰特訓教材

隨著電腦科技與 AI 發展的威力，身為一個即將跨進 AI 世代的現代人，寫程式不再是資訊相關科系的專業，已經是全民的基本能力，唯有將「創意」經由「設計過程」與電腦結合，才能算是國力的展現。電腦運算與程式設計的技巧，並不是只有電腦科學家的專利，而是每個人都應該具備的能力及素養。

要會寫程式，學好運算思維是最快的途徑

簡單來說，具備運算思維（Computational Thinking, CT）能將抽象的問題化為簡潔的步驟，包括從解決問題到整合運用，是一種所有人都可以鍛鍊的能力。甚至我們可以這樣形容：「程式設計的運作過，就是一種運算思維的充分表現，更重要的透過撰寫程式來訓練運算思維的能力。」

> **TIPS** 2006 年美國卡內基梅隆大學 Jeannette M. Wing 教授首度提出了「運算思維」的概念，她提到運算思維是現代人的一種基本技能，隨後 Google 也為教育者開發一套運算思維課程，這套課程提到培養運算思維的四個面向，分別是拆解（Decomposition）、模式識別（Pattern Recognition）、歸納與抽象化（Pattern Generalization and Abstraction）與演算法（Algorithm）。

運算思維的概念其實早被應用於日常生活中，每個人每天所面對的大小事，其實都可以看成是一種解決問題，任何只要牽涉到「解決問題」的議題，都可以套用運算思維的邏輯模式來解決。目前許多歐美國家從幼稚園就開始訓練學生的運算思維，讓學生們能更有創意地展現出自己的想法與嘗試自行解決問題。

## 11-1 演算法簡介

如果過去造成工業革命發生的主因是蒸汽機的發明，但是未來 20 年中人工智慧革命要能成功，關鍵就在演算法，演算法對於人類科技與智慧生活絕對會帶來重要的改變。演算法常常被使用為設計電腦程式的第一步。世上沒有精確答案的問題多如牛毛，演算法能用讓看起來困難的問題逼近答案，每一個分解的步驟都是經過計畫過，這也是運算思維的訓練。

AI革命要能成功，關鍵就在演算法

## 11-1-1　演算法的定義

在韋氏辭典中將演算法定義為：「在有限步驟內解決數學問題的程式。」如果運用在計算機領域中，我們也可以把演算法定義成：「為了解決某一個工作或問題，所需要有限數目的機械性或重覆性指令與計算步驟。」演算法是程式設計領域中最重要的關鍵，常常被使用為設計電腦程式的第一步，演算法就是一種計劃，就是一種問題的解決方法，這個方法裡面包含解決問題的每一個步驟跟指示。

沒有運算思維，電鍋也煮不出好吃的米飯，有了演算法，電腦也能煮出香噴噴的咖哩雞肉飯！

在演算法中，必須以適當的資料結構來描述問題中抽象或具體的事物，有時還得定義資料結構本身有那些操作。不過對於任何一種演算法而言，首先必須滿足以下 5 種條件：

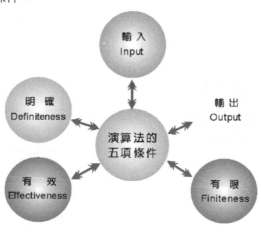

演算法的五種條件

演算法的實戰特訓教材

- **輸入（Input）**：在演算法的處理過程中，通常所輸入資料可有可無，零或一個以上都可以。

- **有效性（Effectiveness）**：每個步驟都可正確執行，即使交給不同的人用手動來計算，也能達成相同效果。

- **明確性（Definiteness）**：每一個步驟或指令必須要敘述的十分明確清楚，不可以模糊不清來造成混淆。

- **有限性（Finiteness）**：演算法一定在有限步驟後會結束，不會產生無窮迴路，這是相當重要的基本原則。

- **輸出（Output）**：至少會有一個輸出結果，不可以沒有輸出結果。

## 11-1-2 演算法的描述工具

日常生活中也有許多工作都可以利用演算法來描述，例如員工的工作報告、寵物的飼養過程、廚師準備美食的食譜、學生的功課表等，甚至於連我們平時經常使用的搜尋引擎都必須藉由不斷更新演算法來運作。

大企業面試也必須測驗演算法程度

接下來各位還要來思考到該用什麼方法來表達演算法最為適當呢？其實演算法的主要目的是在提供給人們閱讀瞭解所執行的工作流程與步驟，演算法則是學習如何解決事情的辦法，只要能夠清楚表現演算法的五項特性即可。常用的演算法有一般文字敘述如中文、英文、數字等，特色是使用文字或語言敘述來說明演算步驟，以下就是一個學生小華早上上學並買早餐的簡單文字演算法：

小華早上去上學　　今天天氣很好

叫了一份精緻的
漢堡大餐　　　　　走進早餐店

## 流程圖

流程圖（Flow Diagram）則是一種程式設計領域中最通用的演算法表示法，必須使用某些特定圖型符號。為了流程圖之可讀性及一致性，目前通用美國國家標準協會 ANSI 制定的統一圖形符號。以下說明一些常見的符號：

流程圖就是一個程式設計前的
規劃藍圖

| 名稱 | 說明 | 符號 |
|------|------|------|
| 起止符號 | 表示程式的開始或結束 | |
| 輸入／輸出符號 | 表示資料的輸入或輸出的結果 | |
| 程序符號 | 程序中的一般步驟，程序中最常用的圖形 | |
| 決策判斷符號 | 條件判斷的圖形 | |
| 文件符號 | 導向某份文件 | |
| 流向符號 | 符號之間的連接線，箭頭方向表示工作流向 | |
| 連結符號 | 上下流程圖的連接點 | |

例如請各位畫出輸入一個數值，並判別是奇數或偶數的流程圖。

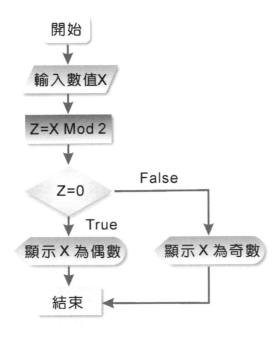

## ⚙️ 圖形

圖形也可以作為演算法的描述工具，如樹狀圖、矩陣圖等，以下是井字遊戲的某個決策區域，下一步是 X 方下棋，很明顯的 X 方絕對不能選擇第二層的第二個下法，因為 X 方必敗無疑，我們利用決策樹圖形來表示其演算法：

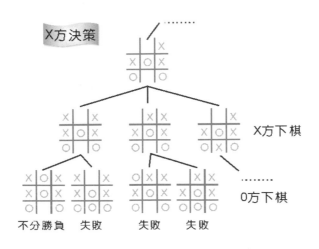

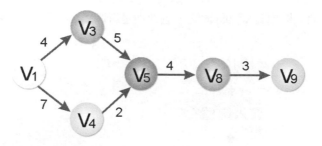

## 虛擬語言（Pseudo-Language）

接近高階程式語言的寫法，也是一種不能直接放進電腦中執行的語言。一般都需要一種特定的前置處理器（preprocessor），或者用手寫轉換成真正的電腦語言，經常使用的有 SPARKS、PASCAL-LIKE 等語言。以下是用 SPARKS 寫成的鏈結串列反轉的演算法：

```
Procedure Invert(x)
    P←x; Q←Nil;
    WHILE P ≠ NIL do
        r←q; q←p;
        p←LINK(p);
    LINK(q)←r;
        END
    x←q;
        END
```

## 程式語言

目前演算法也能夠直接以可讀性高的高階程式語言來表示，例如 Visual Basic 語言、C 語言、C++ 語言、Java、Python 語言。以下演算法是以 Python 語言來計算所輸入兩數 x、y 的 $x^y$ 值函數 Pow()：

```
def Pow(x,y):
    p=1
    for i in range(1,y+1):
        p *=x
```

## 11-1-3 演算法效能分析

對一個程式（或演算法）效能的評估，經常是從時間與空間兩種因素來做考量。時間方面是指程式的執行時間，稱為「時間複雜度」（Time Complexity）。空間方面則是此程式在電腦記憶體所佔的空間大小，稱為「空間複雜度」（Space Complexity）。

### ⚙ 空間複雜度

「空間複雜度」是一種以概量精神來衡量所需要的記憶體空間。而這些所需要的記憶體空間，通常可以區分為「固定空間記憶體」（包括基本程式碼、常數、變數等）與「變動空間記憶體」（隨程式或進行時而改變大小的使用空間，例如參考型態變數）。由於電腦硬體進展的日新月異及牽涉到所使用電腦的不同，所以純粹從程式（或演算法）的效能角度來看，應該以演算法的執行時間為主要評估與分析的依據。

### ⚙ 時間複雜度

例如程式設計師可以就某個演算法的執行步驟計數來衡量執行時間的標準，但是同樣是兩行指令：

```
a=a+1 與 a=a+0.3/0.7*10005
```

由於涉及到變數儲存型態與運算式的複雜度，所以真正絕對精確的執行時間一定不相同。不過話又說回來，如此大費周章的去考慮程式的執行時間往往窒礙難行，而且毫無意義。這時可以利用一種「概量」的觀念來做為衡量執行時間，我們就稱為「時間複雜度」（Time Complexity）。詳細定義如下：

> 在一個完全理想狀態下的計算機中，我們定義一個 T(n) 來表示程式執行所要花費的時間，其中 n 代表資料輸入量。當然程式的執行時間或最大執行時間（Worse Case Executing Time）作為時間複雜度的衡量標準，一般以 Big-oh 表示。

演算法的實戰特訓教材

由於分析演算法的時間複雜度必須考慮它的成長比率（Rate of Growth）往往是一種函數，而時間複雜度本身也是一種「漸近表示」（Asymptotic Notation）。

O(f(n)) 可視為某演算法在電腦中所需執行時間不會超過某一常數倍的 f(n)，也就是說當某演算法的執行時間 T(n) 的時間複雜度（Time Complexity）為 O(f(n))（讀成 Big-oh of f(n) 或 Order is f(n)）。

意謂存在兩個常數 c 與 $n_0$，則若 $n \geq n_0$，則 $T(n) \leq cf(n)$，f(n) 又稱之為執行時間的成長率（rate of growth）。請各位多看以下範例題，可以更了解時間複雜度的意義。

假如執行時間 $T(n)=3n^3+2n^2+5n$，求時間複雜度為何？

解答 首先得找出常數 c 與 $n_0$，我們可以找到當 $n_0 = 0$，c=10 時，則當 $n \geq n_0$ 時，$3n^3+2n^2+5n \leq 10n^3$，因此得知時間複雜度為 $O(n^3)$。

## 11-2 常見經典演算法

我們可以這樣形容，演算法就是用電腦來算數學的學問，能夠了解這些演算法如何運作，以及他們是怎麼樣在各層面影響我們的生活。懂得善用演算法，當然是培養程式設計邏輯的很重要步驟，許多實際的問題都有多個可行的演算法來解決，但是要從中找出最佳的解決演算法卻是一個挑戰。本節中將為各位介紹一些近年來相當知名的演算法，能幫助您更加瞭解不同演算法的觀念與技巧，以便日後更有能力分析各種演算法的優劣。

### 11-2-1 分治演算法與遞迴

分治法（Divide and conquer）是一種很重要的演算法，其核心精神在將一個難以直接解決的大問題依照不同的概念，分割成兩個或更多的子問題，以便各個擊破，分而治之。例如遞迴就是種很特殊的演算法，分治法和遞迴很像一對孿生兄弟，都是將一個複雜的演算法問題，讓規模越來越小，最終使子問題容易求解。以一個實際例子來說明，以下如果有 8 張很難畫的圖，我們可以分成 2 組各四幅畫來完成，如果還是覺得太複雜，繼續在分成四組，每組各兩幅畫來完成，利用相同模式反覆分割問題，這就是最簡單的分治法核心精神。如下圖所示：

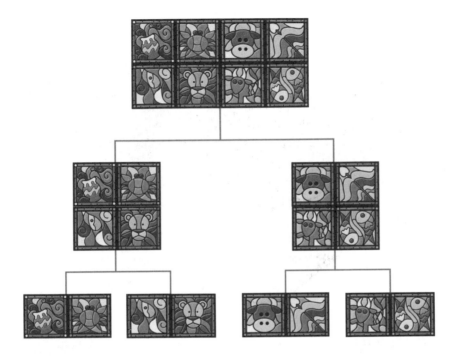

遞迴是一種很特殊的演算法，分治法和遞迴法很像一對孿生兄弟，都是將一個複雜的演算法問題，讓規模越來越小，最終使子問題容易求解，原理就是分治法的精神。遞迴在早期人工智慧所用的語言。如 Lisp、Prolog 幾乎都是整個語言運作的核心，現在許多程式語言，包括 C、C++、Java 、Python 等，都具備遞迴功能。簡單來說，對程式設計師的實作而言，「函數」（或稱副程式）不單純只是能夠被其他函數呼叫（或引用）的程式單元，在某些語言還提供了自身引用的功能，這種功用就是所謂的「遞迴」。

從程式語言的角度來說，談到遞迴的正式定義，我們可以正式這樣形容，假如一個函數或副程式，是由自身所定義或呼叫的，就稱為遞迴（Recursion），它至少要定義 2 種條件，包括一個可以反覆執行的遞迴過程，與一個跳出執行過程的出口。

演算法的實戰特訓教材

「遞迴」（Recursion）在程式設計上是相當好用而且重要的概念。使用遞迴函數可使得程式變得相當簡潔，但是設計時必須非常小心而且概念要非常清楚，因為一不小心就會造成無窮迴圈或導致記憶體的浪費。此外遞迴因為呼叫物件的不同，可以區分為以下兩種：

## ⚙️ 直接遞迴

指遞迴函數中，允許直接呼叫該函數本身，稱為直接遞迴（Direct Recursion）。

## ⚙️ 間接遞迴

指遞迴函數中，如果呼叫其他遞迴函數，再從其他遞迴函數呼叫回原來的遞迴函數，我們就稱做間接遞迴（Indirect Recursion）。

事實上，任何可以用 if-else、for、while 迴圈指令編寫的函數，都可以用遞迴來表示和編寫。例如我們知道階乘函數是數學上很有名的函數，對遞迴式而言，也可以看成是很典型的範例。3 階乘等於 3×2×1=6，而 0 階乘則定義為 1。我們一般以符號 " ! " 來代表階乘。如 4 階乘可寫為 4!。

任何問題想以遞迴式來表示，一般需要符合兩個條件：一個反覆的過程，以及一個跳出執行的缺口。秉持這兩個原則，n! 可以寫成：

```
n!=n×(n-1)*(n-2)......*1
```

各位可以一步分解它的運算過程，觀察出一定的規律性：

```
5! = (5 * 4!)
   = 5 * (4 * 3!)
   = 5 * 4 * (3 * 2!)
   = 5 * 4 * 3 * (2 * 1)
   = 5 * 4 * (3 * 2)
   = 5 * (4 * 6)
   = (5 * 24)
   = 120
```

底下程式範例為計算 n! 的遞迴程式。

範例程式 **fac.py** ▶ 請設計一個計算 **n!** 的遞迴程式。

```python
01  def factorial(i):
02      if i==0:
03          return 1
04      else:
05          ans=i * factorial(i-1)    # 反覆執行的遞迴過程
06          return ans
07
08  n=int(input(' 請輸入要計算的階乘數值：'))
09  print('%d!=%d' %(n,factorial(n)))
```

執行結果

```
請輸入要計算的階乘數值：5
5!=120
```

TIPS

**輸入問題**：請設計一 Python 程式，計算 n! 的遞迴程式。

**ChatGPT 回答畫面（範例程式：fac(CGPT).py）**：

以下是計算 n!（n 的階乘）的遞迴程式示例：

```python
def factorial(n):
    if n == 0 or n == 1:
        return 1
    else:
        return n * factorial(n - 1)

n = int(input("請輸入一個正整數 n："))
result = factorial(n)
print(f"{n}! = {result}")
```

這個程式中，factorial 函數使用遞迴的方式計算 n!。當 n 為 0 或 1 時，階乘的結果皆為 1。否則，遞迴式為 n! = n * (n-1)!。輸入一個正整數 n 後，程式會計算出 n! 的值並輸出。

## 11-2-2 動態規劃演算法

動態規劃法（Dynamic Programming Algorithm, DPA）類似分治法，由 20 世紀 50 年代初美國數學家 R.E.Bellman 所發明，動態規劃法主要的做法是如果一個問題答案與子問題相關的話，就能將大問題拆解成各個小問題，其中與分治法最大不同的地方是可以讓每一個子問題的答案被儲存起來，以供下次求解時直接取用。這樣的作法不但能減少再次需要計算的時間，並將這些組合成大問題的解答，故使用動態規劃則可以解決重覆計算的缺點。

例如前面費伯那數列是用類似分治法的遞迴法，首先看看費伯那數列的基本定義：

$$
F_n = 
\begin{cases}
0 & n=0 \\
1 & n=1 \\
F_{n-1}+F_{n-2} & n=2,3,4,5,6\cdots\cdots（n 為正整數）
\end{cases}
$$

從費伯那數列的定義，也可以嘗試把它設計轉成遞迴形式：

```
def fib(n):  # 定義函數 fib()
    if n==0 :
        return 0 # 如果 n=0 則傳回 0
    elif n==1 or n==2:
        return 1
    else:    # 否則傳回 fib(n-1)+fib(n-2)
        return (fib(n-1)+fib(n-2))
```

範例程式 **fib.py** ▶ 請設計一個計算第 n 項費伯那數列的遞迴程式。

```
01  def fib(n):  # 定義函數 fib()
02      if n==0 :
03          return 0 # 如果 n=0 則傳回 0
04      elif n==1 or n==2:
05          return 1
06      else:    # 否則傳回 fib(n-1)+fib(n-2)
07          return (fib(n-1)+fib(n-2))
08
09  n=int(input('請輸入所要計算第幾個費式數列:'))
10  for i in range(n+1):# 計算前 n 個費氏數列
11      print('fib(%d)=%d' %(i,fib(i)))
```

執行結果

```
請輸入所要計算第幾個費式數列:10
fib(0)=0
fib(1)=1
fib(2)=1
fib(3)=2
fib(4)=3
fib(5)=5
fib(6)=8
fib(7)=13
fib(8)=21
fib(9)=34
fib(10)=55
```

如果改用動態規劃寫法，已計算過資料而不必計算，也不會往下遞迴，會達到增進效能的目的，例如我們想求取第 4 個費伯那數 Fib(4)，它的遞迴過程可以利用以下圖形表示：

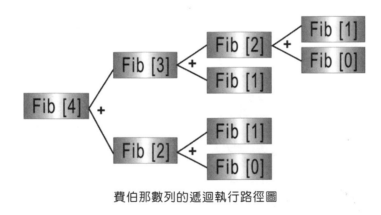

費伯那數列的遞迴執行路徑圖

從路徑圖中可以得知遞迴呼叫 9 次，而執行加法運算 4 次，Fib(1) 與 Fib(0) 共執行了 3 次，浪費了執行效能，我們依據動態規劃法的精神，演算法可以修改如下：

```
output=[0]*100

def fib(n):
    if n==0:
        return 0
    if n==1:
        return 1
```

```
        else:
            output[0]=0
            output[1]=1
            for i in range(2,n+1):
                output[i]=output[i-1]+output[i-2]
        return output[n]
```

範例程式 **dynamic.py** ▶ 請以動態規劃法設計計算第 **n** 項費伯那數列的
遞迴程式。

```
01  # [ 示範 ]：費伯那數列的動態規劃法
02
03  output=[0]*100
04
05  def fib(n):
06      if n==0:
07          return 0
08      if n==1:
09          return 1
10      else:
11          output[0]=0
12          output[1]=1
13          for i in range(2,n+1):
14              output[i]=output[i-1]+output[i-2]
15      return output[n]
16
17  n=int(input(" 請輸入所要計算第幾個費式數列 :"))
18  print(fib(n))
```

執行結果

```
請輸入所要計算第幾個費式數列:10
Fibonacci(0)=0
Fibonacci(1)=1
Fibonacci(2)=1
Fibonacci(3)=2
Fibonacci(4)=3
Fibonacci(5)=5
Fibonacci(6)=8
Fibonacci(7)=13
Fibonacci(8)=21
Fibonacci(9)=34
Fibonacci(10)=55
```

## TIPS

**輸入問題**：請設計一 Python 程式，以動態規劃法設計計算第 n 項費伯那數列的遞迴程式。

**ChatGPT 回答畫面**（範例程式：dynamic(CGPT).py）：

好的，以下是使用動態規劃法計算第 n 項費納契序列的遞迴程式，並將所有計算過程列出的程式碼範例（Python）：

```python
def fibonacci(n):
    if n <= 0:
        return 0

    # 建立一個列表來儲存計算結果
    fib = [0] * (n + 1)
    fib[1] = 1

    # 進行動態規劃計算
    for i in range(2, n + 1):
        fib[i] = fib[i - 1] + fib[i - 2]

    return fib

# 請使用者輸入欲計算的項目數
n = int(input("請輸入欲計算的費波納契數列項目數："))
fib_sequence = fibonacci(n)
```

這段程式使用了動態規劃法來計算費伯那數列的第 n 項，並將計算結果儲存在一個串列中。首先，它檢查輸入的 n 是否小於等於 0，如果是的話，直接回傳 0。然後，它建立了一個串列 'fib'，其中每個元素初始化為 0，並將第 1 項設置為 1。接著，使用動態規劃的方式，迭代計算每一項的值，並將結果儲存在 'fib' 串列中。最終，它回傳整個 'fib' 串列，其中每個元素都代表費伯那數列的對應項。這個演算法通過避免重複計算，實現了高效的計算方式，尤其適用於需要計算大量費伯那數的情況。

## 11-2-3 疊代演算法

疊代法（iterative method）是指無法使用公式一次求解，而須反覆運算，例如用迴圈去循環重複程式碼的某些部分來得到答案。

```python
# 以 for 迴圈計算 n!
def cal(n):
    product = 1
    for i in range(n,0,-1):
        product *= i # product=product*i
    return product
```

範例程式 **fac_for.py** ▶ 請利用 **for** 迴圈設計一個計算 **0!～n!** 的遞迴程式。

```python
01    # 以 for 迴圈計算 n!
02    product = 1
03    n=int(input('請輸入 n='))
04    for i in range(0,n+1):
05        for j in range(i,0,-1):
06            product *= j
07        print('%d!=%3d' % (i,product))
08        product=1
```

執行結果

```
請輸入n=10
0!=   1
1!=   1
2!=   2
3!=   6
4!= 24
5!=120
6!=720
7!=5040
8!=40320
9!=362880
10!=3628800
```

**TIPS**

**輸入問題**：請利用 for 迴圈設計一個計算 0!~n! 的遞迴程式

**ChatGPT 回答畫面（範例程式：fac_for(CGPT).py）：**

> 除了傳統的使用巢狀的 for 迴圈計算階乘外，還可以使用動態規劃的方式來計算階乘，這種方式可以避免重複計算。以下是一個使用動態規劃的範例：

```python
n = int(input("請輸入 n 的值："))

factorials = [1] * (n + 1)
for i in range(1, n + 1):
    factorials[i] = factorials[i - 1] * i

for i in range(n + 1):
    print(f"{i}! = {factorials[i]}")
```

在這個程式中，我們使用一個串列 factorials 來儲存計算過的階乘值。初始化時，將每個元素設定為 1。然後使用一個 for 迴圈從 1 開始遞增，計算每個階乘的值並存入 factorials 串列。最後，再次使用 for 迴圈列印出每個階乘的計算結果。這種方式雖然在計算階乘時不需要重複計算，但需要額外的記憶體空間來儲存中間的計算結果。

## 11-2-4　排序演算法

排序（Sorting）演算法幾乎可以形容是最常使用到的一種演算法，所謂「排序」，就是將一群資料按照某一個特定規則重新排列，使其具有遞增或遞減的次序關係。按照特定規則，用以排序的依據，我們稱為鍵（Key），它所含的值就稱為「鍵值」。基本上，資料在經過排序後，會有下列三點好處：

1. 資料較容易閱讀。
2. 資料較利於統計及整理。
3. 可大幅減少資料搜尋的時間。

每一種排序方法都有其適用的情況與資料種類，接下來我們要介紹的是相當知名的氣泡排序法。氣泡排序法又稱為交換排序法，是由觀察水中氣泡變化構思而成，原理是由第一個元素開始，比較相鄰元素大小，若大小順序有誤，則對調後再進行下一個元素的比較，就彷彿氣泡逐漸由水底逐漸冒升到水面上一樣。如此掃瞄過一次之後就可確保最後一個元素是位於正確的順序。接著再逐步進行第二次掃瞄，直到完成所有元素的排序關係為止。

以下排序我們利用 55、23、87、62、16 的排序過程，您可以清楚知道氣泡排序法的演算流程：

由小到大排序：

原始值： 55 23 87 62 16

第一次掃瞄會先拿第一個元素 55 和第二個元素 23 作比較，如果第二個元素小於第一個元素，則作交換的動作。接著拿 55 和 87 作比較，就這樣一直比較並交換，到第 4 次比較完後即可確定最大值在陣列的最後面。

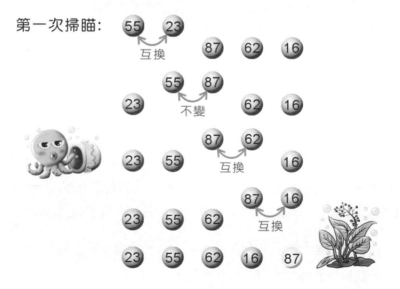

第一次掃瞄：

第二次掃瞄亦從頭比較起，但因最後一個元素在第一次掃瞄就已確定是陣列最大值，故只需比較 3 次即可把剩餘陣列元素的最大值排到剩餘陣列的最後面。

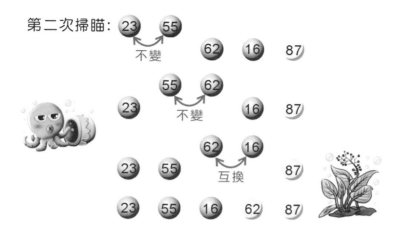

第三次掃瞄完，完成三個值的排序

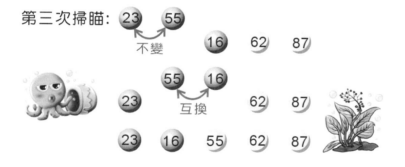

第四次掃瞄完，即可完成所有排序

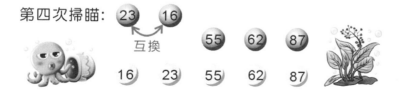

由此可知 5 個元素的氣泡排序法必須執行 (5-1) 次掃瞄，第一次掃瞄需比較 (5-1) 次，共比較 4+3+2+1=10 次。

**範例程式** **bubble.py** ▶ 請設計一個 **Python** 程式，並使用氣泡排序法來將以下的數列排序

```
16,25,39,27,12,8,45,63
```

```
01  data=[16,25,39,27,12,8,45,63] # 原始資料
02  print('氣泡排序法：原始資料為：')
03  for i in range(len(data)):
04      print('%3d' %data[i],end='')
05  print()
06
07  for i in range(len(data)-1,0,-1): # 掃描次數
08      for j in range(i):
09          if data[j]>data[j+1]:# 比較，交換的次數
10              data[j],data[j+1]=data[j+1],data[j]# 比較相鄰兩數，如果第一
    數較大則交換
11      print(' 第 %d 次排序後的結果是：' %(len(data)-i),end='')  # 把各次掃描
    後的結果印出
12      for j in range(len(data)):
13          print('%3d' %data[j],end='')
14      print()
15
16  print(' 排序後結果為：')
17  for j in range(len(data)):
18      print('%3d' %data[j],end='')
19  print()
```

**執行結果**

```
氣泡排序法：原始資料為：
 16 25 39 27 12  8 45 63
第  1 次排序後的結果是： 16 25 27 12  8 39 45 63
第  2 次排序後的結果是： 16 25 12  8 27 39 45 63
第  3 次排序後的結果是： 16 12  8 25 27 39 45 63
第  4 次排序後的結果是： 12  8 16 25 27 39 45 63
第  5 次排序後的結果是：  8 12 16 25 27 39 45 63
第  6 次排序後的結果是：  8 12 16 25 27 39 45 63
第  7 次排序後的結果是：  8 12 16 25 27 39 45 63
排序後結果為：
  8 12 16 25 27 39 45 63
```

## 11-2-5 搜尋演算法

　　所謂搜尋（Search）指的是從資料檔案中找出滿足某些條件的記錄之動作，用以搜尋的條件稱為「鍵值」（Key），我們平常在電話簿中找某人的電話，那麼這個人的姓名就成為在電話簿中搜尋電話資料的鍵值。例如大家常使用的 Google 搜尋引擎所設計的 Spider 程式會主動經由網站上的超連結爬行到另一個網站，並收集每個網站上的資訊，並收錄到資料庫中，這就必須仰賴不同的搜尋演算法來進行。

在 Google 中搜尋資料就是一種動態搜尋

　　如果是以搜尋過程中被搜尋的表格或資料是否異動來分類，搜尋法可以區分為靜態搜尋（Static Search）及動態搜尋（Dynamic Search）。靜態搜尋是指資料在搜尋過程中，該搜尋資料不會有增加、刪除、或更新等行為。而動態搜尋則是指所搜尋的資料，在搜尋過程中會經常性地增加、刪除、或更新，我們下面將簡介兩種常見的搜尋法。

### 🔧 循序搜尋法

　　循序搜尋法又稱線性搜尋法，是一種最簡單的搜尋法。它的方法是將資料一筆一筆的循序逐次搜尋。所以不管資料順序為何，都是得從頭到尾走訪過一次。此法的優點是檔案在搜尋前不需要作任何的處理與排序，缺點為搜尋速度較慢。如果資料沒有重覆，找到資料就可中止搜尋的話，在最差狀況是未找到資料，需作 n 次比較，最好狀況則是一次就找到，只需 1 次比較。

### 🔧 二分搜尋法

　　我們就以一個例子來說明，例如要搜尋的資料已經事先排序好，則可使用二分搜尋法來進行搜尋。二分搜尋法是將資料分割成兩等份，再比較鍵值與中間值的大小，如果鍵值小於中間值，可確定要找的資料在前半段的元素，否則

在後半部。如此分割數次直到找到或確定不存在為止。例如以下已排序數列
2、3、5、8、9、11、12、16、18，而所要搜尋值為 11 時：

首先跟第五個數值 9 比較：

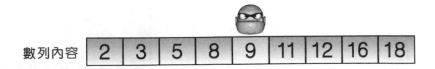

數列內容 | 2 | 3 | 5 | 8 | 9 | 11 | 12 | 16 | 18

因為 11 > 9，所以和後半部的中間值 12 比較：

數列內容 | 不處理 | 11 | 12 | 16 | 18

因為 11 < 12，所以和前半部的中間值 11 比較：

數列內容 | 不處理 | 11 | 不處理

因為 11=11，表示搜尋完成，如果不相等則表示找不到。

**範例程式** **bin.py** ▶ 請設計一個 Python 程式，以亂數產生 1 ～ 150 間
的 50 個整數，並實作二分搜尋法的過程與步驟。

```
01  import random
02
03  def bin_search(data,val):
04      low=0
05      high=49
06      while low <= high and val !=-1:
07          mid=int((low+high)/2)
08          if val<data[mid]:
09              print('%d 介於位置 %d[%3d] 及中間值 %d[%3d]，找左半邊' \
10                      %(val,low+1,data[low],mid+1,data[mid]))
11              high=mid-1
12          elif val>data[mid]:
13              print('%d 介於中間值位置 %d[%3d] 及 %d[%3d]，找右半邊' \
14                      %(val,mid+1,data[mid],high+1,data[high]))
```

```
15                low=mid+1
16            else:
17                return mid
18        return -1
19
20    val=1
21    data=[0]*50
22    for i in range(50):
23        data[i]=val
24        val=val+random.randint(1,5)
25
26    while True:
27        num=0
28        val=int(input('請輸入搜尋鍵值 (1-150)，輸入 -1 結束：'))
29        if val ==-1:
30            break
31        num=bin_search(data,val)
32        if num==-1:
33            print('##### 沒有找到 [%3d] #####' %val)
34        else:
35            print(' 在第 %2d 個位置找到 [%3d]' %(num+1,data[num]))
36
37    print(' 資料內容：')
38    for i in range(5):
39        for j in range(10):
40            print('%3d-%-3d' %(i*10+j+1,data[i*10+j]), end='')
41        print()
```

**執行結果**

```
請輸入搜尋鍵值(1-150)，輸入-1結束：58
58 介於位置  1[  1]及中間值 25[ 71]，找左半邊
58 介於中間值位置 12[ 29] 及 24[ 68]，找右半邊
58 介於中間值位置 18[ 44] 及 24[ 68]，找右半邊
58 介於中間值位置 21[ 55] 及 24[ 68]，找右半邊
58 介於位置  22[ 58]及中間值 23[ 63]，找左半邊
在第  22個位置找到 [ 58]
請輸入搜尋鍵值(1-150)，輸入-1結束：69
69 介於位置  1[  1]及中間值 25[ 71]，找左半邊
69 介於中間值位置 12[ 29] 及 24[ 68]，找右半邊
69 介於中間值位置 18[ 44] 及 24[ 68]，找右半邊
69 介於中間值位置 21[ 55] 及 24[ 68]，找右半邊
69 介於中間值位置 23[ 63] 及 24[ 68]，找右半邊
69 介於中間值位置 24[ 68] 及 24[ 68]，找右半邊
##### 沒有找到 [ 69] #####
請輸入搜尋鍵值(1-150)，輸入-1結束：-1
資料內容：
  1-1     2-5     3-8     4-10    5-14    6-15    7-17    8-21    9-23   10-25
 11-28   12-29   13-33   14-35   15-36   16-40   17-43   18-44   19-45   20-50
 21-55   22-58   23-63   24-68   25-71   26-72   27-73   28-74   29-75   30-77
 31-78   32-82   33-83   34-86   35-89   36-91   37-92   38-95   39-96   40-98
 41-102  42-106  43-111  44-112  45-116  46-119  47-121  48-122  49-125  50-130
```

## 11-2-6　回溯演算法

　　回溯法（Backtracking）也算是枚舉法中的一種，對於某些問題而言，回溯法是一種可以找出所有（或一部分）解的一般性演算法，是隨時避免枚舉不正確的數值，一旦發現不正確的數值，就不遞迴至下一層，而是回溯至上一層來節省時間，這種走不通就退回再走的方式。主要是在搜尋過程中尋找問題的解，當發現已不滿足求解條件時，就回溯回傳，嘗試別的路徑，避免無效搜索。

　　例如老鼠走迷宮就是一種回溯法（Backtracking）的應用，老鼠走迷宮問題的陳述是假設把一隻大老鼠被放在一個沒有蓋子的大迷宮盒的入口處，盒中有許多牆使得大部份的路徑都被擋住而無法前進。老鼠可以依照嘗試錯誤的方法找到出口。不過這老鼠必須具備走錯路時就會重來一次並把走過的路記起來，避免重複走同樣的路，就這樣直到找到出口為止。簡單說來，老鼠行進時，必須遵守以下三個原則：

1. 一次只能走一格。
2. 遇到牆無法往前走時，則退回一步找找看是否有其他的路可以走。
3. 走過的路不會再走第二次。

　　我們之所以對這個問題感興趣，就是它可以提供一種典型堆疊應用的思考方向，國內許多大學曾舉辦所謂「電腦鼠」走迷宮的比賽，就是要設計這種利用堆疊技巧走迷宮的程式。在建立走迷宮程式前，我們先來了解如何在電腦中表現一個模擬迷宮的方式。這時可以利用二維陣列 MAZE[row][col]，並符合以下規則：

```
MAZE[i][j]=1    表示 [i][j] 處有牆，無法通過
          =0    表示 [i][j] 處無牆，可通行
MAZE[1][1] 是入口，MAZE[m][n] 是出口
```

演算法的實戰特訓教材

**TIPS**

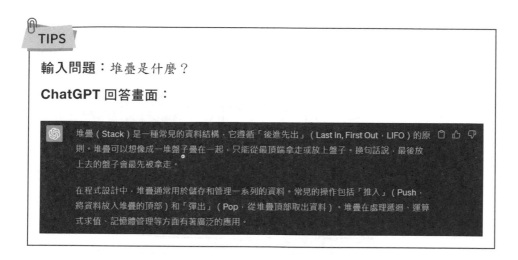

**輸入問題**：堆疊是什麼？

**ChatGPT 回答畫面**：

> 堆疊（Stack）是一種常見的資料結構，它遵循「後進先出」（Last In, First Out，LIFO）的原則。堆疊可以想像成一堆盤子疊在一起，只能從最頂端拿走或放上盤子。換句話說，最後放上去的盤子會最先被拿走。
>
> 在程式設計中，堆疊通常用於儲存和管理一系列的資料。常見的操作包括「推入」（Push，將資料放入堆疊的頂部）和「彈出」（Pop，從堆疊頂部取出資料）。堆疊在處理遞迴、運算式求值、記憶體管理等方面有著廣泛的應用。

下圖就是一個使用 10x12 二維陣列的模擬迷宮地圖表示圖：

## 【迷宮原始路徑】

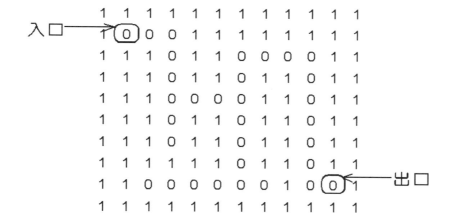

假設老鼠由左上角的 MAZE[1][1] 進入，由右下角的 MAZE[8][10] 出來，老鼠目前位置以 MAZE[x][y] 表示，那麼我們可以將老鼠可能移動的方向表示如下：

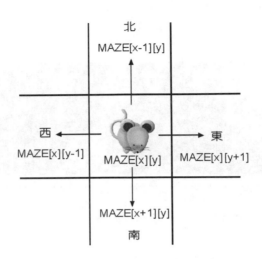

如上圖所示，老鼠可以選擇的方向共有四個，分別為東、西、南、北。但並非每個位置都有四個方向可以選擇，必須視情況來決定，例如 T 字型的路口，就只有東、西、南三個方向可以選擇。

我們可以利用鏈結串列來記錄走過的位置，並且將走過的位置的陣列元素內容標示為 2，然後將這個位置放入堆疊再進行下一次的選擇。如果走到死巷子並且還沒有抵達終點，那麼就必退出上一個位置，並退回去直到回到上一個叉路後再選擇其他的路。由於每次新加入的位置必定會在堆疊的最末端，因此堆疊末端指標所指的方格編號便是目前搜尋迷宮出口的老鼠所在的位置。如此一直重覆這些動作直到走到出口為止。如下圖是以小球來代表迷宮中的老鼠：

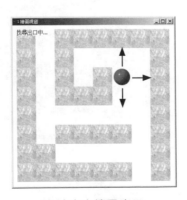

在迷宮中搜尋出口

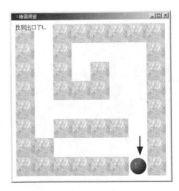

終於找到迷宮出口

上面這樣的一個迷宮搜尋的概念，底下利用 Python 演算法來加以描述：

```
if 上一格可走：
    加入方格編號到堆疊
    往上走
    判斷是否為出口
elif 下一格可走：
    加入方格編號到堆疊
    往下走
    判斷是否為出口
elif 左一格可走：
    加入方格編號到堆疊
    往左走
    判斷是否為出口
elif 右一格可走：
    加入方格編號到堆疊
    往右走
    判斷是否為出口
else:
    從堆疊刪除一方格編號
    從堆疊中取出一方格編號
    往回走
```

上面的演算法是每次進行移動時所執行的內容，其主要是判斷目前所在位置的上、下、左、右是否有可以前進的方格，若找到可移動的方格，便將該方格的編號加入到記錄移動路徑的堆疊中，並往該方格移動，而當四週沒有可走的方格時，也就是目前所在的方格無法走出迷宮，必須退回前一格重新再來檢查是否有其它可走的路徑。

**範例程式** **mouse.py** ▶ 請設計迷宮問題的 **Python** 程式實作。

```
01  #=============== Program Description ===============
02  # 程式目的：老鼠走迷宮
03
04  class Node:
05      def __init__(self,x,y):
06          self.x=x
07          self.y=y
08          self.next=None
09
```

演算法的實戰特訓教材

```
10   class TraceRecord:
11       def __init__(self):
12           self.first=None
13           self.last=None
14
15       def isEmpty(self):
16           return self.first==None
17
18       def insert(self,x,y):
19           newNode=Node(x,y)
20           if self.first==None:
21               self.first=newNode
22               self.last=newNode
23           else:
24               self.last.next=newNode
25               self.last=newNode
26
27       def delete(self):
28           if self.first==None:
29               print('[佇列已經空了]')
30               return
31           newNode=self.first
32           while newNode.next!=self.last:
33               newNode=newNode.next
34           newNode.next=self.last.next
35           self.last=newNode
36
37   ExitX= 8    # 定義出口的 X 座標在第八列
38   ExitY= 10   # 定義出口的 Y 座標在第十行
39   # 宣告迷宮陣列
40   MAZE= [[1,1,1,1,1,1,1,1,1,1,1,1], \
41          [1,0,0,0,1,1,1,1,1,1,1,1], \
42          [1,1,1,0,1,1,0,0,0,0,1,1], \
43          [1,1,1,0,1,1,0,1,1,0,1,1], \
44          [1,1,1,0,0,0,0,1,1,0,1,1], \
45          [1,1,1,0,1,1,0,1,1,0,1,1], \
46          [1,1,1,0,1,1,0,1,1,0,1,1], \
47          [1,1,1,1,1,1,0,1,1,0,1,1], \
48          [1,1,0,0,0,0,0,0,1,0,0,1], \
49          [1,1,1,1,1,1,1,1,1,1,1,1]]
50
51   def chkExit(x,y,ex,ey):
52       if x==ex and y==ey:
53           if(MAZE[x-1][y]==1 or MAZE[x+1][y]==1 or MAZE[x][y-1] ==1
     or MAZE[x][y+1]==2):
```

```
54              return 1
55          if(MAZE[x-1][y]==1 or MAZE[x+1][y]==1 or MAZE[x][y-1] ==2
   or MAZE[x][y+1]==1):
56              return 1
57          if(MAZE[x-1][y]==1 or MAZE[x+1][y]==2 or MAZE[x][y-1] ==1
   or MAZE[x][y+1]==1):
58              return 1
59      if(MAZE[x-1][y]==2 or MAZE[x+1][y]==1 or MAZE[x][y-1] ==1 or
   MAZE[x][y+1]==1):
60              return 1
61      return 0
62
63  # 主程式
64
65
66  path=TraceRecord()
67  x=1
68  y=1
69
70  print('[ 迷宮的路徑 (0 的部分 )]')
71  for i in range(10):
72      for j in range(12):
73          print(MAZE[i][j],end='')
74      print()
75  while x<=ExitX and y<=ExitY:
76      MAZE[x][y]=2
77      if MAZE[x-1][y]==0:
78          x -= 1
79          path.insert(x,y)
80      elif MAZE[x+1][y]==0:
81          x+=1
82          path.insert(x,y)
83      elif MAZE[x][y-1]==0:
84          y-=1
85          path.insert(x,y)
86      elif MAZE[x][y+1]==0:
87          y+=1
88          path.insert(x,y)
89      elifchkExit(x,y,ExitX,ExitY)==1:
90          break
91      else:
92          MAZE[x][y]=2
93          path.delete()
94          x=path.last.x
95          y=path.last.y
```

演算法的實戰特訓教材

```
96   print('[ 老鼠走過的路徑 (2 的部分 )]')
97   for i in range(10):
98       for j in range(12):
99           print(MAZE[i][j],end='')
100      print()
```

執行結果

```
[迷宮的路徑 (0的部分)]
111111111111
100011111111
111011000011
111011011011
111000011011
111011011011
111011011011
111111011011
110000001001
111111111111
[老鼠走過的路徑 (2的部分)]
111111111111
122211111111
111211222211
111211211211
111222211211
111211011211
111211011211
111211011211
110000001221
111111111111
```

## 11-2-7　八皇后演算法

　　八皇后問題也是一種常見的堆疊應用實例。在西洋棋中的皇后可以在沒有限定一步走幾格的前題下，對棋盤中的其它棋子直吃、橫吃及對角斜吃（左斜吃或右斜吃皆可），只要後放入的新皇后，放入前必須考慮所放位置直線方向、橫線方向或對角線方向是否已被放置舊皇后，否則就會被先放入的舊皇后吃掉。

　　利用這種觀念，我們可以將其應用在 4*4 的棋盤，就稱為 4- 皇后問題；應用在 8*8 的棋盤，就稱為 8- 皇后問題。應用在 N*N 的棋盤，就稱為 N- 皇后問題。要解決 N- 皇后問題（在此我們以 8- 皇后為例），首先當於棋盤中置入一個新皇后，且這個位置不會被先前放置的皇后吃掉，就將這個新皇后的位置存入堆疊。

但是如果當您放置新皇后的該行（或該列）的 8 個位置，都沒有辦法放置新皇后（亦即一放入任何一個位置，就會被先前放置的舊皇后給吃掉）。此時，就必須由堆疊中取出前一個皇后的位置，並於該行（或該列）中重新尋找另一個新的位置放置，再將該位置存入堆疊中，而這種方式就是一種回溯（Backtracking）演算法的衍生應用概念。

N- 皇后問題的解答，就是配合堆疊及回溯兩種資料結構的概念，以逐行（或逐列）找新皇后位置（如果找不到，則回溯到前一行找尋前一個皇后另一個新的位置，以此類推）的方式，來尋找 N- 皇后問題的其中一組解答。

底下分別是 4- 皇后及 8- 皇后在堆疊存放的內容及對應棋盤的其中一組解。

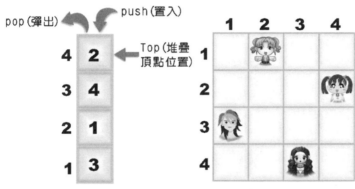

4-皇后堆疊內容　　　　　　4-皇后的其中一組解

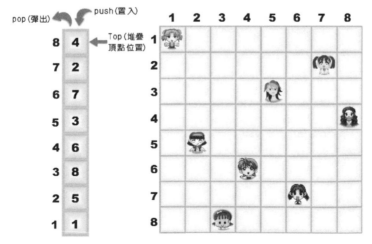

8-皇后堆疊內容　　　　　　8-皇后的其中一組解

演算法的實戰特訓教材

**範例程式** **queen.py** ▶ 請設計一個 Python 程式，來求取八皇后問題的
解決方法。

```
01   global queen
02   global number
03   EIGHT=8  # 定義最大堆疊容量
04   queen=[None]*8  # 存放 8 個皇后之列位置
05
06   number=0# 計算總共有幾組解的總數
07   # 決定皇后存放的位置
08   # 輸出所需要的結果
09   def print_table():
10       global number
11       x=y=0
12       number+=1
13       print('')
14       print(' 八皇后問題的第 %d 組解 \t' %number)
15       for x in range(EIGHT):
16           for y in range(EIGHT):
17               if x==queen[y]:
18                   print('<q>',end='')
19               else:
20                   print('<->',end='')
21           print('\t')
22       input('\n.. 按下任意鍵繼續 ..\n')
23
24   # 測試在 (row,col) 上的皇后是否遭受攻擊
25   # 若遭受攻擊則傳回值為 1, 否則傳回 0
26   def attack(row,col):
27       global queen
28       i=0
29       atk=0
30       offset_row=offset_col=0
31       while (atk!=1)and i<col:
32           offset_col=abs(i-col)
33           offset_row=abs(queen[i]-row)
34           # 判斷兩皇后是否在同一列同一對角線上
35           if queen[i]==row or offset_row==offset_col:
36               atk=1
37           i=i+1
38       return atk
39
40   def decide_position(value):
41       global queen
```

```
42          i=0
43          while i<EIGHT:
44              if attack(i,value)!=1:
45                  queen[value]=i
46                  if value==7:
47                      print_table()
48                  else:
49                      decide_position(value+1)
50              i=i+1
51
52      # 主程式
53      decide_position(0)
```

## 執行結果

```
八皇后問題的第1組解
<q><-><-><-><-><-><-><->
<-><-><-><-><-><-><q><->
<-><-><-><q><-><-><-><->
<-><-><-><-><-><-><-><q>
<-><q><-><-><-><-><-><->
<-><-><-><q><-><-><-><->
<-><-><-><-><-><q><-><->
<-><-><q><-><-><-><-><->

..按下任意鍵繼續..

八皇后問題的第2組解
<q><-><-><-><-><-><-><->
<-><-><-><-><-><-><q><->
<-><-><-><q><-><-><-><->
<-><-><-><-><-><q><-><->
<-><q><-><-><-><-><-><->
<-><-><-><-><-><-><-><q>
<-><-><-><-><q><-><-><->
<-><-><q><-><-><-><-><->

..按下任意鍵繼續..
```

演算法的實戰特訓教材

## 本章課後習題

### 一、問答與實作題

1. 演算法必須符合的哪五個條件？

2. 資料在經過排序後，會有什麼好處？

3. 請寫出下列程式的執行結果：

```
def func(a,b,c):
    x = a +b +c
    print(x)

print(func(1,2,3))
```

4. 試簡述分治法的核心精神。

5. 遞迴至少要定義哪兩種條件？

6. 簡述動態規劃法與分治法的差異。

7. 什麼是疊代法，請簡述之。

8. 回溯法的核心概念是什麼？試簡述之。

# 12
CHAPTER

# 活學活用 2D 視覺化
# 必學統計圖表

Python 在資料分析的領域表現優秀，可以輕鬆將資料以各種視覺化圖表的形式展現給管理者做決策之用，為了讓數據可以結合圖表來加以呈現，幫助使用者更容易解讀資料背後的意義，因此 Python 也提供 Matplotlib 模組，它是一個強大的資料視覺化 2D 繪圖程式庫，只需要幾行程式碼就能輕鬆產生各式圖表，例如直條圖、折線圖、圓餅圖、散點圖等應有盡有，本章將示範如何將資料透過幾行簡短的程式就可以輕鬆轉換圖表。

## 12-1 認識 Matplotlib 模組

Matplotlib 套件是 Python 相當受歡迎的繪圖程式庫（Plotting library），包含大量的模組，利用這些模組就能建立各種統計圖表。Matplotlib 套件能製作的圖表非常多種，本章將針對對常用圖表做介紹，如果各位有興趣查看更多的圖表範例，可以連上官網的範例程式頁面，參考所有圖表範例的外觀。（網址：https://matplotlib.org/gallery/index.html）頁面根據圖形種類清楚分類，而且每個分類有圖表縮圖。

點擊能查看程式碼

想要製作哪一種圖表，只要點擊圖形就可以看到該圖表的簡介及程式碼

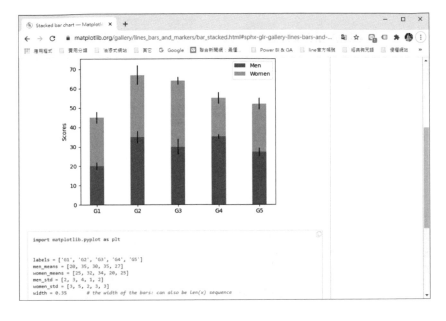

　　例如上圖的圖表範例的程式碼，在下方會完整列出，只要如下簡單幾行程式碼就可輕易繪製出如上的圖表外觀：

```
01   import matplotlib.pyplot as plt
02
03
04   labels = ['G1', 'G2', 'G3', 'G4', 'G5']
05   men_means = [20, 35, 30, 35, 27]
06   women_means = [25, 32, 34, 20, 25]
07   men_std = [2, 3, 4, 1, 2]
08   women_std = [3, 5, 2, 3, 3]
09   width = 0.35        # the width of the bars: can also be len(x) sequence
10
11   fig, ax = plt.subplots()
12
13   ax.bar(labels, men_means, width, yerr=men_std, label='Men')
14   ax.bar(labels, women_means, width, yerr=women_std, bottom=men_means,
15          label='Women')
16
17   ax.set_ylabel('Scores')
18   ax.set_title('Scores by group and gender')
19   ax.legend()
20
21   plt.show()
```

活學活用 2D 視覺化必學統計圖表

底下列出幾個 Gallery 各種分類的精美且多樣化的統計圖表，想要查看更多精彩的圖表範例，可以參考官方網站：

■ **Lines, bars and markers**

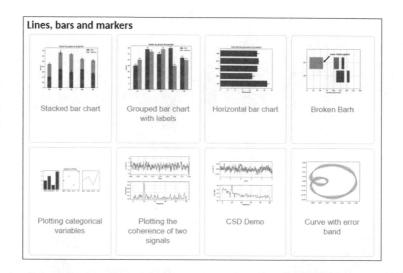

■ **Images, contours and fields**

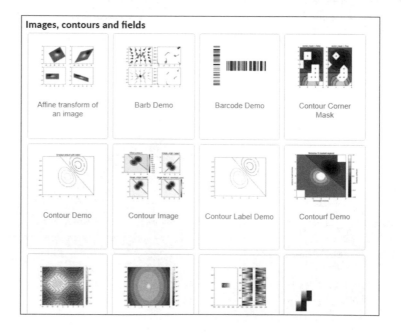

## ■ Statistics

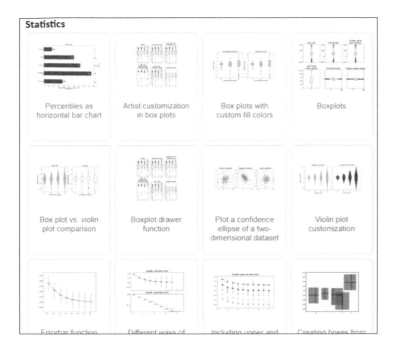

## ■ Shapes and collections

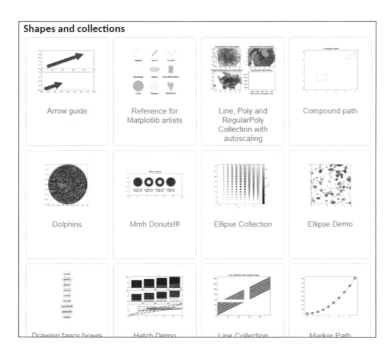

活學活用 2D 視覺化必學統計圖表

## 12-1-1　Matplotlib 安裝

　　Matplotlib 可以繪製各式的圖表，首先我們以最常用的折線圖來說明 Matplotlib 基本繪圖的方法。Matplotlib 模組常與 NumPy 套件一起使用，安裝這兩個套件最簡單的方式就是安裝 Anaconda 套件包，通常安裝好 Anaconda 之後常用的套件會一併安裝，也包含 Matplotlib 以及 NumPy 套件，您可以使用 pip list 或 conda list 指令查詢安裝的版本。以 pip list 為例，會得到類似如下的畫面可以看到各種模組的版本訊息：

```
Package          Version
---------------  -------
colorama         0.4.4
cycler           0.10.0
kiwisolver       1.3.1
numpy            1.19.4
Pillow           8.0.1
pip              20.3.1
pyparsing        2.4.7
python-dateutil  2.8.1
qrcode           6.1
setuptools       49.2.1
six              1.15.0
```

　　如果要安裝 NumPy 套件可以直接下達底下指令。

```
pip install numpy
```

　　如果列表裡沒有 Matplotlib 套件，根據官網的安裝說明，請執行下列指令完成安裝。

```
python -m pip install -U pip
python -m pip install -U matplotlib
```

## 12-2 長條圖

所有統計圖表中，長條圖（bar chart）算是較常使用的圖表，長條圖是一種以視覺化長方形的長度為變量的統計圖表。而長條圖容易看出數據的大小，經常拿來比較數據之間的差異，這一節就來看看長條圖的繪製方法。長條圖亦可橫向排列，或用多維方式表達。除了折線圖外，長條圖也是一種較常被使用統計圖表，因此長條圖常用來表示不連續資料，例如成績、人數或業績的比較，或是各地區域降雨量的比較都非常適合用長條圖的方式來呈現。

## 12-2-1 垂直長條圖

長條圖又稱為條狀圖、柱狀圖，繪製方式與折線圖大同小異，只要將 plot() 改為 bar()，底下我們用下表來練習。

| 第 1 學期 | 第 2 學期 | 第 3 學期 | 第 4 學期 | 第 5 學期 | 第 6 學期 | 第 7 學期 | 第 8 學期 |
|---|---|---|---|---|---|---|---|
| 95.3 | 94.2 | 91.4 | 96.2 | 92.3 | 93.6 | 89.4 | 91.2 |

大學四年各學期的平均分數

範例程式　**barChart.py** ▶ 大學四年各學期的平均分數直條圖

```
01  # -*- coding: utf-8 -*-
02
03  import matplotlib.pyplot as plt
04
05  plt.rcParams['font.sans-serif'] ='Microsoft JhengHei'
06
07  x = ['第1學期', '第2學期', '第3學期', '第4學期','第5學期', '第6
    學期', '第7學期', '第8學期']
08  s = [95.3, 94.2,91.4,96.2,92.3, 93.6,89.4,91.2]
09  plt.bar(x, s)
10  plt.ylabel('平均分數')
11  plt.title('大學四年各學期的平均分數')
12  plt.show()
```

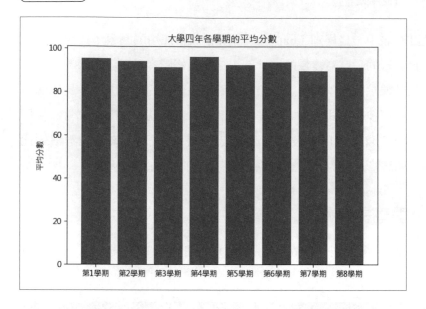

Matplotlib 的 bar 語法如下：

```
plt.bar(x, height[, width][, bottom][, align][,**kwargs])
```

參數說明如下：

- **x**：x 軸的數列資料

- **height**：y 軸的數列資料

- **width**：長條的寬度（預設值：0.8）

- **bottom**：y 座標底部起始值（預設值：0）

- **align**：長條的對應位置，可選擇 center 與 edge 兩種
  'center'：將長條的中心置於 x 軸位置的中心位置。
  'edge'：長條的左邊緣與 x 軸位置對齊。

- **\*\*kwargs**：設定屬性，常用屬性如下表。

| 屬性 | 縮寫 | 說明 |
|------|------|------|
| color | | 長條顏色 |
| edgecolor | ec | 長條邊框顏色 |
| linewidth | lw | 長條邊框寬度 |

例如下式執行之後會得到下方長條圖：

```
plt.bar(x, s,width=0.5, align='edge', color='y', ec='b',lw=2)
```

**執行結果**

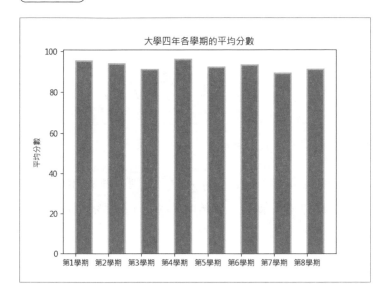

大學四年各學期的平均分數

📎
**TIPS**

**輸入問題**：請設計一 Python 程式，關於大學四年各學期的平均分數直條圖。

**ChatGPT 回答畫面（範例程式：barChart(CGPT).py）：**

> 當然，以下是一個包含8學期的進階範例程式，用來顯示大學八年各學期的平均分數的直條
> 圖，並添加顏色、標籤和資料標籤：
>
> ```python
> import matplotlib.pyplot as plt
>
> # 學期和平均分數資料
> semesters = ['第一學期', '第二學期', '第三學期', '第四學期', '第五學期', '第六學期',
> average_scores = [85, 89, 78, 92, 88, 76, 95, 89]
>
> # 定義顏色和條寬
> bar_colors = ['blue', 'green', 'orange', 'red', 'purple', 'pink', 'brown',
> bar_width = 0.4
> ```

```
# 創建一個子圖形
fig, ax = plt.subplots()

# 繪製直條圖
bars = ax.bar(semesters, average_scores, color=bar_colors, width=bar_width)
```

這個程式使用了 matplotlib 庫來繪製直條圖，同時設定了不同學期的顏色，並在每個直條上方添加了平均分數的資料標籤。你可以根據需要進一步調整顏色、標籤、資料標籤的位置和其他視覺設定。

## 12-2-2　橫條圖

橫條圖是水平方向的長條圖，語法與 bar() 大致，差別在於 width 是定義數值而 height 是設定橫條圖的粗細，圖表的起始值從底部（bottom）改為左邊改為（left），語法如下所示：

```
plt.barh(y, width[, height][, left][, align='center'][, **kwargs])
```

前一小節的垂直長條圖範例 barChart.py 改為橫條圖，只要將 bar() 改為 barh()。

📎 範例程式 | barhChart.py ▶ 大學四年各學期的平均分數橫條圖

```
01   # -*- coding: utf-8 -*-
02
03   import matplotlib.pyplot as plt
04
05   plt.rcParams['font.sans-serif'] ='Microsoft JhengHei'
06
07   x = ['第 1 學期', '第 2 學期', '第 3 學期', '第 4 學期','第 5 學期', '第 6
        學期', '第 7 學期', '第 8 學期']
08   s = [95.3, 94.2,91.4,96.2,92.3, 93.6,89.4,91.2]
09   plt.barh(x, s)
10   plt.ylabel('平均分數')
11   plt.title('大學四年各學期的平均分數')
12   plt.show()
```

執行結果

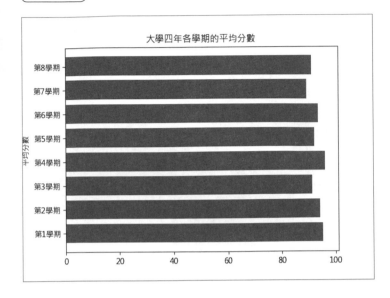

如果使用中文，資料數列有負值時，必須加上將 axes.unicode_minus 屬性設為 False，請參考底下範例。

範例程式 **barhCharMinus.py** ▶ 今年度營業獲利的概況

```
01  # -*- coding: utf-8 -*-
02
03  import matplotlib.pyplot as plt
04
05  plt.rcParams['font.sans-serif'] ='Microsoft JhengHei'
06  plt.rcParams['axes.unicode_minus']=False
07
08  x = ['第一季', '第二季', '第三季', '第四季']
09  s = [20000,15000,17000, -8000]
10  plt.barh(x, s,color='red')
11  plt.ylabel(' 季別 ')
12  plt.xlabel(' 損益金額 ')
13  plt.title(' 今年度營業獲利的概況 ')
14  plt.show()
```

執行結果

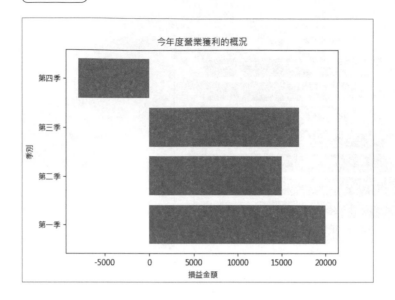

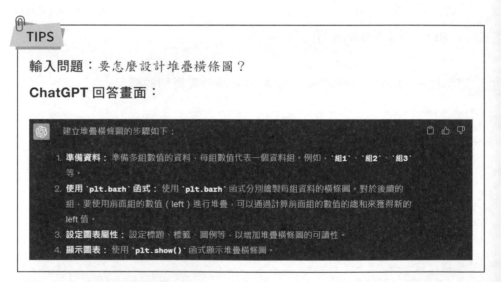

TIPS

**輸入問題：**要怎麼設計堆疊橫條圖？

**ChatGPT 回答畫面：**

建立堆疊橫條圖的步驟如下：

1. **準備資料：**準備多組數值的資料，每組數值代表一個資料組。例如，`組1`、`組2`、`組3` 等。

2. **使用 `plt.barh` 函式：**使用 `plt.barh` 函式分別繪製每組資料的橫條圖。對於後續的組，要使用前面組的數值（left）進行堆疊，可以通過計算前面組的數值的總和來獲得新的 left 值。

3. **設定圖表屬性：**設定標題、標籤、圖例等，以增加堆疊橫條圖的可讀性。

4. **顯示圖表：**使用 `plt.show()` 函式顯示堆疊橫條圖。

## 12-2-3　以長條圖並排比較數據

前面繪製折線圖時可以將兩條折線繪製在同一個圖表，長條圖也可以把兩個數據放在一起比較，我們來看看如何操作。

```
01   # -*- coding: utf-8 -*-
02
03   import matplotlib.pyplot as plt
04   import numpy as np
05   plt.rcParams['font.sans-serif'] ='Microsoft JhengHei'
06
07   x=[' 上學期 ', ' 下學期 ']
08   s1,s2,s3,s4 = [13.2, 20.1], [11.9, 14.2], [15.1, 22.5], [15, 10]
09
10   index = np.arange(len(x))
11   width=0.15
12   plt.bar(index - 1.5*width, s1, width, color='b')
13   plt.bar(index - 0.5*width, s2, width, color='r')
14   plt.bar(index + 0.5*width, s3, width, color='y')
15   plt.bar(index + 1.5*width, s4, width, color='g')
16
17   plt.xticks(index, x)
18   plt.legend(['2017 年 ','2018 年 ','2019 年 ','2020 年 '])
19
20   plt.ylabel(' 平均分數，取到小數點第一位 ')
21   plt.title(' 大學四年各學期平均成績比較表 ')
22   plt.show()
```

**執行結果**

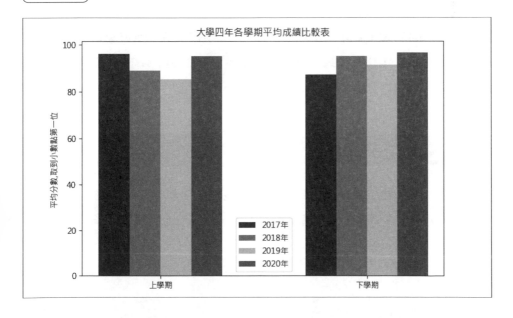

範例中指令的兩組數列，分別是 s1 與 s2，利用 numpy 的 arange() 方法取得 x 軸位置，arange() 就類似 Python 的 range()，只是 arange() 回傳的是 array；range() 回傳的是 list。arange() 語法如下：

```
np.arange([start,]stop[,step][,dtype])
```

參數說明如下：

- **start**：數列的起始值，省略表示從 0 開始
- **stop**：數列的結束值
- **step**：間距，省略則 step=1
- **dtype**：輸出的數列類型，例如 int、float、object，不指定會自動由輸入的值判斷類型

arange() 回傳的是 ndarray，值是半開區間，包括起始值，但不包括結束值，底下舉 4 種用法以及其回傳的 array。

```
index = np.arange(3.0)   # index =[0. 1. 2.]
index = np.arange(5)     #index =[0 1 2 3 4]
index = np.arange(1,10,2)    #index =[1 3 5 7 9]
index = np.arange(1,9,2)     #index =[1 3 5 7]
```

範例 np.arange(len(x)) 中的 len(x) 是取得 x 的個數，也就相當於 np.arange(4)，因此會得到陣列 [0 1 2 3]，這 4 個值就是 x 軸座標位置，變數 width 定義長條的寬度為 0.15，s1 往左移長條寬一半的距離 (width/2)，s2 往右移長條寬度一半的距離就能將 s1 與 s2 數列同時呈現在一個圖表內。

## 12-3 直方圖

在上一節學會了如何繪製長條圖，展現不同類別數據的比較，在統計學中，直方圖是一種對數據分布情況的圖形表示，這一節我們就來學習如何繪製直方圖（histogram）。

## 12-3-1　直方圖與長條圖差異

　　底下兩張圖表，左邊是長條圖（bar chart），右邊是直方圖（histogram），看起來很類似，實際上是不相同的圖表，先來看看兩者的差異。

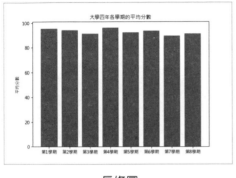

長條圖　　　　　　　　　　　　　　　　　　直方圖

### ⚙️ 長條圖（bar chart）

　　x 軸是放置「類別變量」，用來比較不同類別資料的差異，因為數據彼此沒有關係，因此長條之間通常會保留空隙不會相連在一起。例如下列資料適合使用長條圖：

- 好感度調查：以調查對象為類別
- 各學期的平均成績：以學期為類別
- 每季的下雨量：以季為類別

### ⚙️ 直方圖（histogram）

　　x 軸是放置「連續變量」，用來呈現連續資料的分佈狀況，因為數據有連續關係，通常長條之間會相連再一起。例如：

- **人口分布**：以成績區間為類別（0 ～ 9、10 ～ 19、20 ～ 29...、90 ～ 100）
- **年齡分布**：以年齡區間為類別（0 ～ 9、10 ～ 19、20 ～ 29...、90 ～ 100）

　　接下來，我們就實際來繪製直方圖。

活學活用 2D 視覺化必學統計圖表

## 12-3-2　繪製直方圖

繪製直方圖的函數是 hist()，語法如下：

```
n, bins, patches = plt.hist(x, bins, range, density, weights, **kwargs)
```

hist() 的參數很多，除了 x 之外，其它都可以省略，底下僅列出常用的參數來說明，詳細參數請參考 matplotlib API（網址：https://matplotlib.org/api/）。

- **x**：要計算直方圖的變量

- **bins**：組距，預設值為 10

- **range**：設定分組的最大值與最小值範圍，格式為 tuple，用來忽略較低和較高的異常值，預設為 (x.min(), x.max())

- **density**：呈現概率密度，直方圖的面積總和為 1，值為布林（True/False）

- **weights**：設定每一個數據的權重

- **\*\*kwargs**：顏色及線條等樣式屬性

plt.hist() 的回傳值有 3 個：

- **n**：直方圖的值

- **patches**：每個 bin 裡面包含的數據串列（list）

譬如底下數列是班上 25 位同學的英文成績，我們可以透過直方圖看出成績分布狀況。

```
grade = [90,72,45,18,13,81,65,68,73,84,75,79,58,78,96,100,98,64,43,2,63
,71,27,35,45,65]
```

透過範例直接來實作直方圖。

**範例程式　hist.py ▶ 直方圖實作**

```
01  # -*- coding: utf-8 -*-
02
```

```
03  import matplotlib.pyplot as plt
04
05  plt.rcParams['font.sans-serif'] ='Microsoft JhengHei'
06  plt.rcParams['font.size']=18
07
08  grade = [90,72,45,18,13,81,65,68,73,84,75,79,58,78,96,100,98,64,43,
    2,63,71,27,35,45,65]
09
10  plt.hist(grade, bins = [0,10,20,30,40,50,60,70,80,90,100],edgecolor
    = 'b')
11  plt.title('全班成績直方圖分布圖')
12  plt.xlabel('考試分數')
13  plt.ylabel('人數統計')
14  plt.show()
```

**執行結果**

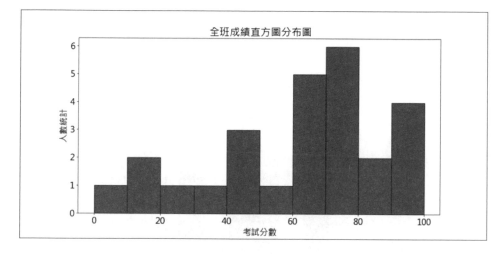

　　如果想要在圖上顯示數值，可以善用這兩個回傳值，請看底下範例。

**範例程式** **hist01.py** ▶ 英文成績分布直方圖顯示數值

```
01  # -*- coding: utf-8 -*-
02
03  import matplotlib.pyplot as plt
04
05  plt.rcParams['font.sans-serif'] ='Microsoft JhengHei'
```

```
06  plt.rcParams['axes.unicode_minus']=False
07  plt.rcParams['font.size']=15
08
09  grade = [90,72,45,18,13,81,65,68,73,84,75,79,58,78,96,100,98,64,43,
    2,63,71,27,35,45,65]
10
11  n, b, p=plt.hist(grade, bins = [0,10,20,30,40,50,60,70,80,90,100],
    edgecolor = 'r')
12
13  for i in range(len(n)):
14  plt.text(b[i]+10, n[i], int(n[i]), ha='center', va='bottom',
    fontsize=12)
15
16  plt.title(' 全班成績直方圖分布圖 ')
17  plt.xlabel(' 考試分數 ')
18  plt.ylabel(' 人數統計 ')
19  plt.show()
```

執行結果

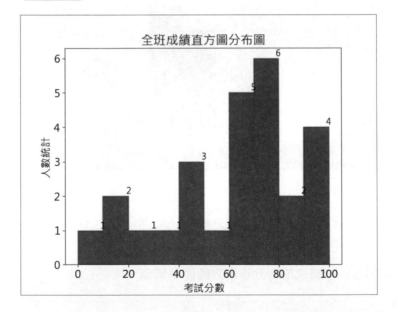

plt.text() 方法可以在圖上加上文字，用法如下：

```
plt.text(x, y, s[, fontdict][, withdash][, **kwargs])
```

參數說明如下：

- **x, y**：文字放置的座標位置

- **s**：顯示的文字

- **fontdict**：修改文字屬性，例如：

  bbox=dict(facecolor='red', alpha=0.5)  # 設定文字邊框

  horizontalalignment='center'  # 設定水平對齊方式，可簡寫 ha，值有 'center'、'right'、'left'

  verticalalignment='top'  # 設定垂直對齊方式，可簡寫 va，值有 'center'、'top'、'bottom'、'baseline'

- **withdash**：建立的是 TextWithDash 實體而不是 Text 實體，值是布林（True/False），預設為 False

---

**TIPS**

**輸入問題**：請設計一個 Python 程式，關於英文成績分布直方圖顯示數值。

**ChatGPT 回答畫面（範例程式：hist01（CGPT）.py）：**

當然，以下是一個可以產生英文成績分布直方圖並在每個柱子上方顯示數值的 Python 程式範例：

```python
import matplotlib.pyplot as plt
import numpy as np

# 假設這是你的英文成績資料
english_scores = [85, 92, 78, 90, 88, 70, 65, 82, 95, 100, 78, 88, 92, 68, 7

# 設定直方圖的 bin 數量
num_bins = 10

# 繪製直方圖
plt.hist(english_scores, bins=num_bins, edgecolor='black')

# 設定圖表標題與軸標籤
plt.title('英文考試成績分佈')
plt.xlabel('分數區間')
plt.ylabel('頻率')

# 計算每個區間的數量
hist, bins = np.histogram(english_scores, bins=num_bins)
bin_centers = 0.5 * (bins[:-1] + bins[1:])
```

這段程式碼會在每個直方圖的柱子上方標示該區間內的數值。我們使用了 NumPy 的 np.histogram 函數來計算每個區間的數量，並在 plt.text 函數中指定位置、要顯示的文字以及對齊方式。0.5 * (bins[:-1] + bins[1:])：這一部分計算了每個 bin 的中間位置。對於每個 bin，它將該 bin 的左邊界和右邊界相加，然後除以 2，即取兩者的中間值。這樣我們就得到了每個 bin 的中間位置，也就是我們希望在其上方標示數值的位置。

## 12-4 折線圖繪製

折線圖（line chart）是使用 matplotlib 的 pyplot 模組，使用前必須先匯入，由於 pyplot 物件經常會使用到，我們可以建立別名方便取用。例如底下指令：

```
import matplotlib.pyplot as plt
```

pyplot 模組繪製基本的圖形非常快速而且簡單，使用步驟與語法如下：

1. 設定 x 軸與 y 軸要放置的資料串列：plt.plot(x,y)
2. 設定圖表參數：例如 x 軸標籤名稱 plt.xlabel()、y 軸標籤名稱 plt.ylabel()、圖表標題 plt.title()
3. 輸出圖表：plt.show()

底下範例就以兼職工作的收入資料來繪製最基本的折線圖：

**範例程式 line01.py ▶ 繪製各月的兼職工作的收入資料折線圖**

```
01  # -*- coding: utf-8 -*-
02
03  import matplotlib.pyplot as plt
04
05  x=[1,2,3,4,5,6,7,8,9,10,11,12]
06  y=[16800,20000,21600,25400,12800,20000,25000,14600,32800,25400,1800
    0,10600]
```

```
07  plt.plot(x, y, marker='.')
08  plt.xlabel('month')
09  plt.ylabel('salary income')
10  plt.title('the income for each month')
11  plt.show()
```

執行結果

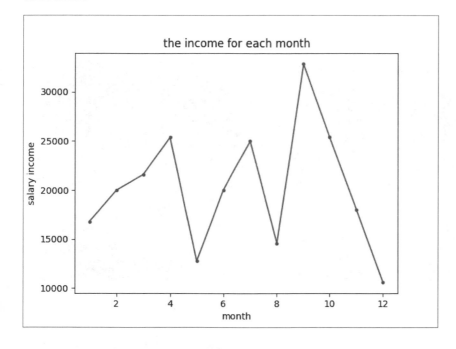

程式使用了 plt 的 plot 方法來繪圖，語法如下：

```
plt.plot([x], y, [fmt])
```

參數 x 與 y 是座標串列，x 與 y 的元素個數要相同才能夠繪製圖形，x 可省略，如果省略的話，Python 會自己加入從 0 開始的串列來對應 ([0, 1, 2, ..., n1])。

參數 fmt 是用來定義格式，例如標記樣式、線條樣式等等，可省略（預設是藍色實線）。範例中 x 軸為月份，y 軸為溫度，xlabel()、ylabel() 是用來設定標籤名稱，title() 則是圖表標題，最後呼叫 show 方法繪出圖表。

瞭解 Matplotlib 基本的用法之後，底下章節會再進一步介紹 Matplotlib 常用的幾種圖表，在這之前，先來介紹如何改變圖表的線條寬度、顏色以及為樣本加上標記圖示。

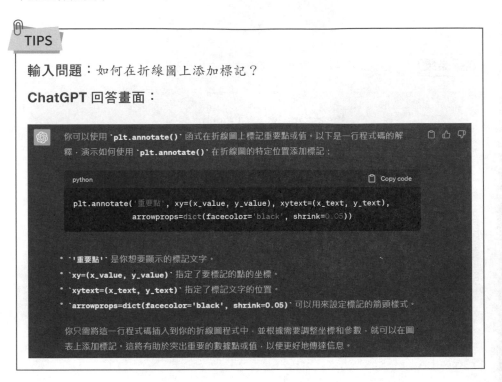

**TIPS**

輸入問題：如何在折線圖上添加標記？

**ChatGPT 回答畫面：**

你可以使用 `plt.annotate()` 函式在折線圖上標記重要點或值。以下是一行程式碼的解釋，演示如何使用 `plt.annotate()` 在折線圖的特定位置添加標記：

```python
plt.annotate('重要點', xy=(x_value, y_value), xytext=(x_text, y_text),
             arrowprops=dict(facecolor='black', shrink=0.05))
```

* `'重要點'` 是你想要顯示的標記文字。
* `xy=(x_value, y_value)` 指定了要標記的點的坐標。
* `xytext=(x_text, y_text)` 指定了標記文字的位置。
* `arrowprops=dict(facecolor='black', shrink=0.05)` 可以用來設定標記的箭頭樣式。

你只需將這一行程式碼插入到你的折線圖程式中，並根據需要調整坐標和參數，就可以在圖表上添加標記。這將有助於突出重要的數據點或值，以便更好地傳達信息。

## 12-5 Matplotlib 重要的屬性功能

使用 Matplotlib 模組圖表繪製的過程中經常會需要設定 color（顏色）、linestyle（線條）與 marker（標記圖示）這三種屬性，Matplotlib 貼心地提供幾種快速設定的方式可以使用，底下就來介紹這些屬性的設定方式。

### 12-5-1 色彩指定的方式

Matplotlib 指定色彩的方法有好幾種，不管是使用色彩的英文全名、HEX（十六進位碼）、RGB 或 RGBA 都可以，Matplotlib 也針對 8 種常用顏色提供單字縮寫方便快速取用，下表整理 8 種常用顏色的各種表示法，供讀者參考。

| 顏色 | 英文全名 | 顏色縮寫 | RGB | RGBA | HEX |
|------|---------|---------|-----|------|-----|
| 黑色 | black | k | （0,0,0） | （0,0,0,1） | #000000 |
| 白色 | white | w | （1,1,1） | （1,1,1,1） | #FFFFFF |
| 藍色 | blue | b | （0,0,1） | （0,0,1,1） | #0000FF |
| 綠色 | green | g | （0,1,0） | （0,1,0,1） | #00FF00 |
| 紅色 | red | r | （1,0,0） | （1,0,0,1） | #FF0000 |
| 藍綠色 | cyan | c | （0,1,1） | （0,1,1,1） | #00FFFF |
| 洋紅色 | magenta | m | （1,0,1） | （1,0,1,1） | #FF00FF |
| 黃色 | yellow | y | （1,1,0） | （1,1,0,1） | #FFFF00 |

舉例來說，前面的範例 lineChart.py 想把圖形的線條顏色改為紅色，可以如下表示：

```
plt.plot(x,y,color='r')    # 顏色縮寫
plt.plot(x,y,color=(1,0,0))   #RGB
plt.plot(x,y,color='#FF0000')   #HEX
plt.plot(x,y,color='red')    # 英文全名
```

color 屬性也可以直接使用 0 ～ 1 的浮點數指定灰度級別，例如：

```
plt.plot(x,y,color='0.5')
```

## 12-5-2　設定線條寬度與樣式

linewidth 屬性是用來設定線條寬度，可縮寫為 lw，值為浮點數，預設值為 1，舉例來說，想要將線條寬度設為 5，可以如下表示：

```
plt.plot(x, y,lw=5)
```

linestyle 屬性是用來設定線條的樣式，可以簡寫為 ls，預設為實線，可以指定符號或是書寫樣式全名，常用的樣式請參考下表。

| 線條樣式 | 符號 | 全名 | 圖形 |
|---------|------|------|------|
| 實線 | - | solid | ——————————————— |
| 虛線 | -- | dashed | - - - - - - - - - - - - - |
| 虛點線 | -. | dashdot | -·-·-·-·-·-·-·-·-· |
| 點線 | : | dotted | ················· |

活學活用 2D 視覺化必學統計圖表

舉例來說，想要將線條樣式設為虛線，可以如下表示：

```
plt.plot(x, y,ls='--')
```

## 12-5-3　設定標記樣式

marker 屬性是用來設定標記樣式，常用的圖示請參考下表。

| 符號 | 標記圖示 | 說明 |
|---|---|---|
| . | ● | 小圓 |
| o | ● | 圓形（小寫英文字母 o） |
| v | ▼ | 倒三角 |
| ^ | ▲ | 三角形 |
| < | ◀ | 左三角 |
| > | ▶ | 右三角 |
| 8 | ● | 八角形 |
| s | ■ | 方形 |
| * | ★ | 星形 |
| x | ✕ | X 字 |
| X | ✖ | 填色 X |
| D | ◆ | 菱形 |
| d | ◆ | 菱形 |
| \| | \| | 垂直線 |
| 0 | — | 左刻度 |
| 1 | — | 右刻度 |
| 2 | \| | 上刻度 |
| 3 | \| | 下刻度 |

舉例來說，想要設定樣本標記圖樣為圓形，可以如下表示：

```
plt.plot(x, y, marker='o')
```

標記的顏色及尺寸可以由下列屬性設定：

| 屬性 | 縮寫 | 說明 |
|------|------|------|
| markerfacecolor | mfc | 標記顏色 |
| markersize | ms | 標記尺寸，值為浮點數 |
| markeredgecolor | mec | 標記框線顏色 |
| markeredgewidth | mew | 標記框線寬度 |

例如想要將標記設為圓形，尺寸為 10 點，顏色設定為紅色、框線為藍色，可以如下設定：

```
plt.plot(x, y, marker='d',ms=10, mfc='r', mec='b')
```

執行之後結果會如下圖。

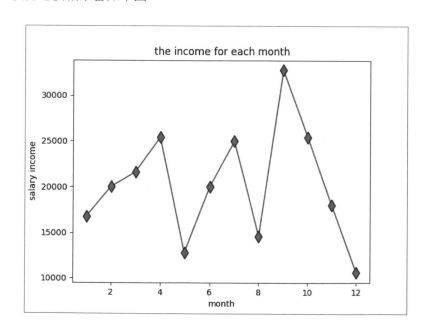

活學活用 2D 視覺化必學統計圖表

## 12-6 繪製數學函數圖形

我們知道數學函數的變數之間會有對應關係，譬如函數 y=f(x)，每指定一個 x 值都有一個 y 值與其對應，如果將 x,y 當成坐標，在平面上標出對應的點就能畫出函數圖形，直接觀察到圖形的變化，這種二維圖形很適合使用 Matplotlib 套件來繪製。本節就來介紹幾種數學函數圖形的應用。

### 12-6-1 繪製一元一次方程式

進入繪製函數圖形之前，我們要先來介紹一個好用的 NumPy 模組。

NumPy 模組是 Python 很重要的模組，具備平行處理的能力，能處理龐大的多維度矩陣資料（ndarray，N-dimensional array），提供高效能運算並提供更有效率的儲存資料方式。

Matplotlib 套件常常會搭配 NumPy 模組做資料的處理，不少重量級套件（例如 Pandas、SciPy 等）也會搭配 NumPy 模組來做應用。

NumPy 模組使用之前同樣必須先匯入，下行是匯入 NumPy 模組並指定別名為 np 的語法。

```
import numpy as np
```

現在我們就從基本的一元一次方程式的圖形來實作。

### 範例程式 math01.py ▶ 一元一次方程式的圖形

```
01  # -*- coding: utf-8 -*-
02
03  import matplotlib.pyplot as plt
04  import numpy as np
05
06  x = np.linspace(0, 30, 20)
07  y = 3*x+2
08  plt.plot(x,y,color='red')
09  plt.xlabel('x')
10  plt.ylabel('y')
```

```
11  plt.title('Unary equation')
12  plt.grid(b=True, which='major')
13  plt.show()
```

執行結果

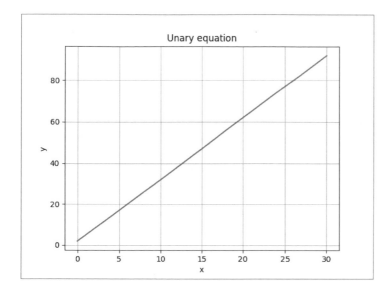

範例需要取 x 值的樣本，這裡我們利用 NumPy 套件的 linspace 方法來快速產生，語法如下：

```
np.linspace(start, stop, num[, endpoint][, retstep][, dtype])
```

np.linspace() 會傳回間隔均勻等分的陣列（array），參數說明如下：

- **start**：數列的起始值

- **stop**：數列的結束值

- **num**：要產生的樣本數，必須為正整數，可省略，預設為 50

- **endpoint**：是否要包含結束值，參數值為布林（Ture/False），預設為 True

  True 或 1 表示樣本包含結束值，相當於閉區間 [a, b] = {x| a ≤ x ≤ b}

  False 或 0 表示樣本不包含結束值，相當於半開區間 [a, b) = {x| a ≤ x < b}

■ **retstep**：回傳值是否要包含樣本間距，參數值為布林（Ture/False），預設為 False

True 或 1 表示要回傳，回傳格式為：（樣本數列 , 間距）

False 或 0 表示不回傳

■ **dtype**：輸出的數列類型，例如 int、float、object，不指定會自動由輸入的值判斷類型

範例中 x 值是在閉區間 [-10, 10] 產生 30 個樣本數，如果您將 x 輸出，可以得到如下的陣列（array）：

```
[[ 0.          1.57894737  3.15789474  4.73684211  6.31578947
  7.89473684
   9.47368421 11.05263158 12.63157895 14.21052632 15.78947368
  17.36842105
  18.94736842 20.52631579 22.10526316 23.68421053 25.26315789
  26.84210526
  28.42105263 30.          ]
```

程式使用了 pyplot 模組的 grid() 方法，用來設定圖表是否要顯示格線，語法如下：

```
grid(b, which, axis, **kwargs)
```

參數說明如下：

■ **b**：是否要顯示格線，參數值為布林（True/False），True 是顯示；False 是不顯示。

■ **which**：設定要顯示的格線，參數值有 3 個，分別是 major（顯示主格線）、minor（顯示次要格線）、both

■ **axis**：設定顯示哪一軸的格線，參數值有 3 個，分別是 x、y、both

■ **\*\*kwargs**：設定格線屬性，常用的屬性有 color、linestyle、linewidth

## 12-6-2 繪製三角函數的圖形

NumPy 提供三角函數指令，使用方式非常簡單，下表為 NumPy 提供三角函數。

| 函數 | 說明 |
|------|------|
| sin(x) | 正弦 |
| cos(x) | 餘弦 |
| tan(x) | 正切 |
| arcsin(x) | 反正弦 |
| arccos(x) | 反餘弦 |
| arctan(x) | 反正切 |
| hypot(x1, x2) | 直角三角形求斜邊 |
| degrees(x) | 弧度轉換為角度 |
| radians(x) | 角度轉換為弧度 |
| deg2rad(x) | 角度轉換為弧度 |
| rad2deg(x) | 弧度轉換為角度 |

例如想要將角度 180 轉換為弧度，程式可以如下表示：

```
import numpy as np

r = np.deg2rad(180)
print(r)
```

執行之後會得到 3.141592653589793

接下來，我們試著繪製正弦函數 sin(x) 與餘弦函數 cos(x) 的圖形。

**範例程式　sin_cos.py ▶ 正弦、餘弦的基本函數圖形**

```
01   # -*- coding: utf-8 -*-
02   """
03   正弦函數 s=sin(x)
04   餘弦函數 c=cos(x)
05   """
```

```
06   import matplotlib.pyplot as plt
07   import numpy as np
08
09   x = np.linspace(-2*np.pi, 2*np.pi, 100)
10   s, c=np.sin(x), np.cos(x)
11   plt.plot(x, s)
12   plt.plot(x, c)
13   plt.xticks([-2*np.pi,-np.pi,0, np.pi, 2*np.pi],['-$2\pi$', '-$\
     pi$','0', '$\pi$', '$2\pi$'])
14   plt.legend(['sin','cos'])
15   plt.show()
```

**執行結果**

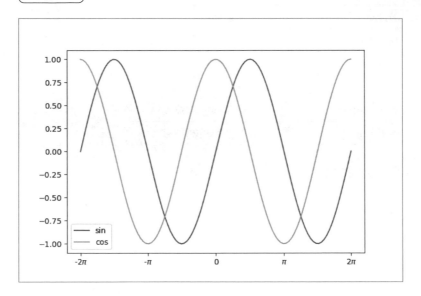

　　範例分別繪製 sin(x) 與 cos(x) 在 -2π ～ 2π 的圖形，樣本數取 100 個，圖表中有兩個圖形，為了讓人能了解哪個顏色代表哪一個圖形，可以加上圖例，語法如下：

```
plt.legend([*args][,**kwargs])
```

　　參數 *args 是圖例標籤內容，例如範例裡面指定圖例標籤名稱為 sin 與 cos，如下行：

```
plt.legend(['sin','cos'])
```

我們也可以直接將標籤名稱定義在 plot() 方法，例如：

```
plt.plot(x, s ,label='sin')
plt.plot(x, c ,label='cos')
```

如此一來，plt.legend() 就可以省略 *args 參數。

另一個參數 **kwargs 是設定圖例的屬性，常用的屬性有下列幾種：

| 屬性 | 說明 |
|------|------|
| loc | 圖例位置（設定值稍後說明） |
| fontsize | 字體大小（預設 10.0），可以輸入整數、浮點數或者下列屬性值<br>xx-small、x-small、small、medium、large、x-large、xx-large |
| frameon | 是否顯示圖例邊框，值為布林（True/False），預設為顯示（True） |
| edgecolor | 圖例邊框顏色（frameon 必須為 True） |
| facecolor | 圖例背景顏色（frameon 必須為 True） |

屬性 loc 是設定圖例在圖表中的位置，可以輸入位置字串或代碼，如果省略會預設為自動選擇適當位置（相當於 best），設定值請參考下表。

| 位置字串 | 代碼 |
|----------|------|
| 'best' | 0 |
| 'upper right' | 1 |
| 'upper left' | 2 |
| 'lower left' | 3 |
| 'lower right' | 4 |
| 'right' | 5 |
| 'center left' | 6 |
| 'center right' | 7 |
| 'lower center' | 8 |
| 'upper center' | 9 |
| 'center' | 10 |

活學活用 2D 視覺化必學統計圖表

舉例來說，前面範例的 legend 方法如果改為下式：

```
plt.legend(['sin','cos'],loc=3,fontsize='xx-large',edgecolor='y',facecolor='r')
```

執行的結果將如下圖：

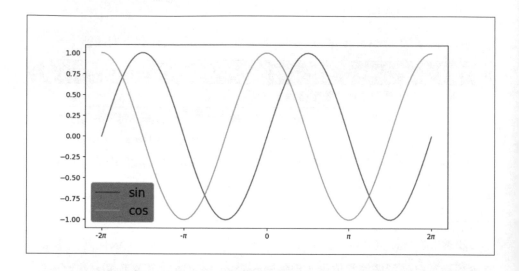

## 12-7 圓形圖

圓形圖（又稱為餅圖或派圖，pie chart）是一個劃分為幾個扇形的圓形統計圖表，能夠清楚顯示各類別數量相對於整體所佔的比重，在圓形圖中，每個扇區的弧長大小為其所表示的數量的比例，這些扇區合在一起剛好是一個完全的圓形。經常使用於商業統計圖表，譬如各業務單位的銷售額、各種選舉的實際得票數等等，稍後將介紹圓形圖的製作方式。圓形圖是以每個扇形區相對於整個圓形的大小或百分比來繪製，使用的是 matplotlib 的 pie 函數，語法如下：

```
plt.pie(x, explode, labels, colors, autopct, pctdistance, shadow,
labeldistance,startangle, radius, counterclock, wedgeprops, textprops,
center, frame,rotatelabels)
```

除了 x 之外，其他參數都可省略，參數說明如下：

■ **x**：繪圖的數組

- **explode**：設定個別扇形區偏移的距離，用意是凸顯某一塊扇形區，值是與 x 元素個數相同的數組。

- **labels**：圖例標籤

- **colors**：指定餅圖的填滿顏色

- **autopct**：顯示比率標記，標記可以是字串或函數，字串格式是 %，例如：%d（整數）、%f（浮點數），預設值是無（None）

- **pctdistance**：設置比率標記與圓心的距離，預設值是 0.6

- **shadow**：是否添加餅圖的陰影效果，值為布林（True/False），預設值 False

- **labeldistance**：指定各扇形圖例與圓心的距離，值為浮點數，預設值 1.1

- **startangle**：設置餅圖的起始角度

- **radius**：指定半徑

- **counterclock**：指定餅圖呈現方式逆時針或順時針，值為布林（True/False），預設為 True

- **wedgeprops**：指定餅圖邊界的屬性

- **textprops**：指定餅圖文字屬性

- **center**：指定中心點位置，預設為（0,0）

- **frame**：是否要顯示餅圖的圖框，值為布林（True/False），預設為 False

- **rotatelabels**：標籤文字是否要隨著扇形轉向，值為布林（True/False），預設為 False

假設雲端科技公司做了員工旅遊地點的問券調查，調查結果如下表：

| 項目 | 人數 |
|------|------|
| 高雄 | 26 |
| 花蓮 | 12 |
| 台中 | 21 |
| 澎湖 | 25 |
| 宜蘭 | 35 |

我們來看看要如何將這個調查結果以圓餅圖來呈現。

範例程式 **pie.py** ▶ 滿意度調查圓餅圖

```
01  # -*- coding: utf-8 -*-
02
03  import matplotlib.pyplot as plt
04
05  plt.rcParams['font.sans-serif'] ='Microsoft JhengHei'
06  plt.rcParams['font.size']=12
07
08  x = [26,12,21,25,35]
09  labels = '高雄','花蓮','台中','澎湖','宜蘭'
10  explode = (0.2, 0, 0, 0,0)
11  plt.pie(x,labels=labels, explode=explode, autopct='%.1f%%',
12          shadow=True)
13
14  plt.show()
```

執行結果

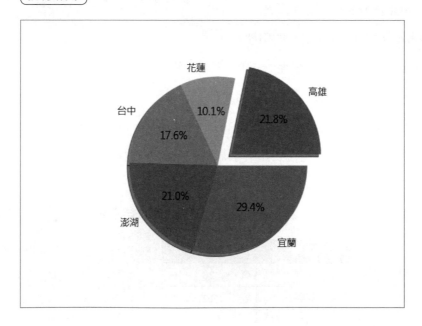

Python×ChatGPT 程式設計實務 - 從入門到精通 step by step

從圓餅圖就能清楚看出每個項目的相對比例關係，範例中為了凸顯「高雄」這個項目，所以加了 explode 參數，將第一個項目設為偏移 0.2 的距離。autopct 參數是設定每一個扇形顯示的文字標籤格式，這裡參數值是如下表示：

```
'%.1f%%'
```

前面的「%.1f」指定小數點 1 位的浮點數，因為 % 是關鍵字，不能直接使用，必須使用「%%」才能輸出百分比符號。

## 12-8 以子圖方式呈現多圖

介紹了這麼多種圖形，如果想放在一起顯示可以嗎？本單元將示範如何利用子圖功能將多種圖形組合在一起顯示。在資料呈現上，長條圖可以看出趨勢、圖形圖可以快速的看出數值佔比，老闆總是希望能夠一張圖表就看到長條圖、圓形圖，讓資料能更即時，更快掌握狀況。這時候就可以利用 matplotlib 的 subplot（子圖）功能來製作。

subplot 可以將多個子圖顯示在一個視窗（figure），先來看看 subplot 基本用法。

```
plt.subplot(rows,cols,n)
```

參數 rows、cols 是設定如何分割視窗，n 則是繪圖在哪一區，逗號可以不寫，參數說明如下（請參考下圖對照）：

■ **rows,cols**：將視窗分成 cols 行 rows 列，例如下圖為 plt.subplot(3,4, n)。

■ **n**：圖形放在哪一個區域

| n=1 | n=2 | n=3 | n=4 |
|-----|-----|------|------|
| n=5 | n=6 | n=7 | n=8 |
| n=9 | n=10 | n=11 | n=12 |

例如 rows=2，cols=3，如果圖形想放置在 n=1 區塊，可以使用下列兩種寫法。

```
plt.subplot(2, 3, 1) 或 plt.subplot(231)
```

subplot 會回傳 AxesSubplot 物件，如果想要使用程式來刪除或添加圖形，可以利用下列指令：

```
ax=plt.subplot(2,3,1)   #ax 是 AxesSubplot 物件
plt.delaxes(ax)   # 從 figure 刪除 ax
plt.subplot(ax)   # 將 ax 再次加入 figure
```

接下來，我們將前面所繪製過的圖形分別放在 4 個子圖，請跟著範例練習看看。

### 範例程式　subplot.py ▶ 建立子圖

```
01  # -*- coding: utf-8 -*-
02
03  import matplotlib.pyplot as plt
04
05  plt.rcParams['font.sans-serif'] ='Microsoft JhengHei'
06  plt.rcParams['font.size']=12
07
08  # 折線圖
09  def lineChart(s,x):
10  plt.xlabel(' 城市名稱 ')
11  plt.ylabel(' 民調原分比 ')
12  plt.title(' 各種城市喜好度比較 ')
13  plt.plot(x, s, marker='.')
14
15  # 長條圖
16  def barChart(s,x):
17  plt.xlabel(' 城市名稱 ')
18  plt.ylabel(' 民調原分比 ')
19  plt.title(' 各種城市喜好度比較 ')
20  plt.bar(x, s)
21
22  # 橫條圖
23  def barhChart(s,x):
24  plt.barh(x, s)
25
26  # 圓餅圖
27  def pieChart(s,x):
```

```python
28   plt.pie(s,labels=x, autopct='%.2f%%')
29
30   # 要繪圖的數據
31   x = ['第一季', '第二季', '第三季', '第四季']
32   s = [13.2, 20.1, 11.9, 14.2]
33
34   # 定義子圖
35   plt.figure(1, figsize=(8, 6),clear=True)
36   plt.subplots_adjust(left=0.1, right=0.95)
37
38   plt.subplot(2,2,1)
39   pieChart(s,x)
40
41   x = ['程式設計概論', '多媒體概論', '計算機概論', '網路概論']
42   s = [3560, 4000, 4356, 1800]
43   plt.subplot(2,2,2)
44   barhChart(s,x)
45
46   x = ['新北市', '台北市', '高雄市', '台南市','桃園市','台中市']
47   s = [0.2, 0.3, 0.15, 0.23,0.19, 0.27]
48   plt.subplot(223)
49   lineChart(s,x)
50
51   plt.subplot(224)
52   barChart(s,x)
53
54   plt.show()
```

活學活用 2D 視覺化必學統計圖表

**執行結果**

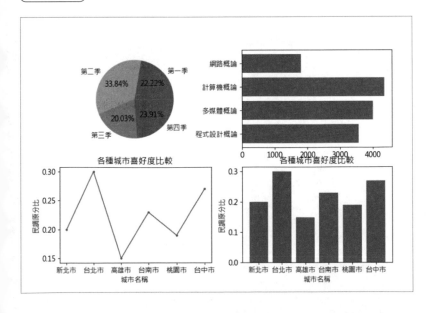

程式 35 行定義了 Figure 視窗的大小，figsize 值是 tuple，定義寬跟高
（width, height），預設值為（6.4, 4.8）。程式 36 行是調整子圖與 figure 視窗邊
框的距離，subplots_adjust 的用法如下：

```
subplots_adjust(left, bottom, right, top, wspace, hspace)
```

參數 left、bottom、right、top 是控制子圖與 figure 視窗的距離，預設值為
left =0.125、right=0.9、bottom=0.1、top = 0.9，wspace 和 hspace 用來控制子
圖之間寬度和高度的百分比，預設是 0.2。

本章課後習題

## 一、選擇題

（　） 1. Matplotlib 可以繪製下列何種圖形？

(A) 散點圖　　　(B) 直方圖　　　(C) 折線圖　　　(D) 以上皆可

（　） 2. 下列關於 Matplotlib 套件的說明何者不正確？

(A) Matplotlib 是一個強大的 2D 繪圖程式庫

(B) 在官網提供各種圖表範例的外觀與程式碼

(C) Matplotlib 模組常與 NumPy 套件一起使用

(D) 折線圖一種以視覺化長方形的長度為變量的統計圖表

（　） 3. 有關在 Matplotlib 套件中指定色彩的方式不包括？

(A) 色彩的英文全名

(B) HEX（十六進位碼）

(C) RGB

(D) 以上三種方式皆可以

## 二、填充題

1. ＿＿＿＿＿＿ 是一個強大的 2D 繪圖程式庫，只需要幾行程式碼就能輕鬆產生各式圖表，例如直條圖、折線圖、圓餅圖。

2. ＿＿＿＿＿＿ 主要的特色是能夠清楚顯示各類別數量相對於整體所佔的比重。

3. 如果希望能夠一張圖表就看到長條圖、圓形圖，可以利用 Matplotlib 的 ＿＿＿＿＿＿ 功能來製作。

4. 折線圖是使用 Matplotlib 的 ＿＿＿＿＿＿ 模組，使用前必須先匯入。

5. Matplotlib 的所有屬性是定義在 ＿＿＿＿＿＿ 文件。

6. linewidth 屬性是用來設定線條寬度，可縮寫為 ＿＿＿＿＿＿，值為浮點數，預設值為 1。

7. _____ 可以推論、預測數量的變化，因此常用來表現趨勢及走勢；而 _____ 容易看出數據的大小，經常拿來比較數據之間的差異。

8. 如果希望能夠一張圖表就看到多種不同類型的圖表，例如：長條圖、圓形圖，讓資料能更即時，可以利用 Matplotlib 的 _____ 功能來製作。

9. arange() 就類似 Python 的 range()，只是 arange() 回傳的是 _____； range() 回傳的是 _____。

10. 使用 Matplotlib 模組圖表繪製的過程中，_____ 屬性是用來設定線條寬度。

### 三、簡答題

1. 請說明以 pyplot 模組繪製圖形的參考步驟。

2. 請說明 Matplotlib 指定色彩的方法。

3. 請簡述橫條圖與長條圖兩者間的異同？

4. 請簡述 NumPy 模組的基本功能及應用範圍。

# 13
CHAPTER

# 玩轉繪圖與影像處理
# 的私房攻略

人臉辨識系統就是人工智慧的常見應用

　　隨著人工智慧的快速發展，視覺與影像處理的應用越來越多元，舉凡人臉辨識、自駕車、醫療影像等都與影像處理技術息息相關，Python 有不少著名的影像處理模組，不僅功能強大而且簡單易用。舉例來說，turtle 模組是很適合程式設計初學者學習電腦繪圖的工具，只要透過一些指令，就能繪製基本的圖形。

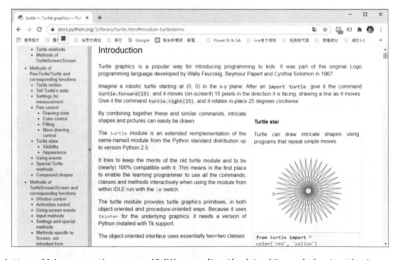

https://docs.python.org/3/library/turtle.html#module-turtledemo

另外 Pillow 是 Python 中著名的影像處理套件，可以用來轉檔、調色、濾鏡、浮水印等影像處理的初階應用。例如下列二圖分為圖像的旋轉及為圖片加入濾鏡的效果，這些影像的變化都只要透過一兩個簡易的指令就可以輕鬆達到影像處理的效果。

近來行動支付常使用的 QR Code 也是屬於影像的應用，本章也會教導如何利用程式來產生 QR Code。

## 13-1 turtle 圖形繪製

「海龜繪圖法」（Turtle Graphics）是利用程式實作電腦繪圖相當著名的繪圖法，起源於 LOGO 程式語言，它的原理是把畫筆想像成一隻小海龜，利用前進、後退、左轉、右轉等簡單的動作來讓畫筆移動，只要導入適當的演算法，就可以幫助程式初學者繪製各式各樣的幾何圖形，例如下列各圖都是利用海龜繪圖模組 turtle 繪製出來的圖形。

turtle 模組語法簡單易學，其模組運作的原理是先建立一個視窗（畫布），再產生一支海龜（筆），接著只要下指令就可以讓海龜移動作畫，各位可以透過指令設定畫筆的粗細、顏色。要快速了解 turtle 模組繪圖的方法，將步驟整理如下：

1. 載入 turtle 模組

2. 建立 Turtle Screen 物件實體

3. 建立 Turtle 物件實體，建立一個海龜

4. 移動海龜

5. 結束程式

接著就請各位參考底下範例建立自己第一個海龜繪圖的程式。

**範例程式** **first_turtle.py** ▶ 第一隻海龜繪圖

```
01  import turtle  # 載入 turtle 模組
02  wd = turtle.Screen()   # 建立名為 wd 的 screen 實體
03  pen = turtle.Turtle()    # 建立一個名為 tu 的海龜 turtle 實體
04  pen.forward(50)   #tu 往前 50pixels
05  pen.right(90)   #tu 往右轉 90 度
06  pen.forward(150)    #tu 往前 150pixels
07  wd.exitonclick()     # 在視窗任一位置按下滑鼠左鍵關閉視窗
```

執行結果

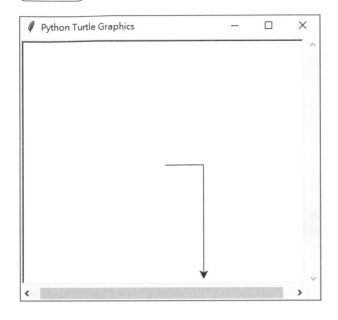

首先必須匯入 turtle 模組，再利用 turtle 模組裡的 Screen() 方法產生一個螢幕物件實體，並指派給變數 wd；利用 turtle 模組裡的 Turtle() 方法產生一個海龜物件實體，並指派給變數 pen。程式執行時會開啟 PythonTurtle Graphics 視窗來繪圖，視窗的中心點也就是座標（0,0）的位置，橫軸是 x、縱軸是 y，標準模式預設一開始海龜面向右方，第 4 行往前 50pixels 距離也就是從 0 點為起點往 x 軸右方移動 50pixels，第 5 行右轉 90 度，此時海龜會面向 y 軸往下，第 6 行往前 150pixels，海龜就會往前走 150pixels 了。

## 13-1-1　常用的 Turtle 及 Screen 控制方法（methods）

當我們匯入 Turtle 模組之後，就可以使用模組的 TurtleScreen 物件及 turtle 物件，並呼叫各自提供的方法來繪圖。Turtle 模組的函數很多，下表是 TurtleScreen 物件常用的控制方法。

| 方法 | 說明 |
|------|------|
| bgcolor(c)<br>bgcolor() | 設定視窗背景顏色，參數 c 可以是顏色名稱或 HEX 值，如果不填參數表示回傳目前的視窗背景色 |
| setup(width, height, startx, starty) | 設定螢幕寬高及視窗位置 |
| screensize(width, height)<br>screensize() | 設定螢幕寬高，如果不填參數表示回傳目前的螢幕大小 |
| clear() | 清空繪圖，但是 turtle 的位置和狀態不會改變 |
| reset() | 清空繪圖，turtle 重新居中並回復預設值 |

Turtle 物件常用的控制方法：

| 方法 | 說明 |
|------|------|
| color(c)<br>color() | 畫筆顏色，如果不填參數表示回傳目前的畫筆顏色 |
| fillcolor(c)<br>fillcolor() | 圖形的填充顏色，如果不填參數表示回傳目前圖形的填充顏色 |
| color(color1, color2) | 同時指定畫筆顏色與內部填色。<br>color1 指定畫筆的顏色<br>color2 指定內部填色 |
| begin_fill() | 準備開始填色 |
| end_fill() | 填色完成 |
| pensize(width)<br>pensize() | 線條粗細，如果 width 不填表示傳回目前的線條粗細 |
| speed(s) | 設定繪製速度，參數 s 可以是數字 0 ～ 10 或速度字串，速度字串對應數字如下：<br>"slowest": 1<br>"slow": 3<br>"normal": 6<br>"fast": 10<br>"fastest": 0 |
| hideturtle() | 隱藏 turtle |
| showturtle() | 顯示 turtle |
| isvisible() | 回傳 turtle 是否可見，隱藏會回傳 false; 可見回傳 true |

| 方法 | 說明 |
|------|------|
| shape(s)<br>shape() | 指定 turtle 樣式；如果不填參數表示回傳目前的 turtle 樣式。<br>參數 s 有下列幾種設定值：<br>"arrow"：箭頭（預設值）<br>"turtle"：烏龜<br>"circle"：圓形<br>"square"：方形<br>"triangle"：三角形<br>"classic"：經典小箭頭 |
| exitonclick() | 點擊視窗時離開程式 |

接下來的例子將示範如可應用這些方法，包括：設定螢幕的顏色、海龜線條顏色、線條寬度、線條寬度、海龜繪圖速度等。

**範例程式** turtle_method.py

```
01  # -*- coding: utf-8 -*-
02  import turtle
03  wd = turtle.Screen()   # 建立 turtle screen 實體
04  wd.setup(width=.3, height=200, startx=None, starty=None) # 視窗大小與
    位置
05  wd.bgcolor("green")    # 設定底色
06  pen = turtle.Turtle()  # 建立一個海龜 turtle 實體
07  pen.shape("arrow")     # 海龜樣式
08  pen.color("yellow","#ff00ff")  # 海龜線條顏色與填色顏色
09  pen.pensize(10)    # 線條寬度
10  pen.speed(3)       # 海龜繪圖速度
11  pen.forward(50)
12  pen.right(90)
13  pen.forward(50)
14  pen.right(90)
15  pen.forward(50)
16  wd.exitonclick()
17  turtle.done() # 結束 tutle 繪圖
```


玩轉繪圖與影像處理的私房攻略

執行結果

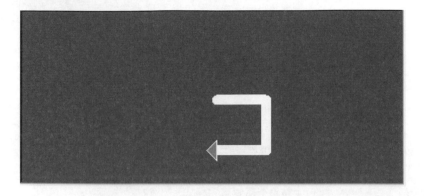

程式第 4 行利用 setup 函數設定視窗大小位置，寬度與高度可以輸入 pixels 或百分比，範例中寬度（width）輸入「.3」表示寬度佔螢幕的 30%，startx 是從螢幕左邊源起算的距離；starty 是從螢幕上緣起算的距離，輸入 none，表示維持預設值也就是 50% 的位置。

## 13-1-2　Turtle 繪圖指令

前面談的是 Turtle 及 TurtleScreen 物件常用的控制方法，接著就來介紹 Turtle 的繪圖指令都是很簡單的方法，常用的方法列於下表：

| 方法 | 說明 |
|------|------|
| forward(x)<br>fd(x) | 向前走 x 距離，例如 forward(100) 表示往前走 100pixels 可以簡寫為 fd(100) |
| backward(x)<br>bk(x)<br>back(x) | 向後走 x 距離 |
| right(a)<br>rt(a) | 向右（順時針）旋轉 a 角度 |
| left(a)<br>lt(a) | 向左（逆時針）旋轉 a 角度 |
| up()<br>penup() | 提筆 |

| 方法 | 說明 |
|---|---|
| down()<br>pendown() | 下筆 |
| goto(x,y) | 移到指定座標位置 |
| setx(x 座標值 ) | 將當前座標 x 移動到指定位置 |
| sety(y 座標值 ) | 將當前座標 y 移動到指定位置 |
| setpos(x,y) | 移到絕對位置 |
| setheading( 角度 )<br>seth( 角度 ) | 設定面向角度 |
| home() | 將海龜移回原點，坐標 (0,0) 位置，面朝東 |
| circle(r) | 畫一個指定半徑 r 的圓 |
| dot()<br>dot(size, color) | 在目前位置加上一個圓點，加上參數可指定直徑（size）與顏色（color） |
| write(s) | 在目前位置加上文字 s |
| pos() | 傳回目前的位置 (x,y) |

turtle 模組完整的可用方法詳列在 https://docs.python.org/3/library/turtle.html，讀者可以前往查閱。

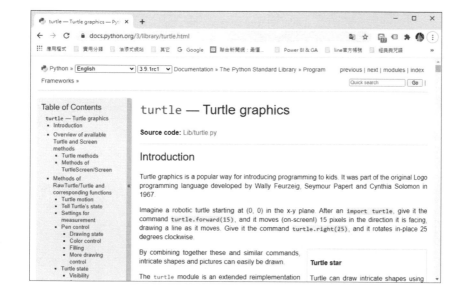

玩轉繪圖與影像處理的私房攻略

**範例程式** **turtle_draw.py** ▶ turtle 繪圖

```
01   # -*- coding: utf-8 -*-
02
03   import turtle
04   wd = turtle.Screen()     # 建立 turtle screen 實體
05   wd.setup(width=.5, height=200)  # 視窗大小與位置
06   wd.title("turtle 繪圖真有趣，簡單又易學 ")
07   tu = turtle.Turtle()        # 建立海龜 turtle 實體
08   tu.color('green')
09   tu.pensize(5)
10   tu.penup()
11   tu.setx(-100)
12   tu.pendown()
13   for x in range(10):
14       tu.circle(30)
15       tu.right(360/10)
16
17   tu2 = turtle.Turtle()        # 建立第二個海龜名為 tu2
18   tu2.color('#FF00FF', '#55CCBB')
19   tu2.penup()
20   tu2.goto(120,-120)
21   tu2.pendown()
22   tu2.begin_fill()
23   for x in range(10):
24       tu2.forward(100)
25       tu2.left(720/5)
26   tu2.end_fill()
27
28   wd.exitonclick()
29   turtle.done()
```

**執行結果**

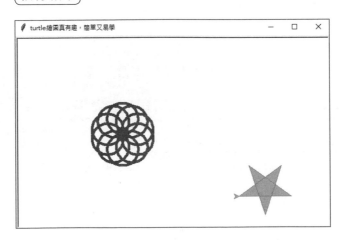

程式分別建立兩個 turtle 實體名稱為 tu 及 tu2，為了讓圖形能分別在適當的位置，tu 實體一開始先利用 penup() 方法將畫筆提起，再利用 setx() 方法定位之後再下筆，如底下程式：

```
tu.penup()
tu.setx(-100)
tu.pendown()
```

您可以試著拿掉 tu.penup() 及 tu.pendown() 這兩行程式，看看執行結果有甚麼不同。

TIPS

**輸入問題**：請設計一簡單 Python 程式，使用海龜繪圖法。

**ChatGPT 回答畫面**（範例程式：turtle_draw(CGPT).py）：

當然，以下是一個使用海龜繪圖法的簡單 Python 程式，可以繪製一個彩色的正方形：

```python
import turtle

# 設定畫布和海龜
screen = turtle.Screen()
screen.bgcolor("white")
turtle.speed(1)

# 繪製彩色正方形
colors = ["red", "orange", "yellow", "green", "blue", "purple"]
for color in colors:
    turtle.color(color)
    turtle.begin_fill()  # 開始填充顏色
    for _ in range(4):
        turtle.forward(100)
        turtle.right(90)
```

這個程式會使用不同的顏色繪製一系列正方形，每個正方形之間有一段間隔。您可以根據需要修改顏色串列、正方形的大小和間隔來調整圖案。只需將上述代碼保存為 Python 檔案，然後運行它，您將在畫布上看到一個彩色的正方形序列。

玩轉繪圖與影像處理的私房攻略

## 13-2 pillow 圖形處理

談到 Python 影像與圖形資料的處理最著名的套件非 Python Imaging Library（PIL）莫屬，本章就來介紹 pillow 套件的用法。pillow 並不是 Python 內建的套件，請執行下行指令安裝 pillow：

```
pip install pillow
```

pillow 常用的模組有 Image、ImageEnhance，提供了影像處理軟體許多實用的功能，例如：讀寫圖檔、圖片剪裁、旋轉以及調整影像亮度、色調與對比…等。pillow 模組使用之前同樣必須先載入，例如想要將某個圖檔另存為一個新檔，會必須先行載入 Image 模組，並利用 open() 方法開啟圖片，再以 save() 方法來另存圖檔，操作結束使用 close() 方法關閉物件，其實使用 close() 方法關閉檔案的目的是為了釋放作業系統資源，雖然不關閉檔案仍可以執行無誤，不過開發大型應用程式時，有可能導致無法預期的後果，最好還是養成關檔的好習慣。程式碼如下：

```
from PIL import Image
im = Image.open("images/01.jpg")
im.save( "images/01_new.jpg" )
im.close()
```

除了上述寫法之外開啟檔案可以利用 with/as 敘述避免忘記結束物件，一旦離開 with 區塊時 im 物件會自動關閉，不需要再加上 im.close()。程式可以改寫成如下的程式碼：

```
from PIL import Image
with Image.open("images/01.jpg") as im:
   im.save( "images/01_new.jpg" )
```

Image 物件的 save() 方法有不同的選項參數，格式如下：

```
Image.save( fp, format, params )
```

- **fp**：影像的檔案名稱

- **format**：圖檔格式。如果省略不寫，則使用的格式由圖檔的副檔名而定

- **params**：額外選項。不同的檔案格式有各自的額外選項，例如 JPEG 格式有 quality 選項可以設定影像的品質，設定值從整數 1（最差）到 95（最佳），預設值是 75。

舉例來說想要將前面範例的 01.jpg 圖檔儲存為最佳品質的 02_new.jpg，程式可以這樣寫：

```
im.save("images/02_new.jpg", quality=500 )
```

您可以比較一下 p1_new.jpg 及 p2_new.jpg 的圖檔大小，影像品質愈高，檔案大小也愈大。關於各種影像格式的額外選項，您可以參考 pillow 官方文件說明，網址 https://pillow.readthedocs.io/en/stable/，查閱 Image Module 裡的 Image.save() 方法就可以找到圖檔格式文件（image format documentation）。

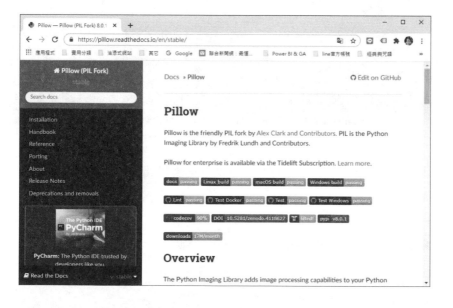

下表是 Image 物件常用的屬性，這些屬性可以協助查看圖檔的格式、色彩模式、影像大小等資訊。

| 屬性 | 說明 |
|---|---|
| format | 圖檔格式 |
| mode | 影像的色彩模式 |
| width | 影像的寬度，單位像素（pixels） |
| height | 影像的高度，單位像素（pixels） |
| size | 影像尺寸，傳回影像的寬度跟高度值，格式是元組（tuple） |

**TIPS**

輸入問題：除了 PIL，還有其他的影像處理庫嗎？

**ChatGPT 回答畫面：**

是的，除了 PIL（Python Imaging Library），還有其他一些常用的影像處理庫，這些庫提供了更多進階的功能和更大的彈性。以下是幾個常見的替代方案：

1. **OpenCV（Open Source Computer Vision Library）**：OpenCV 是一個強大的開源計算機視覺庫，提供了廣泛的影像處理、計算機視覺和機器學習功能。它支援多種編程語言，包括 Python，可以用來處理影像、進行特徵提取、物件偵測、人臉識別等。

2. **scikit-image**：scikit-image 是基於 SciPy 開發的一個影像處理庫，提供了許多影像處理和計算機視覺算法，適用於科學計算和機器學習的應用。

3. **imageio**：imageio 是一個用於讀寫各種影像和影片格式的庫，它支援多種格式，並且具有簡單易用的 API。

4. **SimpleCV**：SimpleCV 是一個用於處理影像和計算機視覺的簡單框架，它旨在使影像處理變得更容易，尤其適合初學者。

5. **Mahotas**：Mahotas 是一個快速的影像處理庫，提供了許多計算機視覺和特徵提取的功能。

接下來的例子就來示範如何透過這些 Image 物件常用的屬性來查看特影像的資訊細節：

**範例程式** **image_attr.py** ▶ 顯示影像資訊

```
01   from PIL import Image
02   im = Image.open("pic/1.jpg")
03   print(im.format)
04   print(im.mode)
05   print(im.width)
06   print(im.height)
07   print(im.size)
```

執行結果

```
JPEG
RGB
1108
1478
(1108, 1478)
```

　　從執行結果可以看出，圖檔格式是 JPEG 檔案，尺寸是寬 1108 像素、高 1478 像素，RGB 全彩模式。這些影像資訊將會對接下來要學習的影像編輯很有幫助，底下就來一步一步學習 pillow 影像編輯的方法。

## 13-2-1　影像的亮度、色調、對比及銳利度

ImageEnhance 模組可以調整影像的亮度、色調、對比及銳利度等等。

| 方法 | 說明 |
|------|------|
| enhance(factor) | 控制調整的數值，參數 factor 是調整係數，值為浮點數，係數值 =1 表示原始影像，值小於 1 表示減弱；值大於 1 表示增強 |
| Color(image) | 調整色彩平衡，搭配 enhance() 方法調整設定值 |
| Contrast(image) | 調整對比，搭配 enhance() 方法調整設定值 |
| Brightness(image) | 調整亮度搭配 enhance() 方法調整設定值 |
| Sharpness(image) | 調整銳利度，搭配 enhance() 方法調整設定值 |

　　底下以範例檔「1.jpg」圖檔來做示範說明。

範例程式 **ImageEnhance.py** ▶ 調整影像對比與亮度

```
01   from PIL import Image,ImageEnhance
02   with Image.open("pic/1.jpg") as im:
03       new_im = ImageEnhance.Contrast(im).enhance(0.3)
04       new_im.save( "pic/1_Contrast.jpg")
```

執行結果

範例中 enhance() 的參數值為 0.3，執行後影像對比就不一樣了。其它明暗、色調、銳利度各位可以試著修改不同方法，自行體驗影像在明暗、色調、銳利度會有什麼變化，在此就不在特別做進一步程式的示範。

## 13-2-2　影像的縮放 resize()

Image 模組提供了 resize() 方法可以進行影像的縮放處理。執行之後會傳回新的 Image 物件，原始的 Image 物件並不會有影響，resize() 用法如下：

```
Image.resize(size, [resample],[box])
```

參數說明如下：

- **size**：圖檔的寬度與高度，格式是元組（tuple），例如（150, 100）表示寬度 150pixels，高度 100pixels

- **resample**：新的影像檔重新取樣的濾波器（resamplingfilters），這個參數可省略，有 6 個選項：

  Image.NEAREST：鄰近取樣，執行速度最快，品質最差（預設值）

  Image.BOX：方塊取樣

  Image.BILINEAR：雙線性取樣

  Image.HAMMING：Hamming 運算模式取樣

  Image.BICUBIC：雙立方取樣

  Image.LANCZOS：雙三次取樣，執行速度最差，品質最佳

  有關這 6 種濾波器的品質優劣比較由品質佳到品質差的順序如下：

  ```
  LANCZOS> BICUBIC> HAMMING> BILINEAR> BOX> NEAREST
  ```

  而執行速度快慢的比較由速度快到速度慢的順序如下：

  ```
  NEAREST> BOX> BILINEAR> HAMMING> BICUBIC> LANCZOS
  ```

- **box**：設定縮放的範圍，可省略，為 4 個元素的元組 (x, y, x1, y1)，分別為左上角座標及右下角座標，如果省略則表示以整張影像來縮放。

底下同樣以下圖 1.jpg 來舉例說明，1.jpg 圖檔透過底下範例來看看如何將寬度縮小為 300，高度等比例。在底下的程式中撰寫的技巧可以先指定新影像的寬度 (w)，再除以原影像的寬度，就能算出縮放比例 (r)，如此就能得到新影像的高度 (h)。至於如何取得影像的寬度與高度，只要透過 Image 物件的 size 屬性會回傳寬度與高度 2 個元素的元組（tuple），就可以快速取得，請看以下的程式示範。

玩轉繪圖與影像處理的私房攻略

**範例程式** **resize.py** ▶ 變更影像尺寸

```
01   # -*- coding: utf-8 -*-
02
03   from PIL import Image
04   with Image.open("pic/2.jpg") as im:
05       print('原圖片的尺寸大小 :',im.size)
06       w=300
07       r = w/im.size[0]
08       h = int(im.size[1]*r)
09       new_im = im.resize((w, h))
10       print('圖片經縮放後的尺寸大小 :',new_im.size)
11       new_im.save( "pic/2_resize.jpg" )
```

執行結果

```
原圖片的尺寸大小: (1108，1478)
圖片經縮放後的尺寸大小: (300，400)
```

## 13-2-3 影像剪裁 crop()

Image 物件的 crop() 方法可以進行影像的剪裁，執行之後會傳回新的 Image 物件，原始的 Image 物件並不會有影響，crop() 用法如下：

```
Image.crop(box)
```

參數 box 是設定要裁切的邊界，為 4 個元素的元組 (x, y, x1, y1)，分別為左上角座標及右下角座標。

底下範例以 4.jpg 來做例子，如果想要裁切出照片，實際來操作試試看。

原圖

裁切後圖像

**範例程式** **crop.py** ▶ 裁切影像

```
01  # -*- coding: utf-8 -*-
02
03  from PIL import Image
04  with Image.open("pic/4.jpg") as im:
05      print(im.size)
06      x = 100
07      y = 100
08      x1 = 1000
```

玩轉繪圖與影像處理的私房攻略

```
09      y1 = 1400
10      new_im = im.crop((x, y, x1, y1))
11      print(new_im.size)
12      new_im.save( "pic/4_crop.jpg")
```

執行結果

```
原圖片的尺寸大小：(1108，1478)
圖片經裁切後的尺寸大小：(900，1300)
```

## 13-2-4 rotate()：旋轉影像、transpose()：旋轉或翻轉影像

旋轉是影像編輯常常使用到的功能，pillow 提供兩個方法可以使用，分別是 rotate() 與 transpose()，兩者差別在於 transpose() 方法是以 90 度為單位翻轉或旋轉。先來看看 rotate 指令的用法：

```
Image.rotate(angle,[resample],[expand],[center], [translate],[fillcolor])
```

參數說明如下：

■ **angle**：逆時針旋轉角度

■ **resample**：重新取樣濾波器，可省略

■ **expand**：旋轉後超出影像時，是否要擴大影像，0 是不擴大；1 是擴大，可省略，預設值為 0

■ **center**：設定旋轉中心點，值為 2 元組 (x,y)，可省略，預設值為影像的中心點

■ **translate**：設定偏移距離，值為 2 元組 (x,y)，可省略

■ **fillcolor**：旋轉後影像外圍預設會以黑色填滿，此參數可以變更填滿顏色，可省略

底下指令可以將 3.jpg 逆時針旋轉 60 度，擴大影像，填滿顏色為 #BBCC55：

```
im.rotate(60,Image.BILINEAR,1,None,None,'#BBCC55')
```

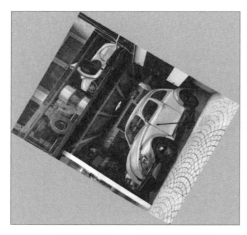

**expand 參數設為 1，表示擴大影像 expand 參數設為 0，表示不擴大影像**

transpose() 是將影像以 90 度為單位翻轉或旋轉，用法如下：

```
Image.transpose(method)
```

參數 method 有下列幾種設定值：

Image.FLIP_LEFT_RIGHT：水平翻轉

Image.FLIP_TOP_BOTTOM：垂直翻轉

Image.ROTATE_90：逆時針旋轉 90 度

Image.ROTATE_180：逆時針旋轉 180 度

Image.ROTATE_270：逆時針旋轉 270 度

Image.TRANSPOSE：影像逆時針旋轉 90 度並垂直鏡射

Image.TRANSVERSE：影像逆時針旋轉 90 度並水平鏡射

Image.TRANSPOSE 與 Image.TRANSVERSE 是新加入的參數，能同時實現影像旋轉與鏡射，下圖為兩者所呈現的效果。

```
01  # -*- coding: utf-8 -*-
02
03  from PIL import Image,ImageEnhance
04  with Image.open("pic/8.jpg") as im:
05      new_im = im.transpose(Image.FLIP_LEFT_RIGHT)
06      new_im.save( "pic/8_1.jpg")
07      new_im = im.transpose(Image.FLIP_TOP_BOTTOM)
08      new_im.save( "pic/8_2.jpg")
09      new_im = im.transpose(Image.ROTATE_90)
10      new_im.save( "pic/8_3.jpg")
11      new_im = im.transpose(Image.ROTATE_180)
12      new_im.save( "pic/8_4.jpg")
13      new_im = im.transpose(Image.ROTATE_270)
14      new_im.save( "pic/8_5.jpg")
15      new_im = im.transpose(Image.TRANSPOSE)
16      new_im.save( "pic/8_6.jpg")
17      new_im = im.transpose(Image.TRANSVERSE)
18      new_im.save( "pic/8_7.jpg")
```

原圖

Image.TRANSPOSE

Image.TRANSVERSE

## 13-2-5　圖片濾鏡特效

　　PIL/Pillow 是 Python 強大的圖像處理庫，除了基本圖像操作、圖像儲存、圖像顯示、格式轉換、圖像繪製功能，其中的圖像濾鏡功能更可以幫助各位為圖片產生許多不同的圖片外觀，要使用 PIL 提供的濾鏡功能，必須從 pillow 套件匯入 ImageFilter 模組，比較常見的濾鏡效果包括：ImageFilter.BLUR 模糊濾鏡、ImageFilter.CONTOUR 輪廓、ImageFilter.EDGE_ENHANCE 邊界加強、ImageFilter.EDGE_ENHANCE_MORE 邊界加強（閥值更大）、ImageFilter.EMBOSS 浮雕濾鏡、ImageFilter.FIND_EDGES 邊界濾鏡、ImageFilter.SMOOTH 平滑濾鏡、ImageFilter.SMOOTH_MORE 平滑濾鏡（閥值更大）、ImageFilter.SHARPEN 銳化濾鏡、…等，其語法如下：

```
from PIL import Image,ImageFilter
im=Image.open(" 圖檔路徑及名稱 ")
new=im.filter(ImageFilter.EMBOSS)
new.show()
```

下列各圖為未執行濾鏡前的原圖及執行各種不同濾鏡的效果外觀：

原圖

EMBOSS

玩轉繪圖與影像處理的私房攻略

原圖

BLUR

原圖

CONTOUR

# 13-3 產生 QR Code 碼

近年來 QR Code 應用越來越多元,它也是一種影像編碼的應用,QR Code 是 Quick Response Code 的縮寫,是二維條碼的一種,相信您曾經在宣傳活動或名片上看見如下圖黑白的小方塊圖案。這個圖案就是 QR Code。其外觀如下:

透過 QR Code 資料都快速被讀取,除了辨識快速之外,還有儲存資料量大、面積小以及容錯率高等優點。常見的 QR 碼的應用有下列 4 類:文字資訊傳輸、網頁網址連結、行動支付、電子票券,Python 提供了套件可以讓程式設計者很容易就能產生 QR Code。QR Code 具有容錯的能力,資料區內除了存放原始資料之外,還有容錯資料,容錯率愈高所需要的容錯區域就愈大,容錯率最高可到 30%。

> **TIPS**
>
> **輸入問題**:QR Code 的安全性如何?
>
> **ChatGPT 回答畫面:**
>
> > QR碼的安全性取決於使用者的警惕和措施。儘管QR碼本身不具備強大的安全性,但如果用戶謹慎掃描來源可信的碼、避免隨意點擊連結、檢查連結的目標,以及確保設備有最新的安全軟件,就能降低受到惡意軟件或鏈接的風險。因此,用戶在使用QR碼時需保持警惕,以確保個人資訊和設備的安全。

根據國際標準規定,完整的 QR Code 每一邊至少保留 4 個模塊(module)寬的白邊,避免 QR Code 外圍的其他圖形影響了定位圖塊的辨識。QRCode 目前有 40 個不同的符號版本規格,版本編號從 1 ~ 40,版本 1 由 21*21 模塊組成，每增加一個版本，長寬各增加 4 個模塊，版本 40 為 177*177 模塊，版本愈大密度愈高，可儲存之資料量也會增加，相對地密度太高也會增加辨識的困難度，這一節我們就來認識 QR Code 並產生 QR Code。

## 13-3-1 產生 QR Code 碼

qrcode 並不是 Python 內建的套件，請執行下行指令安裝 qrcode：

```
pip install qrcode
```

qrcode 模組使用 PIL 模組來產生 QR Code 圖片，如果尚未安裝請安裝 pillow 套件。qrcode 套件的使用前同樣需先 import qrcode，只要三行程式輕鬆就能產生 QR Code 圖檔，一起來看底下範例。

**範例程式** **qr_img01.py** ▶ **快速產生 QR Code 的捷徑**

```
01  # -*- coding: utf-8 -*-
02
03  import qrcode
04  im = qrcode.make("https://pmm.zct.com.tw/trial/")
05  im.save( "pic/1.jpg")
```

執行結果

上述程式先載入 qrcode 套件，再利用 make 函數產生 QR Code，make() 括號裡就是要產生 QR Code 的資料，make 函數會回傳 qrcode.image.pil.PilImage 物件，使用 save() 方法就可以將 QR Code 儲存了。

# 本章課後習題

## 一、選擇題

( ) 1. QRCode 不同的符號版本規格，每增加一個版本，長寬各增加多少個模塊？

    (A) 1 個         (A) 2 個         (A) 3 個         (A) 4 個

( ) 2. QR Code 具有容錯的能力，請問容錯率最高可達的百分比為何？

    (A) 20%         (B) 30%         (C) 40%         (D) 50%

( ) 3. 建立圖片的色彩模式不包括？

    (A) 灰階模式                (B) 全真模式

    (C) RGB 色彩模式          (D) CMYK 色彩模式

( ) 4. 在 Image 模組要將圖片轉換成黑白的照片的方法為何？

    (A) change()               (B) convert()

    (C) blackwhite()        (D) mode()

( ) 5. Image 物件的什麼方法可以在原圖片進行剪裁？

    (A) crop()         (B) clip()         (C) rotate()         (D) transpose()

## 二、填充題

1. pillow 常用的模組有 _____ 、 _____ ，透過這些模組可以達到讀寫圖檔、圖片剪裁、旋轉以及調整影像亮度、色調與對比等功能。

2. Image 模組提供了 _____ 、 _____ 、 _____ 方法可以進行影像的縮放、裁切及旋轉處理。

3. 一組黑白格稱為一個 _____ ，是 QR Code 的最小單位。

4. QRCode 目前有 _____ 個不同的符號版本規格。

5. 根據國際標準規定，完整的 QR Code 每一邊至少保留 _____ 個模塊寬的白邊。

6. 要開啟圖片必須使用 Image 模組的 _____ 方法，但如果要另存圖檔則必須使用 _____ 方法。

7. 圖片物件的 _____ 方法將圖片轉換成黑白的照片。

## 三、簡答題

1. 請簡述利用 turtle 模組進行繪圖工作的基本步驟。

2. 請簡單說明 QR Code 進行資料讀取的優點。

3. 請舉出 QR Code 常見的應用。

4. 如何才能安裝 pillow 套件。

5. 請比較 pillow 提供兩個方法間的差異：rotate() 與 transpose()。

6. 在開啟圖檔時，為避免忘記以 close() 方法關閉檔案，在程式碼的寫法上有何較佳的作法。

7. 請舉出 Pillow 三個常見的模組。

# 14

CHAPTER

# 解開網路爬蟲程式
# 的神秘面紗

大眾想要從浩瀚的網際網路上，快速且精確的找到需要的資訊，其中「搜尋引擎」便是各位的最好幫手，常見搜尋引擎所收集的資訊來源主要有兩種，一種是使用者或網站管理員主動登錄，一種是撰寫網路爬蟲程式主動搜尋網路上的資訊，例如 Google 的 Spider 程式與爬蟲（crawler 程式），會主動經由網站上的超連結爬行到另一個網站，並收集該網站上的資訊，並收錄到資料庫中。Google 搜尋引擎平時的最主要工作就是在 Web 上爬行並且搜尋數千萬字的網站文件、網頁、檔案、影片、視訊與各式媒體內容，以便製作搜尋引擎所需要的相關索引。

簡單來說，網路爬蟲是一種用來自動瀏覽 Web 的網路機器人，能自動化替你收集網頁上資訊的程式，你也可從用自己所撰寫的程式網頁中擷取出所需要資訊並加以應用。要能達到這項目的，本章需要的內建模組和套件如下：

■ **Python 內建模組**：urllib.request 和 urllib.parse。

■ **Python 的第三方套件**：Requests 和 BeautifulSoup4。

其中 urllib.parse 可以協助各位進行網址分析，如果要取得 URL 內容可以內建模組 urllib.request 及第三方套件 requests 來解析 HTML 網頁，並利用 BeautifulSoup 套件來對網頁內容分析，再以 Python 語法擷取所需的資料，並加以應用。

## 14-1 網址解析與網頁擷取

在今天這個所有的資料都放在網路雲端上的時代，只要找到合適的網址，就可以取得許多想要的資料，不過許多的網站資料數量較大，要能夠有結構地找到不同網頁中想要的資料，首先我們需要認識網址（URL）。URL 全名是全球資源定址器（Uniform Resource Locator），主要是在 WWW 上指出存取方式與所需資源的所在位置來享用網路上各項服務。使用者只要在瀏覽器網址列上輸入正確的 URL，就可以取得需要的資料，例如「http://www.yahoo.com.tw」就是 yahoo! 奇摩網站的 URL，而正規 URL 的標準格式如下：

```
protocol://host[:Port]/path/filename
```

其中 protocol 代表通訊協定或是擷取資料的方法，常用的通訊協定如下表：

| 通訊協定 | 說明 | 範例 |
|---|---|---|
| http | HyperText Transfer Protocol，超文件傳輸協定，用來存取 WWW 上的超文字文件（hypertext document）。 | http://www.yam.com.tw（蕃薯藤 URL） |
| ftp | File Transfer Protocol，是一種檔案傳輸協定，用來存取伺服器的檔案。 | ftp://ftp.nsysu.edu.tw/（中山大學 FTP 伺服器） |
| mailto | 寄送 E-Mail 的服務 | mailto://eileen@mail.com.tw |
| telnet | 遠端登入服務 | telnet://bbs.nsysu.edu.tw（中山大學美麗之島 BBS） |
| gopher | 存取 gopher 伺服器資料 | gopher://gopher.edu.tw/（教育部 gopher 伺服器） |

Python 擁有豐富的函式庫支援網頁擷取與網址解析功能，例如內建的 urllib、HTMLParser 以及功能強大的第三方套件如 requests、BeautifulSoup、Scrapy, 等方便好用工具。例如當各位要解析網站的網址，就要藉助內建模組 urllib 套件的 urlparse() 函數，其語法如下：

```
urllib.parse.urlparse(urlstring, scheme = '',allow_fragments = True)
```

這個函數會回傳一個 ParseResult 物件，下表為 ParseResult 類別的相關屬性：

### ParseResult 類別相關屬性

| 屬性 | 索引 | 回傳值 | 若為空值 |
|------|------|--------|----------|
| scheme | 0 | scheme 通訊協定 | scheme 參數 |
| netloc | 1 | 網站名稱 | 回傳空字串 |
| path | 2 | 路徑 | 回傳空字串 |
| params | 3 | 查詢參數 params 所設字串 | 回傳空字串 |
| query | 4 | 查詢字串，即 GET 參數 | 回傳空字串 |
| fragment | 5 | 框架名稱 | 回傳空字串 |
| port | 無 | 通訊埠 | None |

以下範例是介紹 urllib 套件的 urlparse() 函數，連結到博碩文化「http://www.drmaster.com.tw/Bookinfo.asp?BookID=MI22004」，並解析其網址：

**範例程式** **urlParse.py** ▶ 網址解析

```
01   from urllib.parse import urlparse
02
03   addr = 'http://www.drmaster.com.tw/Bookinfo.asp?BookID=MI22004'
04
05   result = urlparse(addr)
06   print(' 回傳的 ParseResult 物件 :')
07   print(result)
08   print(' 通訊協定 :'+result.scheme)
09   print(' 網站網址 :', result.netloc)
10   print(' 路徑 :', result.path)
11   print(' 查詢字串 :', result.query)
```

執行結果

```
Python 3.9.0 (tags/v3.9.0:9cf6752, Oct  5 2020, 15:34:40) [MS
C v.1927 64 bit (AMD64)] on win32
Type "help", "copyright", "credits" or "license()" for more i
nformation.
>>>
====== RESTART: C:\Users\USER\Desktop\博碩_Python(大專版)\範
例檔\ch14\urlParse.py ======
回傳的 ParseResult 物件:
ParseResult(scheme='http', netloc='www.drmaster.com.tw', path
='/Bookinfo.asp', params='', query='BookID=MI22004', fragment
='')
通訊協定:http
網站網址: www.drmaster.com.tw
路徑: /Bookinfo.asp
查詢字串: BookID=MI22004
>>> |
```

程式解析

- ◆ 第 1 行：滙入 Python 內建模組「urllib.parse」。

- ◆ 第 3 行：將要解析的網址設定給變數 addr。

- ◆ 第 5 行：呼叫 urlparse() 方法做網址的解析動作，並設定一個 result 變數
  來接收回傳的 ParseResult 物件。

- ◆ 第 6 ～ 7 行：將回傳的 ParseResult 物件內容印出。

- ◆ 第 8 行：印出通訊協定。

解開網路爬蟲程式的神秘面紗

- 第 9 行：印出網站網址。

- 第 10 行：印出網站路徑。

- 第 11 行：印出網址列「?」後方的查詢字串。

## 14-1-1　開始分析網頁原始碼

　　urllib.request.urlopen() 網頁擷取（Web scraping）函數是指利用程式下載網頁並從中擷取資訊的技術，也就是可以開啟指定網頁的原始程式碼，並從所設定找尋的關鍵字，進一步分析網頁的內容，當呼叫 urlopen() 網頁擷取函數後，會傳回一個 urllib.response 物件，各位可以將此物件指派給一個變數，語法如下：

```
webData = urllib.request.urlopen( 網址 )
```

　　下表列出 urllib.response 物件重要的方法與屬性：

| 方法及屬性 | 說明 |
|---|---|
| getcode() | 取得 HTTP 的狀態碼，回傳 200 表示請求成功 |
| getheader() | 回傳 urllib.response 物件的網頁表頭 |
| geturl() | 取得解析過的 URL 以字串回傳 |
| info() | 取得 URLmeta 標記的相關訊息 |
| read() | 以 byte 的方式讀取 urllib.response 物件，如果藉助 decode() 函數可以將其轉成字串 |
| urlopen() | 取得 URL 內容 |

　　以下範例將使用 urllib.request.urlopen() 方法，連結到「博碩文化股份有限公司」首頁（http://www.drmaster.com.tw/），擷取其網頁資料：

**範例程式** **urlopen.py** ▶ 取得網頁原始碼內容

```
01   import urllib.request
02   # 將想要開啟網址指定給字串變數
03   addr = 'http://www.drmaster.com.tw/'
04   # 以with/as敘述來取得網址，離開之後會自動釋放資源
05   with urllib.request.urlopen(addr) as response:
06       print('網頁網址 ',response.geturl())
07       print('網頁表頭 ',response.getheaders())
08       print('伺服器狀態碼 ',response.getcode())
09       drmaster= response.read().decode('UTF-8')
10   print('網頁程式碼如下：',drmaster)
```

**執行結果**

```
Python 3.9.0 (tags/v3.9.0:9cf6752, Oct  5 2020, 15:34:40) [MSC v.
1927 64 bit (AMD64)] on win32
Type "help", "copyright", "credits" or "license()" for more infor
mation.
>>>
======= RESTART: C:\Users\USER\Desktop\博碩_Python(大專版)\範例檔
\ch14\urlopen.py ======
網頁網址 http://www.drmaster.com.tw/
網頁表頭 [('Cache-Control', 'private'), ('Content-Type', 'text/ht
ml'), ('Server', 'Microsoft-IIS/8.5'), ('Set-Cookie', 'ASPSESSION
IDSQSDRDBB=PMJBPOHDBACBNBICHHBPDLNK; path=/'), ('X-Powered-By', '
ASP.NET'), ('Date', 'Tue, 08 Dec 2020 13:13:30 GMT'), ('Connectio
n', 'close'), ('Content-Length', '36294')]
伺服器狀態碼 200
網頁程式碼如下： Squeezed text (872 lines).
>>> |
```

上圖中各位看不到完整程式碼，要如果看到完整內容，只要在上圖中的「Squeezed text」用滑鼠快速點選兩下，就可以展開如下的完整程式碼：

```
網頁網址 http://www.drmaster.com.tw/
網頁表頭 [('Cache-Control', 'private'), ('Content-Type', 'text/html'), (
'Server', 'Microsoft-IIS/8.5'), ('Set-Cookie', 'ASPSESSIONIDSQSDRDBB=PMJ
BPOHDBACBNBICHHBPDLNK; path=/'), ('X-Powered-By', 'ASP.NET'), ('Date', '
Tue, 08 Dec 2020 13:13:30 GMT'), ('Connection', 'close'), ('Content-Leng
th', '36294')]
伺服器狀態碼 200
網頁程式碼如下：

<html>
<head>
<meta name="google-site-verification" content="7--vZF08cCX1-GpVHhtGrTWXJ
2A25Foa7kQK5AmyJkk" />
<title>博碩文化股份有限公司</title>
<meta http-equiv="Content-Type" content="text/html; charset=utf-8">
<!-- Global site tag (gtag.js) - Google Analytics -->
<script async src="https://www.googletagmanager.com/gtag/js?id=UA-135628
433-1"></script>
<script>
  window.dataLayer = window.dataLayer || [];
  function gtag(){dataLayer.push(arguments);}
  gtag('js', new Date());

  gtag('config', 'UA-135628433-1');
</script>

<script src="SpryAssets/SpryTabbedPanels.js" type="text/javascript"></sc
ript>
<link href="drmaster.css" rel="stylesheet" type="text/css" />
<link href="SpryAssets/SpryTabbedPanels.css" rel="stylesheet" type="text
```

程式解析

- 第 1 行：滙入 urllib.request 模組。

- 第 3 行：將要解析的網址設定給變數 addr。

- 第 5 行：呼叫 urllib.request.urlopen 方法開啟網頁，並設定一個 response 變數來接收回傳的 urllib.response 物件。

- 第 6 行：印出網頁網址。

- 第 7 行：印出網頁表頭。

- 第 8 行：印出伺服器狀態碼。

- 第 9 ～ 10 行：將網頁資料轉成字串格式印出。

TIPS　當使用 urllib.request.urlopen() 方法去對網頁進行擷取，但是有時候有些網站會對使用這種方法時會拋出如下的例外訊息：

```
"urllib.error.HTTPError: HTTP Error 403: Forbidden"
```

這是因為該網站禁止爬蟲。還有下載同一網站網頁的頻率不可太高，某些網站會封鎖高頻存取之 IP，也要留意著作權取得的相關問題。

requests 套件是屬於第三方套件，透過 Python 做網路爬蟲時幾乎一定會上網下載網頁原始碼或其他 HTTP 請求，這種情況下就可以透過 requests 套件的實用功能，其實它的使用方法相當簡單，要確定是否已安裝過 requests 套件，可以先利用「pip list」指令來檢查：

```
pip list
```

```
C:\Users\USER>pip list
Package         Version
--------------- -------
-atplotlib      3.3.0
colorama        0.4.4
cycler          0.10.0
kiwisolver      1.3.1
matplotlib      3.3.3
numpy           1.19.4
Pillow          8.0.1
pip             20.3.1
pyparsing       2.4.7
python-dateutil 2.8.1
qrcode          6.1
setuptools      49.2.1
six             1.15.0

C:\Users\USER>
```

如果套件未安裝，請以底下指令進行安裝：

```
pip install requests
```

首先我們先來介紹 requests 套件的 get() 方法，它會向伺服器提出取得網頁內容的請求，當伺服器接收到這項請求後，會回應網頁的原始碼內容給客戶端程式。語法如下：

```
requests.get(網址)
```

當以 get() 方法來取得網頁內容時，各位可以以屬性「status_code」來取得回傳值；如果回傳值的代碼為「200」表示這個網頁內容可以取得。以下程式將進入「教育部」網站，利用 requests 套件中的 get() 方法取得網頁內容。下圖為網頁內容，網址 https://www.edu.tw：

### 範例程式 get.py ▶ 取得教育部網頁原始碼內容

```
01   import requests # 滙入 requests 套件
02
03   addr = 'https://www.edu.tw/'
04   res = requests.get(addr)
05
06   # 檢查狀態碼
07   if res.status_code == 200:
08       print('status_code= ',res.status_code)
09       res.encoding='utf-8'
10       print(res.text)
11   else:
12       print(' 網頁無法開啟 , status_code= ',res.status_code)
```

執行結果

從上述程式的執行結果，各位可以從下圖中看到該網頁的原始程式碼內容。

```
Python 3.9.0 (tags/v3.9.0:9cf6752, Oct  5 2020, 15:34:40) [MSC v.1927 64 bit (AM
D64)] on win32
Type "help", "copyright", "credits" or "license()" for more information.
>>>
======== RESTART: C:\Users\USER\Desktop\博碩_Python(大專版)\範例檔\ch14\get.py
========
status_code=  200

<!DOCTYPE html>
<html id="FormHtml" xmlns="http://www.w3.org/1999/xhtml" lang="zh-Hant-tw">
<head id="Head1"><script>var CCMS_LanguageSN=1;</script><meta charset="utf-8" />
<meta http-equiv="X-UA-Compatible" content="IE=edge" /><meta name="viewport" con
tent="width=device-width, initial-scale=1" /><link rel="shortcut icon" href="htt
ps://www.edu.tw/favicon.ico" /><meta name="DC.Title" content="" />
<meta name="DC.Subject" content="" />
<meta name="DC.Creator" content="" />
<meta name="DC.Publisher" content="" />
<meta name="DC.Date" content="" />
<meta name="DC.Type" content="" />
<meta name="DC.Identifier" content="" />
<meta name="DC.Description" content="" />
<meta name="DC.Contributor" content="" />
<meta name="DC.Format" content="" />
<meta name="DC.Relation" content="" />
<meta name="DC.Source" content="" />
<meta name="DC.Language" content="" />
<meta name="DC.Coverage.t.min" content="" />
<meta name="DC.Coverage.t.max" content="" />
<meta name="DC.Rights" content="" />
<meta name="DC.CategoryTheme" content="" />
<meta name="DC.CategoryCake" content="" />
<meta name="DC.CategoryService" content="" />
```

程式解析

- 第 1 行：滙入 requests 套件。

- 第 3 行：將教育部的網址 'https://www.edu.tw/' 指定給變數 addr。

- 第 4 行：以 get() 方法取得網頁。

- 第 7 行：檢查狀態碼是否可以正常開啟。

- 第 8 行：請印出狀態碼 200。

- 第 9 行：設定編碼為 'utf-8'。

- 第 9 行：印出網頁內容。

- 第 12 行：如果無法正常開啟網頁則請印出回傳的狀態碼。

## 14-3 網頁解析—BeautifulSoup 套件

在實務上，BeautifulSoup 套件第三方套件可以和 requests 套件搭配使用，比較實用的作法是先透過 requests 套件抓取網頁程式碼，再藉助 BeautifulSoup4，這種情況下必須透過 html.parser 程式來解析原始程式碼，語法如下：

```
bs=BeautifulSoup(原始程式碼,'html.parser')
```

至於如何在 windows 10 安裝 BeautifulSoup 套件，步驟如下：

（請注意，安裝完要記得重新開機）

❶ 先 到 https://www.crummy.com/software/BeautifulSoup/bs4/download/ 點選您要下載的版本

❷ 下載壓縮檔案，例如筆者下載 beautifulsoup4-4.9.3.tar.gz，將解壓後的目錄放在指定位置，在「命令提示字元」切換到該目錄，接著輸入 python setup.py build，再輸入 python setup.py install，如下圖：

```
C:\>cd beautifulsoup4-4.9.3

C:\beautifulsoup4-4.9.3>python setup.py build
running build
running build_py

C:\beautifulsoup4-4.9.3>python setup.py install
```

❸ 安裝完後請重新開機，才可以確保安裝正確，否則會出現錯誤，如果安裝成功，在 Python shell 輸入 from bs4 import BeautifulSoup，就可以正常匯入。

```
Python 3.9.0 (tags/v3.9.0:9cf6752, Oct  5 2020, 15:34:40) [
MSC v.1927 64 bit (AMD64)] on win32
Type "help", "copyright", "credits" or "license()" for more
information.
>>> from bs4 import BeautifulSoup
>>> |
```

# 14-3-1　常見屬性與函數

BeautifulSoup 套件常用的屬性和方法，下表假設 BeautifulSoup 型別的物件名稱為 bp 所示。

| BeautifulSoup 成員 | 說明 | 範例 |
|---|---|---|
| title | 取得 HTML 的標記 <title> | bp.title |
| text | 去除 HTML 標記所回傳的網頁內容 | bp.text |
| find() 方法 | 回傳第一個符合條件的 html 標籤，回傳值是一種字串資料型態，如果找不到則回傳「None」。 | bp.find('head') |
| find_all() 方法 | 回傳第一個符合條件的 html 標籤，回傳值是一種字串資料型態。 | bp.find_all() ('a') |
| select() 方法 | 回傳指定的 CSS 選擇器的 id 或 class 或標籤的內容，回傳值是一種串列（list）資料型態。在 id 名稱前要加上「#」符號，在 class 名稱前要加上「.」符號。 | bp.select('#id 名稱 ')<br>bp.select('.class 名稱 ')<br>bp.select(' 標籤名稱 ') |

解開網路爬蟲程式的神秘面紗

## 14-3-2　網頁解析功能

下一個例子將先以記事本編輯一個網頁，其原始程式碼如下：（school. htm）

```html
<!DOCTYPE html>
<html lang="zh-TW">
<head>
<title> 網頁解析 </title>
<meta charset="utf-8">
</head>
<body>

<h1 style="color:rgb(255, 199, 125);"> 優質大學推薦 </h1>
<a href="https://www.ntu.edu.tw/"> 臺灣大學校網 </a>
<h1 style="color:rgb(126, 168, 168);"> 優質高中推薦 </h1>
<a href="http://www.kshs.kh.edu.tw/"> 高雄中學校網 </a>

<h3 style="background-color:green; color:yellow; font-family:Segoe
Script; border:3px #000000 solid;"> 勵志名句 </h1>
一分努力～～　一分收獲～～
金誠所至～～　金石為開～～
</body>
</html>
```

這個 HTML 語法所編寫的網頁，如果以瀏覽器開始會看到如下的網頁外觀：

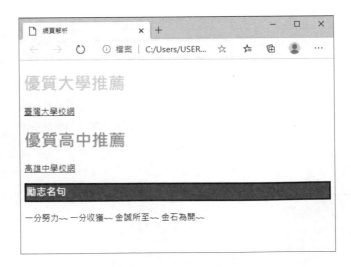

接下來的範例程式將利用 BeautifulSoup 套件網頁解析，並藉助這個套件本身所提供的屬性及各種方法，並以指定的方式將上述網頁的原始程式碼內容，以事先安排好的程式碼外觀來加以呈現：

**範例程式** **bs.py** ▶ **BeautifulSoup 套件網頁解析實例**

```python
01  # 以 BeautifulSoup 套件進行網頁解析
02  from bs4 import BeautifulSoup
03  content="""
04  <!DOCTYPE html>
05  <html lang="zh-TW">
06  <head>
07  <title> 網頁解析 </title>
08  <meta charset="utf-8">
09  </head>
10  <body>
11
12  <h1 style="color:rgb(255, 199, 125);"> 優質大學推薦 </h1>
13  <a href="https://www.ntu.edu.tw/"> 臺灣大學校網 </a>
14  <h1 style="color:rgb(126, 168, 168);"> 優質高中推薦 </h1>
15  <a href="http://www.kshs.kh.edu.tw/"> 高雄中學校網 </a>
16
17  <h3 style="background-color:green; color:yellow; font-family:Segoe
    Script; border:3px #000000 solid;"> 勵志名句 </h1>
18  一分努力～～ 一分收獲～～
19  金誠所至～～ 金石為開～～
20  </body>
21  </html>
22  """
23  bs = BeautifulSoup(content,'html.parser')
24  print(' 網頁標題屬性：')
25  print(bs.title) # 網頁標題屬性
26  print('------------------------------------------------------------')
27  print(' 網頁 html 語法區塊：')
28  print(bs.find('html')) #<html> 標籤
29  print('------------------------------------------------------------')
30  print(' 網頁表頭範圍：')
31  print(bs.find('head')) #<head> 標籤
32  print('------------------------------------------------------------')
33  print(' 網頁身體範圍：')
34  print(bs.find('body')) #<body> 標籤
35  print('------------------------------------------------------------')
36  print(' 第 1 個超連結：')
37  print(bs.find("a",{"href":"https://www.ntu.edu.tw/"}))
38  print(' 第 2 個超連結：')
39  print(bs.find("a",{"href":"http://www.kshs.kh.edu.tw/"}))
40  print('------------------------------------------------------------')
```

解開網路爬蟲程式的神秘面紗

```
Python 3.9.0 Shell                                                          —  □  ×
File  Edit  Shell  Debug  Options  Window  Help
========= RESTART: C:\Users\USER\Desktop\博碩_Python(大專版)\範例檔\ch14\bs.py =========
網頁標題屬性：
<title>網頁解析</title>
------------------------------------------------
網頁html語法區塊：
<html lang="zh-TW">
<head>
<title>網頁解析</title>
<meta charset="utf-8"/>
</head>
<body>
<h1 style="color:rgb(255, 199, 125);">優質大學推薦</h1>
<a href="https://www.ntu.edu.tw/">臺灣大學校網</a>
<h1 style="color:rgb(126, 168, 168);">優質高中推薦</h1>
<a href="http://www.kshs.kh.edu.tw/">高雄中學校網</a>
<h3 style="background-color:green; color:yellow; font-family:Segoe Script; border:3px #000000 solid;">勵志名句
一分努力~~ 一分收獲~~
金誠所至~~ 金石為開~~
</h3></body>
</html>
------------------------------------------------
網頁表頭範圍：
<head>
<title>網頁解析</title>
<meta charset="utf-8"/>
</head>
------------------------------------------------
網頁身體範圍：
<body>
<h1 style="color:rgb(255, 199, 125);">優質大學推薦</h1>
<a href="https://www.ntu.edu.tw/">臺灣大學校網</a>
<h1 style="color:rgb(126, 168, 168);">優質高中推薦</h1>
<a href="http://www.kshs.kh.edu.tw/">高雄中學校網</a>
<h3 style="background-color:green; color:yellow; font-family:Segoe Script; border:3px #000000 solid;">勵志名句
一分努力~~ 一分收獲~~
                                                                        Ln: 47  Col: 4
```

**程式解析**

- 第 2 行：匯入 BeautifulSoup 套件。

- 第 3 ～ 22 行：school.htm 的原始程式碼，並將其內容指定給 content 變數。

- 第 23 行：利用 BeautifulSoup 套件的 html.parser 作為原始程式碼的解析器，並將解析的 BeautifulSoup 型別的物件設定給變數 bs。

- 第 25 行：利用 BeautifulSoup 套件的 title 屬性取出網頁的屬性值。

- 第 28 行：利用 BeautifulSoup 套件的 find() 方法找出 html 標籤的位置，並輸出其語法內容。

- 第 31 行：利用 BeautifulSoup 套件的 find() 方法找出 head 標籤的位置，並輸出其語法內容。

- 第 34 行：利用 BeautifulSoup 套件的 find() 方法找出 body 標籤的位置，並輸出其語法內容。

- 第 37 行：利用 BeautifulSoup 套件的 find() 方法找出 a 標籤的位置，且 href 內容為 https://www.ntu.edu.tw/，並輸出其語法內容。

- 第 39 行：利用 BeautifulSoup 套件的 find() 方法找出 a 標籤的位置，且 href 內容為 http://www.kshs.kh.edu.tw/，並輸出其語法內容。

# 14-4 網路爬蟲綜合應用範例

開放資料（Open Data）是一種開放、免費、透明的資料，不受著作權、專利權所限制，任何人都可以自由使用和散佈。這些開放資料通常會以開放檔案格式如 CSV、XML 及 JSON 等格式，提供使用者下載應用，經過彙整之後這些開放資料就能提供更有效的資訊甚至成為有價值的商品。例如有人將政府開放的預算資料轉化成易讀的視覺圖表，讓民眾更了解公共支出狀況；也有人整理政府開放的空汙與降雨數據，彙整成圖表，並且在超標的時候提出警示。

「政府資料開放平臺」，網址為 http://data.gov.tw/，該網站集合了中央及各個地方政府機關的 Open Data。例如交通部中央氣象局開放資料平臺、台北市政府資訊開放平台…等，程式設計人員可以很方便地取得所需的開放資料，透過程式的開發，將這些資料做更有效的應用。

## 14-4-1　股市行情資訊查詢

在為各位讀者介紹如何於「開放平台」進行網路爬蟲抓取所需的資料前，我們先示範如何於股市行情網頁中取得自己所需的資訊，請各位進入雅虎當日行情網頁，網址如下：https://tw.stock.yahoo.com/h/getclass.php

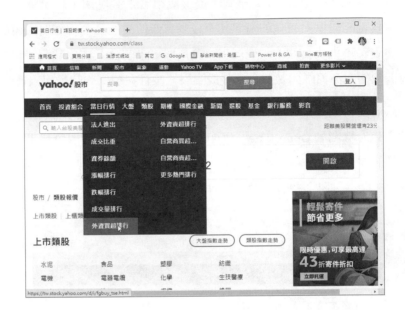

選取「當日行情」來查看，以本例筆者點撰「外資買超排行」類別，進入下圖網頁：

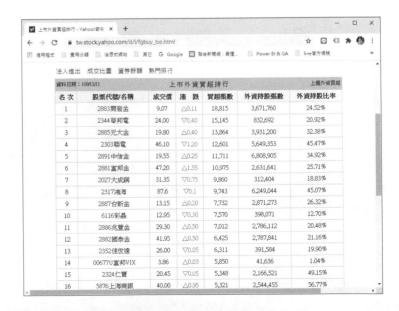

在上圖網頁中可以看到「上市外資買超排行」的當日行情表，接著直接在該網頁按下滑鼠右鍵，會開啟如下的快顯功能表：(本例是以 Google Chrome 瀏覽器開啟網頁)

請執行快顯功能表中的「檢視網頁原始碼」指令，就可以看到該網頁的原始碼，如下所示：

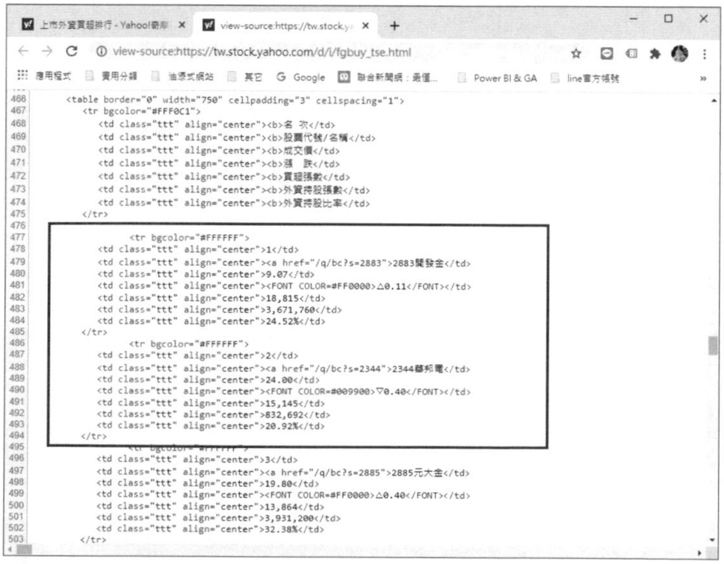

各位可以發現「當日行情」的「外資買超排行」資訊是它是由 <tr> 產生列之後，再以 <td> 劃成欄，在開始利用 BeautifulSoup 套件進行網頁解析前，必須事先取得要分析網頁的網址，以這個網頁為例，我們可以先複製下該網頁的網址，如下：

```
https://tw.stock.yahoo.com/d/i/fgbuy_tse.html
```

（如果各位要解析的網頁和筆者不同，所需要取得的網址自然會和筆者不同，視讀者要解析的當日行情，去複製該網頁的網址）

接著就可以利用 BeautifulSoup 套件的 find_all() 方法，取得表格的 <tr>（列標籤）並配合屬性取得表格中每列內容。

第二步讀取每列的內容，再以 find() 方法找出 <td>，再以屬性 stripped_strings 去餘每欄中字串的空白符號；若輸出結果會發現它屬於 List 物件。

```
['1',    '2883開發金',    '9.07',   '△0.11',  '18,815',  '3,671,760',  '24.52%']
['2',    '2344華邦電',    '24.00',  '▽0.40',  '15,145',  '832,692',    '20.92%']
['3',    '2885元大金',    '19.80',  '△0.40',  '13,864',  '3,931,200',  '32.38%']
['4',    '2303聯電',      '46.10',  '▽1.20',  '12,601',  '5,649,353',  '45.47%']
['5',    '2891中信金',    '19.55',  '▽0.25',  '11,711',  '6,808,905',  '34.92%']
['6',    '2881富邦金',    '47.20',  '△1.55',  '10,975',  '2,631,641',  '25.71%']
['7',    '2027大成鋼',    '31.35',  '▽0.75',  '9,860',   '312,404',    '18.83%']
['8',    '2317鴻海',      '87.6',   '▽0.1',   '9,743',   '6,249,044',  '45.07%']
['9',    '2887台新金',    '13.15',  '△0.20',  '7,732',   '2,871,273',  '26.32%']
['10',   '6116彩晶',      '12.95',  '▽0.30',  '7,570',   '398,071',    '12.70%']
['11',   '2886兆豐金',    '29.30',  '△0.50',  '7,012',   '2,786,112',  '20.48%']
['12',   '2882國泰金',    '41.95',  '△0.50',  '6,425',   '2,787,841',  '21.16%']
['13',   '2352佳世達',    '26.00',  '▽0.05',  '6,311',   '391,584',    '19.90%']
['14',   '00677U富邦VIX',  '3.86',  '△0.03',  '5,850',   '41,636',     '1.04%']
['15',   '2324仁寶',      '20.45',  '▽0.05',  '5,348',   '2,166,521',  '49.15%']
['16',   '5876上海商銀',  '40.00',  '△0.95',  '5,321',   '2,544,455',  '56.77%']
['17',   '2892第一金',    '20.85',  '△0.25',  '5,078',   '3,075,630',  '23.96%']
['18',   '2890永豐金',    '11.20',  '△0.15',  '4,623',   '3,009,267',  '26.67%']
['19',   '1304台聚',      '20.25',  '▽0.15',  '4,061',   '453,081',    '38.11%']
['20',   '2382廣達',      '81.1',   '△0.5',   '3,808',   '1,163,590',  '30.12%']
['21',   '2449京元電子',  '35.35',  '▽0.45',  '3,776',   '290,728',    '23.77%']
['22',   '1802台玻',      '17.10',  '▽0.35',  '3,737',   '245,749',    '8.45%']
['23',   '2363矽統',      '17.35',  '▽0.25',  '3,446',   '58,026',     '9.19%']
['24',   '00642U元大S&P石油', '8.14', '△0.10', '3,337',   '20,520',     '0.97%']
['25',   '2401凌陽',      '17.20',  '△0.45',  '2,874',   '84,176',     '14.21%']
['26',   '2006東和鋼鐵',  '33.80',  '△0.45',  '2,769',   '217,131',    '21.62%']
['27',   '1313聯成',      '16.95',  '△0.20',  '2,766',   '180,522',    '13.54%']
['28',   '2457飛宏',      '15.30',  '▽0.15',  '2,733',   '33,815',     '10.01%']
['29',   '1907永豐餘',    '24.40',  '△0.75',  '2,710',   '296,036',    '17.82%']
['30',   '5264鎧勝-KY',   '87.3',   '△0.1',   '2,592',   '324,788',    '78.03%']
```

接著可以依自己需求的資料與格式從各串列內容取出自己所需的資訊即可。本範例程式碼及輸出結果如下：

**範例程式** | **foreign.py** ▶ 上市外資買超排行

```
01   from bs4 import BeautifulSoup
02   import requests
03
04   addr = 'https://tw.stock.yahoo.com/d/i/fgbuy_tse.html'
05
06   # 取得網頁原始程式碼
07   res = requests.get(addr).text
08   # 以 html.parser 解析程式解析程式碼
09   bs = BeautifulSoup(res, 'html.parser')
10   # 以 <tr> 並配合屬性取得表格中每列內容
11   rows = bs.find_all('tr', {'bgcolor':'#FFFFFF'})
12
13   # 印出要查詢資料各欄位名稱
14   print(' 名 次 股票代號 / 名稱   成交價   漲   跌   買超張數   外資持股張數   外資持
     股比率 ')
15
16   # 讀取每列的內容，找出 <td>
17   for row in rows:
18       if row.find('td'):
19           # 屬性 stripped_strings 去餘每欄中字串的空白符號
20           cols =[item for item in row.stripped_strings]
```

```
21          # 讀取 List 物件的元素
22          for item in range(0,len(cols)):
23              print(cols[item], end = ' ')
24          print() # 換行
```

執行結果

```
Python 3.9.0 Shell
File  Edit  Shell  Debug  Options  Window  Help
Type "help", "copyright", "credits" or "license()" for more information.
>>>
======= RESTART: C:/Users/USER/Desktop/博碩_Python(大專版)/範例檔/ch14/foreign.py =======
名 次 股票代號/名稱  成交價  漲  跌  買超張數  外資持股張數  外資持股比率
1  2883開發金  9.07  △0.11 18,815 3,671,760 24.52%
2  2344華邦電  24.00  ▽0.40 15,145 832,692 20.92%
3  2885元大金  19.80  △0.40 13,864 3,931,200 32.38%
4  2303聯電  46.10  ▽1.20 12,601 5,649,353 45.47%
5  2891中信金  19.55  △0.25 11,711 6,808,905 34.92%
6  2881富邦金  47.20  △1.55 10,975 2,631,641 25.71%
7  2027大成鋼  31.35  ▽0.75 9,860 312,404 18.83%
8  2317鴻海  87.6  ▽0.1 9,743 6,249,044 45.07%
9  2887台新金  13.15  △0.20 7,732 2,871,273 26.32%
10 6116彩晶  12.95  ▽0.30 7,570 398,071 12.70%
11 2886兆豐金  29.30  △0.50 7,012 2,786,112 20.48%
12 2882國泰金  41.95  △0.50 6,425 2,787,841 21.16%
13 2352佳世達  26.00  △0.05 6,311 391,584 19.90%
14 00677U富邦VIX  3.86  △0.03 5,850 41,636 1.04%
15 2324仁寶  20.45  ▽0.05 5,348 2,166,521 49.15%
16 5876上海商銀  40.00  △0.95 5,321 2,544,455 56.77%
17 2892第一金  20.85  △0.25 5,078 3,075,630 23.96%
18 2890永豐金  11.20  △0.15 4,623 3,009,267 26.67%
19 1304台塑  20.25  ▽0.15 4,061 453,081 38.11%
20 2382廣達  81.1  △0.5 3,808 1,163,590 30.12%
21 2449京元電子  35.35  ▽0.45 3,776 290,728 23.77%
22 1802台玻  17.10  ▽0.35 3,737 245,749 8.45%
23 2363矽統  17.35  ▽0.25 3,446 58,026 9.19%
24 00642U元大S&P石油  8.14  △0.10 3,337 20,520 0.97%
25 2401凌陽  17.20  △0.45 2,874 84,176 14.21%
26 2006東和鋼鐵  33.80  △0.45 2,769 217,131 21.62%
27 1313聯成  16.95  △0.20 2,766 180,522 13.54%
28 2457飛宏  15.30  ▽0.15 2,733 33,815 10.01%
29 1907永豐餘  24.40  △0.75 2,710 296,036 17.82%
30 5264鎧勝-KY  87.3  △0.1 2,592 324,788 78.03%
>>>
                                                                  Ln: 36  Col: 4
```

程式解析

- 第 1 行：滙入 BeautifulSoup 套件。

- 第 2 行：滙入 requests 套件。

- 第 4 行：將要查詢網頁資訊的網址指定給變數 addr。

- 第 9 行：以 html.parser 解析程式解析程式碼。

- 第 11 行：以 <tr> 並配合屬性取得表格中每列內容。

- 第 14 行：印出要查詢資料各欄位名稱

- 第 17 ~ 24 行：讀取每列的內容，找出 <td>。

## 14-4-2 國內公開發行公司股票每月發行概況

接著我們將以政府資料開放平台（網址：https://data.gov.tw/）為例，示範如何利用 BeautifulSoup 套件來解析取得的 XML 格式的開放資料，體會網路爬蟲的各種技巧與收集實用資訊的樂趣。

以下介紹如何從「政府資料開放平臺」取得 Open Data 資料，我們以「國內公開發行公司股票每月發行概況」為例說明。各位可以用分類找尋的方式，在「投資理財」類別找到下列網頁的資訊：

接著請在左側的「檔案格式」按一下「XML」，會找到所有提供「XML」檔案格式的公開資料，在這其中就可以找到「國內公開發行公司股票每月發行概況」所提供的公開資料，如下圖所示：

接著請按一下「國內公開發行公司股票每月發行概況」超連結就可以出現下圖的介紹資訊：

再按下「XML」按鈕，就會出現資料下載網址及 XML 資料結構的相關資訊：

請各位先行將此下載網址複製下來，待會寫網頁爬蟲（Crawler）程式會用到這個下載網址：

```
https://apiservice.mol.gov.tw/OdService/download/A17030000J-000047-mHA
```

Python 抓取網頁資料有多種模組可供使用，這裡我們使用 urllib.request 模組，只要將網址傳入 urlopen 函數就會傳回 HttpResponse 物件，接著就可以使用 read() 方法將網頁內容讀取出來：

```
import urllib.request as ur
with ur.urlopen(od_url) as response:
    get_xml=response.read()
```

以下為完整的「company.py」程式碼供您參考，如果程式執行過程中無法解析 xml，請試著在「命令提示字元」輸入下列指令進行安裝 xml parser。

```
pip install lxml
```

**範例程式** **company.py** ▶ 國內公開發行公司股票每月發行概況

```python
01  # -*- coding: utf-8 -*-
02  """
03  政府資料開放平臺 XML 格式資料擷取與應用
04
05  """
06  url="https://apiservice.mol.gov.tw/OdService/download/A17030000J-
    000047-mHA"
07
08  import urllib.request as ur
09
10  with ur.urlopen(url) as response:
11      get_xml=response.read()
12
13
14  from bs4 import BeautifulSoup
15
16  data = BeautifulSoup(get_xml,'xml')
17  field1 = data.find_all('月別')
18  field2 = data.find_all('上市公司－家數')
19  field3 = data.find_all('上市公司－資本額')
20  field4 = data.find_all('上櫃公司－家數')
21  field5 = data.find_all('上櫃公司－資本額')
22
23  csv_str = ""
24  for i in range(0, len(field1)):
25      csv_str += "{},{},{},{},{}\n".\
26                      format(field1[i].get_text(),\
27                              field2[i].get_text(),\
28                              field3[i].get_text(),\
29                              field4[i].get_text(),\
30                              field5[i].get_text())
31
32  with open("company.csv", "w") as f:
33      story=f.write(csv_str)        #寫入檔案
34
35  print("XML 格式資料已寫入 company.csv")
```

**執行結果**

因為直接將所擷取的各欄位資料以檔案的型式存入「company.csv」中，因此本
程式執行完畢只會出現如下圖視窗的訊息：

```
Python 3.9.0 (tags/v3.9.0:9cf6752, Oct  5 2020, 15:34:40) [M
SC v.1927 64 bit (AMD64)] on win32
Type "help", "copyright", "credits" or "license()" for more
information.
>>>
====== RESTART: C:\Users\USER\Desktop\博碩_Python(大專版)\
範例檔\ch14\company.py ======
XML格式資料已寫入company.csv
>>>
```

接著各位就可以開啟以 Excel 開啟 company.csv 檔案，就可以在各欄位看出我
們所擷取的摘要資訊。

| | A | B | C | D | E | F | G | H | I | J |
|---|---|---|---|---|---|---|---|---|---|---|
| 1 | Oct-19 | 936 | 7147.71 | 776 | 748.77 | | | | | |
| 2 | Nov-19 | 937 | 7146.42 | 775 | 749.89 | | | | | |
| 3 | Dec-19 | 942 | 7155.64 | 775 | 746.66 | | | | | |
| 4 | Jan-20 | 941 | 7153.98 | 774 | 744.16 | | | | | |
| 5 | Feb-20 | 941 | 7153.74 | 774 | 744.64 | | | | | |
| 6 | Mar-20 | 942 | 7175.71 | 777 | 747.24 | | | | | |
| 7 | Apr-20 | 943 | 7160.37 | 777 | 748 | | | | | |
| 8 | May-20 | 944 | 7166.21 | 776 | 746.62 | | | | | |
| 9 | Jun-20 | 944 | 7166.82 | 776 | 746.14 | | | | | |
| 10 | Jul-20 | 944 | 7187.02 | 777 | 748.15 | | | | | |
| 11 | Aug-20 | 946 | 7233.42 | 776 | 749.18 | | | | | |
| 12 | Sep-20 | 946 | 7242.93 | 778 | 744.11 | | | | | |
| 13 | Oct-20 | 945 | 7235.31 | 780 | 745.51 | | | | | |
| 14 | | | | | | | | | | |

company

**程式解析**

- ◆ 第 6 行：將「國內公開發行公司股票每月發行概況」的 XML 網址 "https://
  apiservice.mol.gov.tw/OdService/download/A17030000J-000047-mHA" 指定
  給變數 url。

- ◆ 第 8 行：滙入 urllib.request 套件。

- ◆ 第 10 ～ 11 行：將網頁內容讀取出來。

- ◆ 第 14 行：滙入 BeautifulSoup 套件。

- ◆ 第 16 行：從 XML 格式透過標記找出想要的資料。

- ◆ 第 17 ～ 21 行：使用 find_all 方法來搜尋特定的標記。

- ◆ 第 23 ～ 30 行：利用 for 迴圈來讀取所有的標記內容。

- ◆ 第 32 ～ 33 行：將取出的資料以檔案型態儲存成 csv 格式。

- ◆ 第 35 行：當程式執行完畢後輸出此行資訊，表示 XML 格式資料已寫入
  company.csv。

### 14-4-3　農產品交易行情查詢

接著我們將再以一個例子來加深各位對網路爬蟲的熟練度，首先請連上政府資料開放平台（網址：https://data.gov.tw/），並輸入關鍵字「農產品交易行情」進行搜尋，如下圖所示：

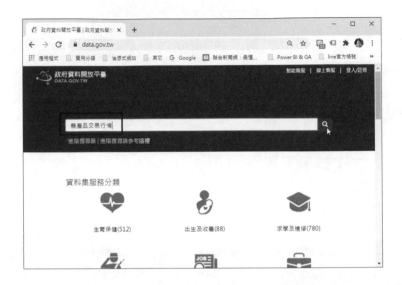

接著會進入下圖畫面，接著請按一下「國內公開發行公司股票每月發行概況」超連結：

就可以出現下圖的介紹資訊：

再按下「XML」按鈕，就會出現資料下載網址及 XML 資料結構的相關資訊，各位可以看出主要欄位包括：交易日期、種類代碼、作物代號、作物名稱、市場代號、市場名稱、上價、中價、下價、平均價、交易量。

請各位先行將此下載網址複製下來，待會寫網頁爬蟲（Crawler）程式會用到這個下載網址：

```
https://data.coa.gov.tw/Service/OpenData/FromM/FarmTransData.aspx?FOTT=Xml
```

接著就可以使用 read() 方法將網頁內容讀取出來：

```
import urllib.request as ur
with ur.urlopen(url) as response:
    get_xml=response.read()
```

以下為完整的程式碼供您參考，如果程式執行過程中無法解析 xml，請試著在「命令提示字元」輸入下列指令進行安裝 xml parser。

```
pip install lxml
```

範例程式 **product.py** ▶「農產品交易行情」資料查詢

```
01  url="https://data.coa.gov.tw/Service/OpenData/FromM/FarmTransData.
    aspx?FOTT=Xml"
02
03  import urllib.request as ur
04
05  with ur.urlopen(url) as response:
06      get_xml=response.read()
07
08
09  from bs4 import BeautifulSoup
10
11  data = BeautifulSoup(get_xml,'xml')
12  field1 = data.find_all("交易日期")
13  field2 = data.find_all("種類代碼")
14  field3 = data.find_all("作物代號")
15  field4 = data.find_all("作物名稱")
16  field5 = data.find_all("市場代號")
17  field6 = data.find_all("市場名稱")
18  field7 = data.find_all("上價")
19  field8 = data.find_all("中價")
```

```
20  field9 = data.find_all(" 下價 ")
21  fieldA = data.find_all(" 平均價 ")
22  fieldB = data.find_all(" 交易量 ")
23
24  csv_str = ""
25  for i in range(0, len(field1)):
26      csv_str += "{},{},{},{},{},{},{},{},{},{},{}\n".\
27                      format(field1[i].get_text(),\
28                          field2[i].get_text(),\
29                          field3[i].get_text(),\
30                          field4[i].get_text(),\
31                          field5[i].get_text(),\
32                          field6[i].get_text(),\
33                          field7[i].get_text(),\
34                          field8[i].get_text(),\
35                          field9[i].get_text(),\
36                          fieldA[i].get_text(),\
37                          fieldB[i].get_text())
38
39  with open("product.csv", "w") as f:
40      result=f.write(csv_str)        # 寫入檔案
41
42  print(" 資料已寫入 product.csv")
```

**執行結果**

因為直接將所擷取的各欄位資料以檔案的型式存入「prodcut.csv」中，因此本
程式執行完畢只會出現如下圖視窗的訊息：

```
Python 3.9.0 (tags/v3.9.0:9cf6752, Oct  5 2020, 15:34:40) [MS
C v.1927 64 bit (AMD64)] on win32
Type "help", "copyright", "credits" or "license()" for more i
nformation.
>>>
====== RESTART: C:\Users\USER\Desktop\博碩_Python(大專版-修正
)\範例檔\ch14\tainan.py =====
資料已寫入product.csv
>>> |
```

接著各位就可以開啟以 Excel 開啟 prodcut.csv 檔案，就可以在各欄位看出我們所擷取的摘要資訊。

| | A | B | C | D | E | F | G | H | I | J |
|---|---|---|---|---|---|---|---|---|---|---|
| 1 | 109.12.20 | N05 | 11 | 椰子 | 104 | 台北二 | 11.8 | 9.7 | 7.7 | 9.7 |
| 2 | 109.12.20 | N05 | 22 | 棗子 | 104 | 台北二 | 93 | 62.6 | 33.8 | 62.9 |
| 3 | 109.12.20 | N05 | 31 | 釋迦 | 104 | 台北二 | 79.2 | 65.8 | 51.2 | 65.6 |
| 4 | 109.12.20 | N05 | 32 | 釋迦-鳳梨 | 104 | 台北二 | 75.8 | 59.2 | 30.2 | 56.7 |
| 5 | 109.12.20 | N05 | 45 | 草莓 | 104 | 台北二 | 171.3 | 108.5 | 67.1 | 112.8 |
| 6 | 109.12.20 | N05 | 459 | 草莓-進口 | 104 | 台北二 | 501.2 | 233.1 | 131.8 | 266.5 |
| 7 | 109.12.20 | N05 | 50 | 百香果-其 | 104 | 台北二 | 53.1 | 31.3 | 15.2 | 32.5 |
| 8 | 109.12.20 | N05 | 51 | 百香果-改 | 104 | 台北二 | 80.3 | 27.9 | 10.4 | 34.9 |
| 9 | 109.12.20 | N05 | 70 | 小番茄-其 | 104 | 台北二 | 85.5 | 53.5 | 23.4 | 53.9 |
| 10 | 109.12.20 | N05 | 72 | 小番茄-聖 | 104 | 台北二 | 50.9 | 34 | 22.6 | 35.1 |
| 11 | 109.12.20 | N05 | 74 | 小番茄-玉 | 104 | 台北二 | 190.7 | 131.6 | 85.9 | 134.3 |
| 12 | 109.12.20 | N05 | 811 | 火龍果-白 | 104 | 台北二 | 71.9 | 47.6 | 28.6 | 48.7 |
| 13 | 109.12.20 | N05 | 812 | 火龍果-紅 | 104 | 台北二 | 69 | 40.4 | 28 | 43.6 |
| 14 | 109.12.20 | N05 | 839 | 櫻桃-進口 | 104 | 台北二 | 510.6 | 388.8 | 116.6 | 358.7 |

product

程式解析

◆ 第 1 行：將「農產品交易行情」的 XML 網址 "https://data.coa.gov.tw/Service/OpenData/FromM/FarmTransData.aspx?FOTT=Xml" 指定給變數 url。

◆ 第 3 行：滙入 urllib.request 套件。

◆ 第 5 ～ 6 行：將網頁內容讀取出來。

◆ 第 9 行：滙入 BeautifulSoup 套件。

◆ 第 11 行：從 XML 格式透過標記找出想要的資料。

◆ 第 12 ～ 22 行：使用 find_all 方法來搜尋特定的標記。

◆ 第 24 ～ 37 行：利用 for 迴圈來讀取所有的標記內容。

◆ 第 39 ～ 40 行：將取出的資料以檔案型態儲存成 csv 格式。

◆ 第 42 行：當程式執行完畢後輸出此行資訊，表示 XML 格式資料已寫入。

# 本章課後習題

## 一、選擇題

( ) 1. 開放資料的常見格式包括：

(A) CSV　　　　(B) XML　　　　(C) JSON　　　　(D) 以上皆是

( ) 2. 動態伺服器語言不包括？

(A) ASP.NET　　(B) PHP　　　　(C) JSP　　　　(D) JavaScript

( ) 3. 下列何者不是常見的網頁檔案格式？

(A) HTML　　　(B) PHP　　　　(C) JSON　　　　(D) Prolog

( ) 4. Python 內建模組 urllib 不包括：

(A) urllib.request　　　　　　(B) urllib.parse

(C) urllib.xmlparser　　　　　(D) urllib.robotparser

( ) 5. 哪一個模組常被用來做網址分析？

(A) 第三方套件 requests　　　(B) urllib.parse

(C) urllib.request　　　　　　(D) BeautifulSoup 套件

## 二、填充題

1.　我們可以使用 Python 內建模組 _____ 來讀取 URL 的內容。

2.　我們可以利用 requests 套件中的 _____ 方法取得網頁內容。

3.　一個完整的 URL 包括了 _____ 、 _____ 、 _____ 和 _____ 。

4.　取得 ParseResult 物件可以 scheme 屬性和 _____ 方法來獲取 URL 的內容。

5.　網頁構成三要素： _____ 、 _____ 和 _____ 。

6.　_____ 是由 LiveScript 發展出來的客戶端直譯程式語言，主要特色是配合 HTML 網頁與使用者產生互動行為。

7.　_____ 稱為階層樣式表或稱串接樣式表，它能美化網頁的外觀。

8. 以 Chrome 瀏覽器來說，在網頁空白處按下滑鼠右鍵啟動快顯功能表，執行「 _____ 」指令，會顯示其原始碼。

9. 呼叫方法 urlopen() 以 _____ 協定為主，是一個請求（Request）和回應（Response）的機制；簡單來說，用戶端提出請求後，服務端要做應答。

10. 取得的 HTML 原始碼，直接以「.」（Dot）存取標籤只會找到第一個 Tag，想要讀取更多的 Tag 就得以 _____ 或 _____ 方法過濾出需要的標籤。

## 三、問答與實作題

1. 當我們使用 urllib.request.urlopen() 方法去對網頁進行擷取，但是有時候有些網站會對使用這種方法時會拋出如下的例外訊息：

```
"urllib.error.HTTPError: HTTP Error 403: Forbidden"
```

請問會發生此例外的可能原因為何？

2. 請簡單說明 Python 內建模組 urllib 中 request 和 parse 類別的功能。

3. urllib.parse.urlparse() 函數會回傳一個 ParseResult 物件，請寫出下表屬性名稱的回傳為何？

| 屬性 | 回傳值 |
| --- | --- |
| scheme | |
| netloc | |
| query | |
| port | |

4. 請寫出下表中 urllib.response 物件常見方法名稱。

| 方法 | 說明 |
|---|---|
| | 取得解析過的 URL 以字串回傳 |
| | 取得 HTTP 的狀態碼,回傳 200 表示請求成功 |
| | 取得 URL 內容 |
| | 回傳 urllib.response 物件的網頁表頭 |

5. 請比較 http 和 https 兩者間的不同。

6. 請簡單說明 URL 是什麼?其協定 Protocol 的作用。

7. 試簡述網頁的分類。

# MEMO

# 15
## CHAPTER

# 課堂上學不到的
# 多媒體遊戲開發套件

超級瑪莉兄弟是一款歷久彌新的好玩遊戲

　　談到了電玩遊戲，想必將勾起許多人年少輕狂時的快樂回憶，還記得當年那套瑪莉兄弟曾經帶領過多少青少年度過漫長的年輕歲月。當二十一世紀來臨時，遊戲更是已經成為現代人日常生活中不可或缺的一環了，甚至於慢慢地取代傳統電影與電視的地位，繼而成為家庭休閒娛樂的最新選擇，從大型電玩、電視遊樂器到電腦，甚至是現在的手機等行動裝置，都為眾多玩家帶來滿滿的生活樂趣。「工欲善其事，必先利其器」，以早期的遊戲開發而言，它是一件既麻煩又辛苦的事情，尤其在程式設計方面。例如在使用 DOS 作業系統的年代，要開發一套遊戲還必須要自行設計程式碼來控制電腦內部的所有運作，例如顯像、音效、鍵盤等。不過隨著電腦科技越來越進步的同時，新一代的遊戲開發工具已經可以大大改變這種困境。

Python × ChatGPT 程式設計實務－從入門到精通 step by step

15-2

電子競技遊戲近年來風靡全球，英雄聯盟 LMS 決賽盛況

事實上，使用 Python 開發遊戲的門檻是很低，例如專門製作遊戲的 Pygame 模組，能讓開發者以更簡單的方式加入文字、圖案、聲音等元素並進行事件處理來開發遊戲，所以很適合教孩子撰寫具有動畫、滑鼠控制的小遊戲。

## 15-1 Pygame 遊戲套件

Pygame 是一個開發遊戲程式首推套件，它的主要特色包括跨平台 Python 模組，核心模組是 SDL（Simple DirectMedia Layer），它是由 C 語言撰寫而成的多媒體程式庫，而且是原始碼開放的自由軟體。Pygame 套件能協助各位利用 Python 語言輕鬆進行圖像繪製、聲音、動畫（Animation）、鍵盤、滑鼠、遊戲裝置的互動、聲音處理、以及圖形物件碰撞偵測等工作。Pygame 套件提供許多模組作為遊戲的開發，簡介如下：

課堂上學不到的多媒體遊戲開發套件

- **color**：提供色彩的設定。

- **display**：顯示螢幕。

- **event**：處理事件。

- **image**：處理圖片。

- **key**：處理鍵盤的按鈕。

- **mouse**：處理滑鼠訊息。

- **movie**：處理視訊播放。

- **mixer**：用來播放聲音

- **time**：時間處理。

## 15-1-1 安裝 Pygame 套件

要開始利用 Pygame 模組開發多媒體與遊戲類的程式，首先必須先行安裝 Pygame 套件，請各位在 Windows 作業系統下（win10），按組合鍵【視窗鍵 + R】來開啟執行交談窗，再輸入指令「cmd」就能啟動命令字元提示視窗，並輸入如下的指令：

```
pip install pygame
```

請參考下圖示範：

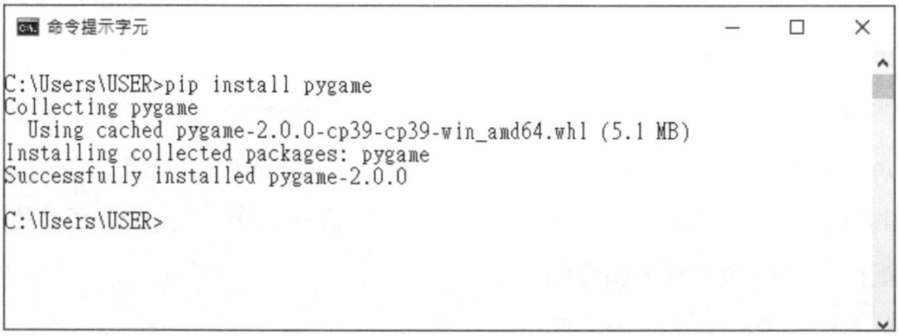

```
命令提示字元                                      —    □    ×

C:\Users\USER>pip install pygame
Collecting pygame
  Using cached pygame-2.0.0-cp39-cp39-win_amd64.whl (5.1 MB)
Installing collected packages: pygame
Successfully installed pygame-2.0.0

C:\Users\USER>
```

完成套件的安裝後，可以啟動 Python 的 shell，使用指令匯入 pygame 套件，若無任何問題，表示套件安裝成功。如下圖所示：

```
C:\Users\USER>pip install pygame
Collecting pygame
  Using cached pygame-2.0.0-cp39-cp39-win_amd64.whl (5.1 MB)
Installing collected packages: pygame
Successfully installed pygame-2.0.0

C:\Users\USER>python
Python 3.9.0 (tags/v3.9.0:9cf6752, Oct  5 2020, 15:34:40) [MSC v.1927 64 bit (A
MD64)] on win32
Type "help", "copyright", "credits" or "license" for more information.
>>> import pygame
pygame 2.0.0 (SDL 2.0.12, python 3.9.0)
Hello from the pygame community. https://www.pygame.org/contribute.html
>>>
```

## 15-1-2　Pygame 的三大程式區塊

使用 Pygame 撰寫程式大概可以分為三個主要區塊：

①　建立視窗的程式區塊

②　進行各種工作處理的程式區塊

③　偵測視窗是否關閉的程式區塊

如果各位只是要產生一個空白的視窗，而不進行任何工作的處理，就可以省略第 2 個程式區塊，接著我們底下的程式就是最陽春的利用 Pygame 套件所開發的第一支程式，這支程式的執行外觀會在視窗上方顯示出「我的第一支 Pygame 程式」的標題。如下圖所示：

課堂上學不到的多媒體遊戲開發套件

**範例程式** **hello_pygame.py** ▶ 第一支 **Pygame** 程式

```
01    import pygame # 滙入 PyGame 套件
02    import sys
03    pygame.init() # 將 PyGame 初始化
04
05    # 產生視窗，以 Surface 物件回傳
06    screen = pygame.display.set_mode((300,300), 1)
07
08    # 視窗標題列顯示文字
09    pygame.display.set_caption(' 我的第一支 Pygame 程式 ')
10
11    # 依據事件做偵測，使用者是否按了右上角的 X 鈕
12    running = True
13    while running:
14        for event in pygame.event.get():    # 依據事件
15            # 判斷事件的常數是否為 QUIT 常數
16            if event.type == pygame.QUIT:
17    pygame.quit() #quit() 方法結束 Pygame 程序
18    sys.exit()
```

上述程式一開始第 1 行及第 2 行會先匯入程式中會使用到的套件，包括：pygame 及 sys 套件，指令如下：

```
import pygame
import sys
```

接下來我們可以分為兩個區塊來解說：

- ➧ 第 3 行到第 9 行是關於建立視窗的程式區塊。

- ➧ 第 11 行到第 18 行是關於偵測視窗是否關閉的程式區塊。

課堂上學不到的多媒體遊戲開發套件

**TIPS**

**輸入問題**：請設計一簡單 Python 程式，使用 Pygame 套件。

**ChatGPT 回答畫面**（範例程式：hello_pygame(CGPT).py）：

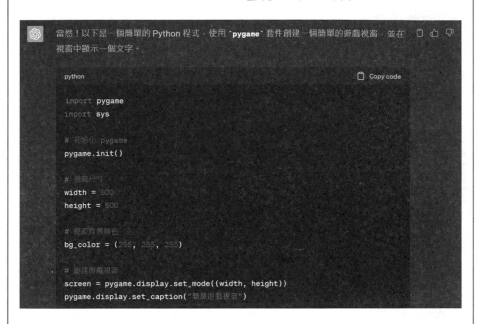

```python
import pygame
import sys

# 初始化 pygame
pygame.init()

# 視窗尺寸
width = 800
height = 600

# 視窗背景顏色
bg_color = (255, 255, 255)

# 創建遊戲視窗
screen = pygame.display.set_mode((width, height))
pygame.display.set_caption("簡單遊戲視窗")
```

這個程式使用 pygame 套件建立了一個基本的遊戲視窗，並在其中心顯示了文字 "Hello, Pygame"。程式中首先初始化了 pygame 套件，然後設定了遊戲視窗的尺寸和背景顏色。接著創建了遊戲視窗並設定視窗標題。進入遊戲迴圈後，程式持續檢查事件，並在使用者關閉視窗時結束迴圈。在每個迴圈迭代中，程式填充背景顏色，創建文字的表面（Surface），然後根據文字表面的尺寸將文字居中繪製到視窗上。最後，程式更新視窗以顯示繪製的內容。

因為本範例沒有進行任何其它程序的處理，所以有關開發 pygame 程式需要進行各種工作處理的程式區塊，目前沒有任何程式碼。首先我們就先從如何建立視窗開始談起，Pygame 建立視窗時有兩個主要步驟：

第 1 步必須以 pygame 類別的 init() 方法來啟動其套件，滙入相關類別，如本範例程式中的第 3 行指令：

```
pygame.init() # 將 PyGame 初始化
```

第 2 步則是建立視窗來作為繪圖區，這個地方必須配合 pygame 中的 display 類別的成員來完成其程序，下表則是 display 類別常用的方法：

| display 類別成員 | 說明 |
|---|---|
| display.set_mode() | 建立視窗並初始化 |
| display.set_caption() | 在建立的視窗於標題列顯示文字 |
| display.flip() | 將 Surface 全部更新後並顯示於畫面上 |
| display.update() | 依據軟體做部份畫面的更新 |

使用 set_mode() 方法建立的視窗屬於 Surface 物件，有了它才能在視窗上進行相關的繪圖動作。set_mode() 方法的語法：

```
set_mode(resolution=(0,0), flags=0, depth=0)
```

- **resolution**：必要參數，解析螢幕時要設定寬和高，要注意它是一個 Tuple 物件。

- **flags**：用來設定產生視窗的樣式；選項參數，預設值為零，有關各種參數的設定值所代表的意義，請參考下表的說明。

| 參數 flags | 說明 |
|---|---|
| FULLSCREEN | 產生一個全螢幕視窗 |
| DOUBLEBUF | 產生的視窗具有雙緩衝，在 HWSURFACE 或者 OPENGL 中使用 |
| HWSURFACE | 產生的視窗具有硬體加速，必須和 FULLSCREEN 同時使用 |
| OPENGL | 產生一個 OPENGL 渲染的視窗 |
| RESIZABLE | 產生的視窗可以改變其大小 |
| NOFRAME | 產生沒有邊框的視窗 |

- **depth**：表示顏色的深度，預設值為「0」。

例如第 6 行的程式，就是以 Tuple 物件顯示一個寬和高為 300*300 的繪圖視窗，交由變數 screen 儲存，它是 Surface 物件。對於新手來說，呼叫 display 類別的 set_mode() 方法，常會忘了把產生視窗大小的寬和高以 Tuple 或 List 物件來表達，也就是要多了一對 () 或 [] 符號，才設參數值，所以會發生錯誤！

```
screen = pygame.display.set_mode((300,300), 1)
```

例如下圖的指令中視窗大小的表達方式就不是以 Tuple 或 List 物件來表達，因為會產生錯誤，這一點請各位要特別小心留意。

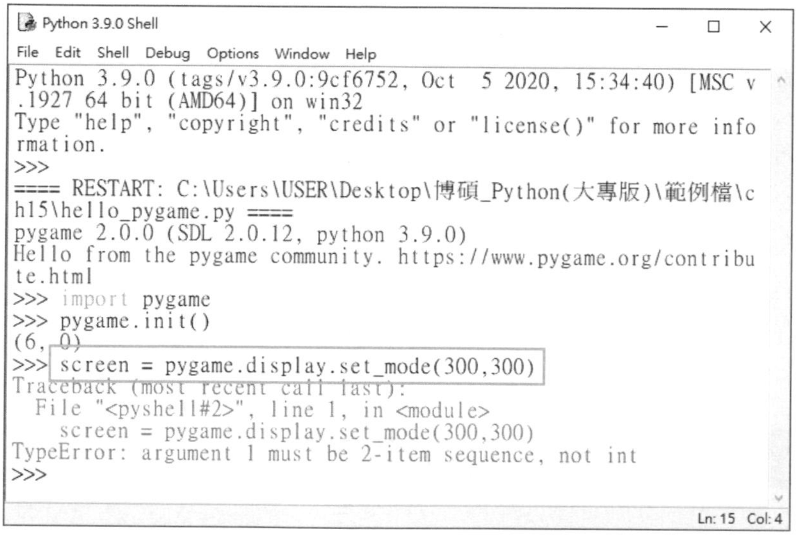

產生視窗後，如果要在視窗的標題列顯示文字就必須利用 set_caption() 方法，其語法如下：

```
set_caption(title, icontitle=None)
```

其中參數 title 就是視窗標題列欲顯示的文字。例如本例中的第 9 行程式就是在視窗的標題列顯示「我的第一支 Pygame 程式」。完成前述三個步驟，一個簡單的 Pygame 產生的繪圖視窗就完成；視窗最上方的標題列會有「我的第一支 Pygame 程式」。產生視窗之後，以程式碼來處理相關程序；還得留意視窗是否被關閉！利用 while 迴圈來偵測，同樣有兩件事要做：

課堂上學不到的多媒體遊戲開發套件

第一步：利用 pygame 套件的 event 類別來處理事件，並以 get() 方法取得所有訊息並隨時更新其狀態，例如程式中的第 12 行到第 14 行的程式碼：

```
running = True
while running:
    for event in pygame.event.get():    # 依據事件
```

其中 pygame.event.get() 的主要功能會依據事件更新視窗狀態。接著第二步：偵測視窗是否被關閉？使用者按下視窗右上角的「關閉」鈕，呼叫 pygame 類別的 quit() 方法來關閉視窗，當 event 的屬性 type 接收到是成員「QUIT」時，先呼叫 pygame 的 quit() 方法關閉視窗，然後再呼叫 sys 模組 exit() 方法結束應用程式。程式碼如下：

```
while running:
    for event in pygame.event.get():    # 依據事件
        # 判斷事件的常數是否為 QUIT 常數
        if event.type == pygame.QUIT:
pygame.quit() #quit() 方法結束 Pygame 程序
sys.exit()
```

## 15-2 畫布和色彩的秘密

前面提過使用 set_mode() 方法所產生的視窗是一個 Surface 物件，也可以把它視為畫布，透過它才能隨意繪製圖形。Pygame 產生的視窗以左上角（0, 0）為原點座標，它會隨 X 座標向右擴展，跟著 Y 座標向下遞增。有了座標的基本概念之後，畫布如何產生？還記得 set_mode() 方法會回傳一個 Surface 物件，所以一同認識 Surface 類別的建構函式，其語法如下：

```
Surface(width, height), flags=0, depth=0, masks=None)
Surface((width, height), flags=0, Surface)
```

下表介紹與 Surface 類別有關的成員。

| Surface 類別方法 | 說明 |
|---|---|
| Surface.blit() | 重新繪製一個圖像，此外，圖片皆由像素組成，載入圖片之後它並不會在畫布上顯示，必須呼叫 blit() 方法將屬於 Surface 物件（圖片）繪製在畫布上。 |
| Surface.convert() | 將 Surface 物件做複製，副本可以重設像素 |
| Surface.convert_alpha() | 將 Surface 物件做複製，適用於去背的圖片 |
| Surface.fill() | 以單色填滿 Surface 物件 |
| Surface.get_size() | 取得 Surface 物件大小 |
| Surface.get_rect() | 取得 Surface 物件的矩形區域 |

產生 Surface 物件之後，可以利用 Pygame 套件提供的 Color 類別配置畫布色彩，或者繪製基本圖形。有了畫布之後要上色，可以找 fill() 方法來幫忙，語法如下：

```
fill(color, rect=None, special_flags=0)
```

- **color**：就是以 R、G、B 表示的色彩值。

- **rect**：由於畫布本身就是矩形（rect），也可以利用它來決定上色的面積大小。

另外有關 blit 語法如下：

```
blit( 背景變數 , 繪製位置 )
```

- **背景變數**：表示欲繪製的圖片，可以給予圖片的檔名。
- **繪製位置**：指定圖片欲開始繪製的位置。

## 15-2-1　Color 類別

Color 類別能利用 RGB 三原色來設定色彩值，透過它們的組合能得到不同的顏色值。分別以 R、G、B 來表達紅、藍、綠，顏色值從 0 ～ 255。當 R、G、B 皆為 255，是白色；R、G、B 為「0」就是黑色。認識它的建構函式語法：

```
Color(name)
Color(r, g, b, a)
Color(rgbvalue)
```

Color 建構函式中，參數除了以 r、g、b 表達顏色之外，參數 a 代表 Alpha 值。它同樣是以 0 ～ 255 來設定，不同處是它用來決定色彩中要不要加入透明度。例如底下語法為各種色彩的產生方式：

```
import pygame
pygame.Color(255, 0, 0) # 紅色
pygame.Color(0, 255, 0) # 綠色
pygame.Color(0, 0, 255) # 藍色
```

如果要在畫布中含有透明色彩，就必須利用 Surface 類別提供的 convert_alpha() 方法，敘述如下：

```
surfaceAlpha = screen.convert_alpha()
```

產生視窗之後，它的背景為黑色，其實我們利用 Surface 的建構函式來產生一個物件，並以指定色彩填滿，請參考以下的範例：

### 範例程式 fillcolor.py

```
01   import pygame # 滙入 PyGame 套件
02   import sys
03   pygame.init() # 將 PyGame 初始化
04
05   # 設定使用參數
06   size = width, height = 300, 300
07   Red = (255, 0, 0)
08
09   # 產生視窗，以 Surface 物件回傳
10   screen = pygame.display.set_mode((size), 0, 32)
11   pygame.display.set_caption(' 為畫布上色 ')
12
13   # 產生 Surface 物件，上色，繪製成形
14   face = pygame.Surface([100, 100])
15   face.fill(Red)
16   screen.blit(face, (50, 50))
17
```

```
18    # 偵測視窗是否被關閉
19    while True:
20        for event in pygame.event.get():
21            # 判斷事件的常數是否為 QUIT 常數
22            if event.type == pygame.QUIT:
23    pygame.quit() #quit() 方法結束 Pygame 程序
24    sys.exit()
25    pygame.display.update()
```

執行結果

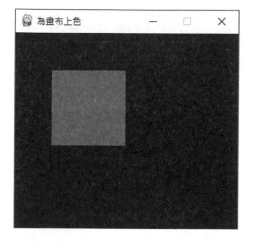

程式解析

- 第 7 行：將顏色的 RGB 值設好之後再指定給變數「Red」，會比直接給「(255, 0, 0)」更清楚些。

- 第 14 行：以建構函式產生一個寬、高為 100（Pixel）的 Surface 物件。

- 第 15 行：以 fill() 方法填滿紅色。

- 第 16 行：最後一道手續是呼叫 blit() 方法，在已建立視窗 screen 的指定位置（座標 X「50」Y「50」）輸出此紅色畫布；如果未使用此方法則紅色畫布就不會顯示於視窗中。

對於畫布的產生（Surface 物件）有了初步的認識，就以「surface.get_size() 方法」取得原有視窗尺寸來作為畫布，請參考以下的範例：

範例程式 **get_size.py**

```
01   import pygame # 滙入 PyGame 套件
02   import sys
03   pygame.init() # 將 PyGame 初始化
04
05   # 設定使用參數
06   size = width, height = 300, 300
07   Red = (255, 0, 0)
08
09   # 產生視窗，以 Surface 物件回傳
10   screen = pygame.display.set_mode((size), 0)
11   pygame.display.set_caption(' 將整個視窗畫布上色 ')
12
13   # 產生 Surface 物件，上色，繪製成形
14   face = pygame.Surface(screen.get_size())
15   print(face.get_width(), face.get_height())
16   face.convert()# 產生副本
17   face.fill(Red)# 填滿指定色
18   screen.blit(face, (0, 0))# 輸出到畫布上
19   pygame.display.update()# 繪製視窗顯示於螢幕上
20
21   # 偵測視窗是否被關閉
22   while True:
23       for event in pygame.event.get():
24           # 判斷事件的常數是否為 QUIT 常數
25           if event.type == pygame.QUIT:
26   pygame.quit() #quit() 方法結束 Pygame 程序
27   sys.exit()
```

執行結果

（程式解析）

- ◆ 第 14 ～ 15 行：以 get_size() 取得視窗的大小，可以方法 get_width() 和 get_height() 來查看其值是否為原來的設定值。

- ◆ 第 18 ～ 19 行：方法 blit() 是針對 Surface 物件（face）做繪製，而 update() 方法更新的物件是「display.set_mode()」方法所產生視窗。

## 15-3　視窗上繪圖的技巧

使用 Pygame 撰寫程式的基本架構了解後，接下來的重點就是在所建立的視窗中進行相關的程序處理，例如在畫布上繪製簡單的圖形、在視窗畫面中輸出文字及將圖片載入到視窗中，本單元將介紹如何繪製基本圖形，要透過 draw 類別的相關方法，請參考下表的說明：

| draw 類別方法 | 說明 |
|---|---|
| draw.line() | 繪製線條 |
| draw.rect() | 繪製矩形 |
| draw.polygon() | 繪製多邊形 |
| draw.circle() | 繪製圓形 |
| draw.ellipse() | 繪製橢圓形 |
| draw.arc | 繪製圓弧 |

## 15-3-1　繪製線條

要繪製線條必須使用 Pygame 套件提供的 draw 類別。先了解它的語法：

```
pygame.draw.line(Surface, color, start_pos, end_pos,width=1)
```

- ■ **Surface**：畫布。

- ■ **color**：顏色；可以呼叫 Pygame 的 Color 類別。

- ■ **start_pos**：線條開始位置的座標，其座標值要以 X 和 Y 來產生。

- **end_pos**：線條結束位置的座標，其座標值要以 X 和 Y 來產生。

- **width**：繪製的線條寬度，預設值為「1」。

**範例程式** **drawline.py**

```
01  import pygame  # 滙入 PyGame 套件
02  import sys
03  pygame.init()  # 將 PyGame 初始化
04
05  # 設定使用參數
06  size = width, height = 400, 300
07  White = (255, 255, 255)
08  Red = (255, 0, 0)
09  Green = (0, 255, 0)
10  Blue = (0, 0, 255)
11  Yellow = (255, 255, 0)
12  Fuchsia = (255, 0, 255)  # 紫色
13  Aqua = (0, 255, 255)  # 淺藍色
14  Gray = (128, 128, 128)  # 灰色
15
16  # 產生視窗，以 Surface 物件回傳
17  screen = pygame.display.set_mode((size), 0, 32)
18  pygame.display.set_caption(' 繪製線條 ')
19
20  # 利用 Surface 物件來作為畫布，以 fill() 方法填上白色
21  screen.fill(White)
22
23  # 繪製線條
24  pygame.draw.line(screen, Red, (70, 0), (70, 300), 20)
25  pygame.draw.line(screen, Green, (90, 0), (90, 300), 20)
26  pygame.draw.line(screen, Blue, (110, 0), (110, 300), 20)
27  pygame.draw.line(screen, Yellow, (130, 0), (130, 300), 20)
28  pygame.draw.line(screen, Fuchsia, (150, 0), (150, 300), 20)
29  pygame.draw.line(screen, Aqua, (170, 0), (170, 300), 20)
30  pygame.draw.line(screen, Gray, (190, 0), (190, 300), 20)
31
32
33  running = True  # 判斷程式是否執行狀態
34  while running:
35     for event in pygame.event.get():
36         # 判斷事件的常數是否為 QUIT 常數
37         if event.type == pygame.QUIT:
38  pygame.quit()  #quit() 方法結束 Pygame 程序
39  sys.exit()
40  pygame.display.update()
```

執行結果

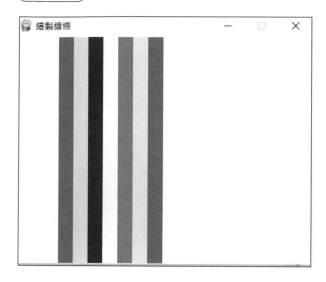

## 15-3-2 繪製矩形

要繪製矩形有兩件事要考量：顯示矩形位置的 X、Y 座標，通常指螢幕左上角；矩形的寬和高，以像素（Pixel）為處理單位，認識其語法：

```
pygame.draw.rect(Surface, color, rect, width=0)
```

- **Surface**：畫布。

- **color**：顏色；可以呼叫 Pygame 的 Color 類別。

- **rect**：欲繪製的矩形物件，必須設定座標和其寬、高。

- **width**：使用整數值來表示線條寬度，預設值為「0」（無線條）則是產生一個無框線的矩形；省略此參數和給予參數值「0」的效果是相同的。

**範例程式** **drawrec.py**

```
01   import pygame # 滙入 PyGame 套件
02   import sys
03   pygame.init() # 將 PyGame 初始化
04
05   # 設定使用參數
06   size = width, height = 400, 300
```

```
07   White = (255, 255, 255)
08   Red = (255, 0, 0)
09   Green = (0, 255, 0)
10   Blue = (0, 0, 255)
11   Yellow = (255, 255, 0)
12   Fuchsia = (255, 0, 255) # 紫色
13   Aqua = (0, 255, 255) # 淺藍色
14   Gray = (128, 128, 128) # 灰色
15
16   # 產生視窗，以 Surface 物件回傳
17   screen = pygame.display.set_mode((size), 0, 32)
18   pygame.display.set_caption(' 繪製矩形 ')
19
20   # 利用 Surface 物件來作為畫布，以 fill() 方法填上白色
21   screen.fill(White)
22
23   # 繪製綠色矩形
24   pygame.draw.rect(screen, Green, (30, 210, 140, 40))
25   pygame.draw.rect(screen, Blue, (204, 198, 60, 40))
26   pygame.draw.rect(screen, Yellow, (304, 190, 60, 40))
27   pygame.draw.rect(screen, Green, (30, 130, 140, 40))
28   pygame.draw.rect(screen, Blue, (204, 118, 60, 40))
29   pygame.draw.rect(screen, Yellow, (304, 110, 60, 40))
30
31   running = True # 判斷程式是否執行狀態
32   while running:
33      for event in pygame.event.get():
34         # 判斷事件的常數是否為 QUIT 常數
35         if event.type == pygame.QUIT:
36   pygame.quit() #quit() 方法結束 Pygame 程序
37   sys.exit()
38   pygame.display.update()
```

執行結果

**TIPS**

**輸入問題**：怎樣實現虛線或其他特殊效果的線條？

**ChatGPT 回答畫面**：

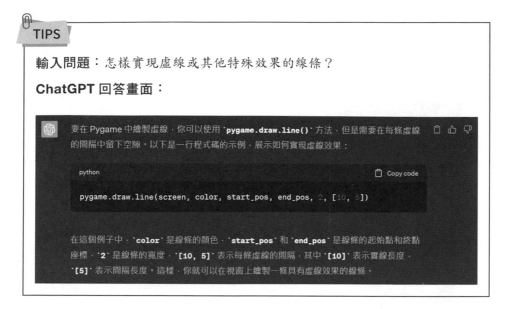

要在 Pygame 中繪製虛線，你可以使用 `pygame.draw.line()` 方法，但是需要在每條虛線的間隔中留下空隙。以下是一行程式碼的示例，展示如何實現虛線效果：

```python
pygame.draw.line(screen, color, start_pos, end_pos, 2, [10, 5])
```

在這個例子中，`color` 是線條的顏色，`start_pos` 和 `end_pos` 是線條的起始點和終點座標，`2` 是線條的寬度，`[10, 5]` 表示每條虛線的間隔，其中 `[10]` 表示實線長度，`[5]` 表示間隔長度。這樣，你就可以在視窗上繪製一條具有虛線效果的線條。

## 15-3-3　繪製多邊形

要繪製多邊形的語法如下：

```
pygame.draw.polygon(Surface, color, pointlist, width=0)
```

- **pointlist**：欲繪製的多邊形物件，由 Tuple 物件來形成多組座標；它能決定多邊形的形狀。

- 繪製三角形時，pointlist 座標組設了三組。繪製五邊形時，把參數 pointlist 設了 5 組的 X、Y 座標。

- 設定 pointlist 參數時可使用 Tuple 或 List 物件。

**範例程式　drawpoly.py**

```
01   import pygame # 滙入 PyGame 套件
02   import sys
03   pygame.init() # 將 PyGame 初始化
04
05   # 設定使用參數
06   size = width, height = 400, 300
```

```
07  White = (255, 255, 255)
08  Red = (255, 0, 0)
09  Green = (0, 255, 0)
10  Blue = (0, 0, 255)
11  Yellow = (255, 255, 0)
12  Fuchsia = (255, 0, 255)  # 紫色
13  Aqua = (0, 255, 255)  # 淺藍色
14  Gray = (128, 128, 128)  # 灰色
15
16  # 產生視窗，以 Surface 物件回傳
17  screen = pygame.display.set_mode((size), 0, 32)
18  pygame.display.set_caption(' 繪製多邊形 ')
19
20  # 利用 Surface 物件來作為畫布，以 fill() 方法填上白色
21  screen.fill(White)
22
23  pygame.draw.polygon(screen, Red, ((15, 180),
24  (130, 10), (235, 180)))
25  pygame.draw.polygon(screen, Blue, [(15, 120), (65, 35),
26      (185, 35), (230, 120), (130, 180)], 6)
27
28  running = True  # 判斷程式是否執行狀態
29  while running:
30      for event in pygame.event.get():
31          # 判斷事件的常數是否為 QUIT 常數
32          if event.type == pygame.QUIT:
33  pygame.quit()  #quit() 方法結束 Pygame 程序
34  sys.exit()
35  pygame.display.update()
```

執行結果

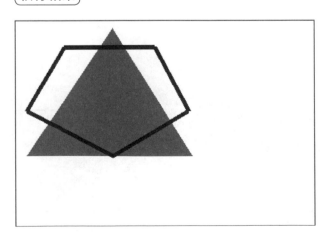

## 15-3-4 繪製圓形

要繪製圓形除了考量座標之外，還得把圓形的半徑加進來，認識其語法：

```
pygame.draw.circle(Surface, color, pos, radius, width=0)
```

- **pos**：欲繪製的圓形物件要設定 X 和 Y 座標。

- **radius**：圓形物件的半徑。

### 範例程式 drawcircle.py

```
01   import pygame # 滙入 PyGame 套件
02   import sys
03   pygame.init() # 將 PyGame 初始化
04
05   # 設定使用參數
06   size = width, height = 300, 300
07   Red = (255, 0, 0)
08
09   # 產生視窗，以 Surface 物件回傳
10   screen = pygame.display.set_mode((size), 0)
11   pygame.display.set_caption(' 將整個視窗畫布上色 ')
12
13   # 產生 Surface 物件 , 上色，繪製成形
14   face = pygame.Surface(screen.get_size())
15   print(face.get_width(), face.get_height())
16   face.convert()# 產生副本
17   face.fill(Red)# 填滿指定色
18   screen.blit(face, (0, 0))# 輸出到畫布上
19   pygame.display.update()# 繪製視窗顯示於螢幕上
20
21   # 偵測視窗是否被關閉
22   while True:
23      for event in pygame.event.get():
24          # 判斷事件的常數是否為 QUIT 常數
25          if event.type == pygame.QUIT:
26   pygame.quit() #quit() 方法結束 Pygame 程序
27   sys.exit()
```

課堂上學不到的多媒體遊戲開發套件

執行結果

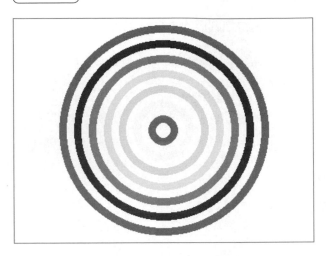

## 15-4 圖片載入與應用

Pygame 的 image 類別能用來處理各種格式的圖片，包括 JPG，PNG，TGA 和 GIF。使用圖片必須以 load() 方法載入，先認識它的語法：

```
load(fileobj, namehint="")
```

- **fileobj**：載入圖片的檔案路徑。

### 15-4-1 圖片的載入

例如：load() 方法載入圖片，可別忘記所儲存的依然是 Surface 物件。

```
img = pygame.image.load('002.png')
img.convert()
```

- **方法 convert() 能提高圖片的處理速度。**

例如下面的範例程式是載入一個格式為 jpg 的圖片，呼叫 blit() 方法來繪製圖片。

範例程式 **loadpic.py**

```
01    import pygame # 滙入 PyGame 套件
02    import sys
03    pygame.init() # 將 PyGame 初始化
04
05    # 設定使用參數
06    size = width, height = 300, 300
07    White = (255, 255, 255)
08
09
10    # 產生視窗，以 Surface 物件回傳
11    screen = pygame.display.set_mode((size), 0, 32)
12    pygame.display.set_caption(' 載入圖片 ')
13    screen.fill(White)
14    # 方法 load() 載入圖片，convert() 能提高圖片的處理速度
15    img = pygame.image.load('pic\\card.jpg')
16    img.convert()
17    screen.blit(img, (50, 50))
18
19    running = True # 判斷程式是否執行狀態
20    while running:
21        for event in pygame.event.get():
22            # 判斷事件的常數是否為 QUIT 常數
23            if event.type == pygame.QUIT:
24    pygame.quit() #quit() 方法結束 Pygame 程序
25    sys.exit()
26    pygame.display.update()
```

執行結果

## 15-4-2 　移動圖片

在還沒示範如何移動圖片前，首先我們先來認識動畫的原理。動畫的原理和視訊類似，都是利用人類眼睛的「視覺暫留」現象，透過逐格（Frame by Frame）製作的圖片與足夠的速度順序播放，也就是將一連串的靜態影像作快速的播放，只要每張影像之間的變化不是很大，當播放速度夠快時，會因為視覺暫留的特性而產生影像被移動的錯覺。

不同的動作表情串接在一起，快速播放時就會產生動的效果

播放動畫的速度單位為 FPS（Frame Per Second）稱為影格速率，表示每秒播放的影格數。影格速率太低，會讓動畫看起來不順暢；影格速率太高又會耗費系統太多的處理資源，一般建議最佳的影格速率為 24fps。如此一來，如果是早期手繪在紙張或賽璐珞片的動畫，以一個 5 分鐘的動畫效果來說，當影格速率為 24fps 時，就必須製作 7200 張圖片。

隨著資訊科技的進展，設計者開始可以在電腦硬體平台上，利用電腦軟體將使用者之想法及創意透過螢幕表現出來，這種視覺表現之動畫技術與編輯形式，就是一般所通稱的電腦動畫。電腦動畫的好處就是可以利用動畫軟體來大量節省製作每張畫框圖形的時間。現在的動畫影片主要是利用電腦來輔助製作，種類包含 2D 動畫與 3D 動畫兩種。

利用動畫的概念，就如同我們在看動漫一樣，透過 FPS 來設定畫格速率（Frame Rate）。更通俗的說法就是每秒中欲繪製的圖片數目。如果「FPS = 25」就是每秒播放 25 張圖，配合時間的控制就能讓圖片移動，這也就動畫的作法。Pygame 的 time 類別有兩個方法能協助動畫維持其效果。

- **Clock() 方法**：建立時間元件，確保具有動畫效果的物件能在 FPS 的設定值下，維持一定的速率。

- **tick() 方法**：以毫秒單位，以 fps 為參數值來產生動畫效果，配合迴圈的運作，經由小小的暫停來保持 fps 的值。

　　**範例說明**：範例中就是讓圖片持續地向下、向左、向上和向右移動。由於圖片本身有大小，利用 Surface 類別的方法 get_rect() 來取得矩形區域，配合 X 和 Y 座標值。

**範例程式** **movecar.py**

```
01   import pygame # 滙入 PyGame 套件
02   import sys
03
04   pygame.init() # 將 PyGame 初始化
05
06   # 設定使用參數
07   size = width, height = 560, 500
08   speed = [1, 1]
09   White = (255, 255, 255)
10
11   # 設定每秒畫格 25，利用 Clock() 方法來確保動畫能持續進行
12   Fps = 25 # 每秒的執行次數
13   traceCar = pygame.time.Clock()
14
15   # 產生視窗，以 Surface 物件回傳
16   screen = pygame.display.set_mode((size), 0, 32)
17   pygame.display.set_caption(' 動畫 ')
18
19   # 載入圖片，get_rect() 取得矩形區域
20   car = pygame.image.load('pic\\cart.jpg')
21   carX, carY = 50, 50 # 設定開始移動的 X、Y 座標
22   move = 'Down'
23   traceCar = pygame.time.Clock()
24
25   #tick() 方法依據 fps 之值讓移動圖片有動畫效果
26   #blit() 不斷在畫布上繪製圖片
27   #update() 進行動作的更新
28   while True:
```

```
29      for event in pygame.event.get():
30          if event.type == pygame.QUIT:
31  pygame.quit()
32  sys.exit()
33
34  screen.fill(White)
35
36      if move == 'Down':
37  carY += 5
38          if carY == 230 : move = 'Right'
39  elif move == 'Right':
40  carX += 5
41          if carX == 315 : move = 'Up'
42  elif move == 'Up':
43  carY -= 5
44          if carY == 50 : move = 'Left'
45  elif move == 'Left':
46  carX -= 5
47          if carX == 50: move = 'Down'
48      #blit() 方法在畫布上繪製圖片
49  screen.blit(car, (carX, carY))
50  pygame.display.update()
51  traceCar.tick(Fps) # 依 fps 的值來產生動畫
```

執行結果

【程式解析】

- ◆ 第 12 行：設定 FPS 的值為 25。

- ◆ 第 20 行：以 image 類別的 load() 方法載入圖片。

- ◆ 第 23 行：由 time 類別的 Clock() 方法所產生的時間元件，確保動畫持續
  進行。

- ◆ 第 28 ～ 51 行：配合 while 迴圈移動圖片，不斷傳回 X 和 Y 的座標值，當
  X 座標等於限定的值就改變方向，不斷地移動。

- ◆ 第 51 行：呼叫 time 類別的 tick() 方法，每跑一次就做小小調整（暫停），
  讓 FPS 設定值不緩也不急，維持圖片移動的速率。

## 15-5 文字處理

除了繪製圖片外，文字當然也可以繪製的，Pygame 套件以 Font 類別來提
供字型的處理，其成員說明如下：

- ■ **SysFont() 方法**：取得系統中已有的字型。

- ■ **Font() 方法**：新建一個字型物件

  先認識 SysFont() 語法：

```
SysFont(name, size, bold=False, italic=False)
```

- ■ **name**：字型名稱。

- ■ **size**：字體大小。

- ■ **bold、italic**：設定字體是「粗體」（bold）或「斜體」（italic），預設值為
  「False」表示使用一般字體。

  取得字型之後，需要以 render() 方法繪製，語法如下：

```
render(text, antialias, color, background=None)
```

- **text**：欲繪製的文字

- **antialias**：布林值，True 表示繪製的文字要有平滑效果，較美觀但可能耗時；False 則繪製的文字可能有鋸齒狀。

- **color**：設定文字的顏色。

- **background**：背景色，預設值為「None」表示省略背景色。

> **TIPS**　畫布上繪製文字，設定字型時儘可能設定中英文皆能顯示的字型，要不然可能中文字無法繪製。

**範例程式** **font.py**

```
01   import pygame # 滙入 PyGame 套件
02   import sys
03   pygame.init() # 將 PyGame 初始化
04
05   # 設定使用參數
06   size = width, height = 400, 400
07   White = (255, 255, 255)
08   Red = (255, 0, 0)
09   Green = (0, 255, 0)
10   Blue = (0, 0, 255)
11   Yellow = (255, 255, 0)
12   Fuchsia = (255, 0, 255) # 紫色
13   Aqua = (0, 255, 255) # 淺藍色
14   Gray = (128, 128, 128) # 灰色
15
16   # 產生視窗，以 Surface 物件回傳
17   screen = pygame.display.set_mode((size), 0, 32)
18   pygame.display.set_caption(' 繪製文字 ')
19   screen.fill(White)
20   # 繪製文字
21   ft = pygame.font.SysFont('Malgun Gothic', 36)
22   #ft = pygame.font.SysFont('Arial', 36)
23   wd1 = ft.render('Encyclopedia', False, Blue,Aqua)
24   screen.blit(wd1, (10, 20))
25   wd2 = ft.render(' 百科全書 ', True, Red,Aqua)
26   screen.blit(wd2, (10, 80))
27   wd1 = ft.render('lockdown', False, Blue,Aqua)
```

```
28   screen.blit(wd1, (10, 140))
29   wd2 = ft.render(' 封城 ', True, Red,Aqua)
30   screen.blit(wd2, (10, 200))
31   wd1 = ft.render('binge-watch', False, Blue,Aqua)
32   screen.blit(wd1, (10, 260))
33   wd2 = ft.render(' 追劇 ', True, Red,Aqua)
34   screen.blit(wd2, (10, 320))
35
36   running = True # 判斷程式是否執行狀態
37   while running:
38       for event in pygame.event.get():
39           # 判斷事件的常數是否為 QUIT 常數
40           if event.type == pygame.QUIT:
41   pygame.quit() #quit() 方法結束 Pygame 程序
42   sys.exit()
43   pygame.display.update()
```

執行結果

Encyclopedia

百科全書

lockdown

封城

binge-watch

追劇

課堂上學不到的多媒體遊戲開發套件

如果字型 Arial 無法顯示中文，如下圖中就無法正確顯示中文：

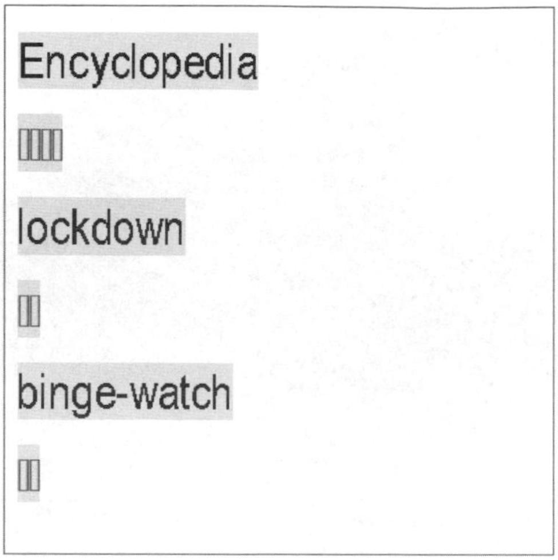

```
Encyclopedia

||||

lockdown

||

binge-watch

||
```

**程式解析**

- 第 21 行：先以 SysFont() 設定字型為「Malgun Gothic」，字體大小「36」級。
- 第 23 行：render() 方法繪製文字時，英文字未設平滑字效果，所以參數 antialias 為「False」；中文字設了平滑效果，所以參數 antialias 為「True」並加了背景色。

## 15-6 鍵盤事件與滑鼠事件

要以 Pygame 來撰寫遊戲程式，經常會使用到滑鼠和鍵盤，不過它們無法單獨運作，必須透過 event 類別來觸發某個事件並取得相關常數值，其中 Pygame 中的 event.get() 方法是事件被觸發後較為常用的處理方法。透過 get() 方法可以從佇列（Queue）取得其訊息，然後做相關的措施。另外在使用相關的事件常數必須將「pygame.locals」模組匯入，一旦匯入模組 pygame.locals，就可以直接使用「KEYDOWN」即可；省略了「pygame」。例如：

```python
from pygame.locals import *
if event.type == KEYDOWN:
```

```
# 向左方向鍵，減少座標值
if event.key == pygame.K_LEFT:
    Xmove -= 5
```

## 15-6-1　鍵盤事件

進行遊戲時可以按下鍵盤來控制遊戲，通常鍵盤事件概分兩種：

■ **pygame.KEYDOWN**：按下鍵盤會引發此事件。

■ **pygame.KEYUP**：放開鍵盤所引發的事件。

下面我們將先介紹如何配合 event 類別來認識鍵盤事件的語法：

```
if event.type == 鍵盤事件 :
if event.key == pygame.Keyboard constants
處理程式碼
```

其中鍵盤事件為 KEYDOWN 或 KEYUP。而 Keyboard constants：鍵盤常數，鍵盤上的按鍵都有其對應的常數值，如下表。

| 按鍵 | 鍵盤常數 | 按鍵 | 鍵盤常數 |
|------|----------|------|----------|
| 0 ～ 9 | K_0 ～ K_9 | ↑ 向上鍵 | K_UP |
| a ～ z | K_a ～ K_z | ↓ 向下鍵 | K_DOWN |
| F1 ～ F12 | K_F1 ～ K_F12 | ← 向左鍵 | K_LEFT |
| Enter 鍵 | K_RETURN | → 向右鍵 | K_RIGHT |
| 空白鍵 | K_SPACE | Esc 鍵 | K_ESCAPE |
| 定位鍵 | K_TAB | Backspace 鍵 | K_BACKSPACE |
| 【+】鍵 | K_PLUS | 【-】鍵 | K_MINUS |
| 【Insert】鍵 | K_INSERT | 【Home】鍵 | K_HOME |
| 【End】鍵 | K_END | 【Caps Lock】鍵 | K_CAPSLOCK |
| 左【Shift】鍵 | K_LSHIFT | 【PgUp】鍵 | K_PAGEUP |
| 左【Ctrl】鍵 | K_LCTRL | 【PgDown】鍵 | K_PAGEDOWN |
| 右【Shift】鍵 | K_RSHIFT | 左【Alt】鍵 | K_LALT |
| 右【Ctrl】鍵 | K_RCTRL | 右【Alt】鍵 | K_RALT |

在以事件處理相關程序時，第一層需先以 event 類別來判斷是屬於鍵盤、滑鼠或其他的常數值，第二層才能指定對應的事件處理者，先檢視下述簡例：

```
if event.type == pygame.KEYDOWN:
    if event.key == pygame.K_LEFT:
        Xmove -= 5
```

其中第一層 if 敘述先以 event 類別的屬性「type」來判斷是否按了鍵盤，使用常數值「KEYDOWN」表示。第二層 if 敘述才能以 event 類別的屬性「key」進一步判斷是否按了鍵盤的向左方向鍵；然然才是事件的處理。如果省略了第一層的「event.type」而直接以「event.key」來處理會發生錯誤。

底下範例會在載入圖片之後，按下鍵盤的方向鍵（上、下、左、右）來移動圖片，不考慮碰撞問題。

### 範例程式　keyEvent.py

```
01   import pygame, sys
02   from pygame.locals import *
03
04   pygame.init()  # 將 PyGame 初始化
05
06   # 設定使用參數
07   size = width, height = 500, 500
08   White = (255, 255, 255)
09
10   # 產生視窗，以 Surface 物件回傳
11   screen = pygame.display.set_mode((size), 0, 32)
12   pygame.display.set_caption(' 按鍵事件 ')
13
14   # 載入圖片並設座標
15   car = 'pic\car.jpg'
16   face = pygame.image.load(car).convert()
17   carX, carY = 0, 0     # 起始位置
18   Xmove, Ymove = 0, 0  # 移動座標
19
20   while True:
21       for event in pygame.event.get():
22           # 判斷事件的常數是否為 QUIT 常數
23           if event.type == pygame.QUIT:
24               pygame.quit()  # quit() 方法結束 Pygame 程序
25               sys.exit()
```

```
26
27              screen.fill((White))
28
29              # 判斷那個按鍵被按？
30              if event.type == KEYDOWN:
31                  # 向上方向鍵，減少座標值
32                  if event.key == pygame.K_UP:
33                      Ymove -= 2
34                  # 向下方向鍵，增加座標值
35                  elif event.key == pygame.K_DOWN:
36                      Ymove += 2
37                  # 向左方向鍵，減少座標值
38                  elif event.key == pygame.K_LEFT:
39                      Xmove -= 2
40                  # 向右方向鍵，增加座標值
41                  elif event.key == pygame.K_RIGHT:
42                      Xmove += 2
43
44              # 計算座標值
45              carX += Xmove; carY += Ymove
46
47          # 放掉鍵盤按鍵，回到原點
48          if event.type == pygame.KEYUP:
49              if carX< 0 or carY< 0:
50                  carX, carY = 0, 0
51                  Xmove ,Ymove = 0, 0
52              if carX == 300 or carY == 300:
53                  carX, carY = 0, 0
54                  Xmove ,Ymove = 0, 0
55          screen.blit(face, (carX, carY))
56          pygame.display.update()
```

執行結果

課堂上學不到的多媒體遊戲開發套件

## 程式解析

* 第 15 ～ 18 行：載入圖片之後，設定圖片的起始位置和移動後取得的座標值。

* 第 30 行：event 類別的屬性「type」取得鍵盤常數「KEYDOWN」，先判斷鍵盤的按鍵是否被按下。

* 第 32 ～ 42 行：依據鍵盤常數值，判斷是否按下方向鍵的上、下、左、右鍵？如果被按下，依按鍵來移動圖片並更新座標。

* 第 48 ～ 54 行：event 類別的屬性「type」取得鍵盤常數「KEYUP」，判斷按下的鍵盤按鍵是否放開了。檢視回傳的座標是否在限定範圍；超出此範圍者座標歸零並讓移動的圖片回到原位。

### TIPS

**輸入問題：**請設計一簡單的 Python 程式，使用 Pygame 套件以 event 類別讓一個物件可以移動。

**ChatGPT 回答畫面（範例程式：keyEvent(CGPT).py）：**

以下是一個使用pygame套件和Event類別的簡單Python程式範例，展示如何讓一個物件可以透過按鍵事件移動：

```python
import pygame
import sys

# 初始化 pygame
pygame.init()

# 設定視窗大小
window_size = (400, 300)
screen = pygame.display.set_mode(window_size)
pygame.display.set_caption("物件移動範例")

# 設定顏色
white = (255, 255, 255)
blue = (0, 0, 255)

# 建立物件
object_size = 50
object_x = (window_size[0] - object_size) // 2
object_y = (window_size[1] - object_size) // 2
```

這個程式示範了如何透過按鍵事件讓一個物件在視窗內移動。我們使用 object_x 和 object_y 來追蹤物件的位置，並在按鍵事件發生時更新這些值，從而實現物件的移動。同時確保物件不會超出視窗的範圍。

## 15-6-2　滑鼠事件

滑鼠事件表示使用者按下滑鼠所做的處理。使用滑鼠時不外乎按下滑鼠的按鈕事件和移動滑鼠時須取得的訊息。

■ **滑鼠按鈕事件有兩個常數**：pygame.MOUSEBUTTONDOWN 和 pygame. MOUSEBUTTONUP；方法 pygame.mouse.get_pressed() 能取得滑鼠的按鈕 狀態。

■ **滑鼠滑動事件只有一個常數**：pygame.MOUSEMOTION；方法 pygame. mouse.get_pos() 能取得滑鼠游標的位置。

接下來的範例將利用滑鼠來移動圖片，按下滑鼠左鍵才能移動圖片，使用滑鼠右鍵則圖片不會移動。

### 範例程式　**mouseEvent.py**

```
01  import pygame, sys
02  from pygame.locals import *
03
04  pygame.init() # 將 PyGame 初始化
05
06  # 設定使用參數
07  size = width, height = 600, 600
08  White = 255, 255, 255
09
10  # 產生視窗，以 Surface 物件回傳
11  screen = pygame.display.set_mode((size), 0, 32)
12  pygame.display.set_caption(' 滑鼠事件 ')
13
14  # 載入圖片並設座標
15  imge = 'pic\\attend.jpg'
16  imgeRect = pygame.image.load(imge)
17  imgeX, imgeY = 0, 0    # 起始位置
```

```
18    moveing = False  # 移動圖片
19
20    while True:
21        for event in pygame.event.get():
22            # 判斷事件的常數是否為 QUIT 常數
23            if event.type == pygame.QUIT:
24                pygame.quit()  #quit() 方法結束 Pygame 程序
25                sys.exit()
26        screen.fill(White)
27        # 偵測滑鼠的按鈕
28        buts = pygame.mouse.get_pressed()
29
30        # 按下滑鼠左鍵才能移動圖片
31        if buts[0]:
32            moving = True
33            # 取得滑鼠座標
34            imgeX, imgeY = pygame.mouse.get_pos()
35            # 取得座標讓圖片不要超過視窗範圍
36            imgeX -= imgeRect.get_width()/2
37            imgeY -= imgeRect.get_height()/2
38        else:
39            moving = False
40        screen.blit(imgeRect, (imgeX, imgeY))
41        pygame.display.update()
```

執行結果

程式解析

- 第 28 行：方法 mouse.get_pressed() 偵測滑鼠的按鈕。
- 第 31 ～ 37 行：按下滑鼠左鍵才能移動圖片，並取得滑鼠的座標，並不要讓整張圖被移動到視窗的外頭。
- 第 34 行：方法 mouse.get_pos() 能回傳移動的滑鼠座標。

## 15-7 偵測碰撞

所謂碰撞的偵測就是物件在畫布中以上、下、左、右的方向移動時可能會碰到畫布的四周的邊界，而 Pygame 的 Rect 類別能提供物件在移動或者產生對齊時的虛擬屬性，重要屬性如下：

- **x、y**：取得物件的 x 和 y 的座標。
- **top、left、bottom、right**：指物件距離畫布上方、左側、底部、右側的距離。
- **topleft、bottomleft、topright、bottomright**：物件到畫布的左上角、左下角、右上角和右下角的距離。
- **center、centerx、centery**：物件本身的中心點，可以透過 centerx 和 centery 取得。
- **size、width、height**：物件本身的大小（size），物件本身的寬（width）和高（height）。

以下的範例將示範載入圖片後，再利用 time 類別的 Clock()、tick() 方法來產生動畫效果並進一步偵測是否碰到畫布的邊界；碰到之後可以反彈回來並改變前進方向。

**範例程式 animation.py**

```
01  import pygame , sys, random, math
02
03  pygame.init() # 將 PyGame 初始化
04
05  # 設定使用參數
06  size = width, height = 460, 380
07  White = (255, 255, 255)
08
09  # 設定每秒畫格
10  Fps = 20
11  # 利用 Clock() 方法來確保動畫能持續進行
12  traceobj = pygame.time.Clock()
13
14  # 產生視窗，以 Surface 物件回傳
15  screen = pygame.display.set_mode((size), 0, 32)
16  pygame.display.set_caption(' 含碰撞偵測的動畫 ')
17
18  # 載入圖片，get_rect() 取得矩形的移動區域
19  obj = pygame.image.load('pic\\able.jpg')
20  # 取得矩形的移動區域
21  objRect = obj.get_rect()
22  # 設定圖片要開始移動的中心點
23  objRect.center = 350, 300
24  # 屬性 topleft 取得圖片移動區域左上角到畫布的位置
25  objX , objY = objRect.topleft
26  # 以隨機值來取得起始角度並轉為弧度
27  posi = random.randint(45, 60)
28  angle = math.radians(posi)
29  # 設定圖片水平和垂直的移動速度
30  moveX = 5 * math.sin(angle)
31  moveY = -5 * math.cos(angle)
32
33  while True:
34      for event in pygame.event.get():
35          if event.type == pygame.QUIT:
36              pygame.quit()
37              sys.exit()
38
39      screen.fill(White)
40      traceobj.tick(Fps) # 每秒執行 25 次
41      # 改變水平、垂直位置並重設物件的中心點
42      objX += moveX
```

```
43        objY += moveY
44        objRect.center = objX, objY
45
46        # 碰到畫布到時改變 moveX、moveY 為正值並改變方向
47        if(objRect.left<= 0) or \
48           (objRect.right>= screen.get_width()):
49           moveX *= -1
50        elif(objRect.top<= 5) or \
51           (objRect.bottom>= screen.get_height() - 5):
52           moveY *= -1
53        screen.blit(obj, objRect.topleft)
54        pygame.display.update()
```

執行結果

當圖形碰到畫布邊界就會自己改變方向，自動彈回繼續前進。如下圖所示：

程式解析

- 第 21、23 行：載入圖片後，get_rect() 取得圖片移動的矩形區域，再以屬性 center 設定圖片要開始移動的中心點。

- 第 25 行：屬性 topleft 取得圖片移動區域左上角到畫布的位置。

- 第 46 ～ 52 行：偵測水平、垂直方向的移動是否會碰到畫布的左、右或上、下邊界；碰到時改變 moveX、moveY 為正值並改變方向。

TIPS

**輸入問題：** pygame.mask 的作用是什麼？

**ChatGPT 回答畫面：**

`pygame.mask` 模組的主要作用是用於處理遮罩（mask）相關的操作，特別是在遊戲開發中處理碰撞偵測。遮罩是一種用來定義圖像區域的技術，通常用於確定物體之間是否相互重疊，以及碰撞是否發生。以下是 `pygame.mask` 的主要作用：

1. **碰撞偵測：**
   遮罩在遊戲開發中最常見的作用之一是碰撞偵測。當兩個物體（例如角色和牆壁）可能會發生碰撞時，可以使用遮罩來確定它們的區域是否重疊。這樣你就可以精確地確定碰撞是否發生，而不僅僅基於物體的邊界框（Bounding Box）。

2. **精確碰撞偵測：**
   遮罩允許你實現更精確的碰撞偵測，因為你可以使用像素級別的遮罩來表示物體的形狀。這對於非矩形的物體形狀特別有用，例如角色的不規則輪廓。

3. **遮蔽不可見區域：**
   有時候，你可能只想顯示物體的一部分，而其他部分應該是透明的。遮罩可以幫助你在繪製時遮蔽不需要顯示的區域，從而實現更好的視覺效果。

## 15-8 播放音樂

Pygame 套件眾多模組中，與多媒體有關的模組，包括：mixer、music、sound、midi 等。其中的 mixer 模組能用來播放音樂，下表介紹 mixer 模組提供的方法。

| 方法 | 說明 |
|------|------|
| pygame.mixer.init() | 初始化 mixer 模組 |
| pygame.mixer.pre_init() | 使用預設參數初始化 mixer 模組 |
| pygame.mixer.stop | 停止所有聲音的播放 |
| pygame.mixer.Sound | 利用檔案或緩衝物件新建一個 Sound 物件 |

由於 Python 本身是物件導向程式語言，播放音樂之前，得使用 mixer 模組的 init() 方法做初始化動作：

```
import pygame
pygame.mixer.init()
```

init() 方法會把 mixer 模組的播放裝置和載入的聲音做初始化；它會有一些預設參數值，採用關鍵字引數，針對特定的混合音訊做覆寫，設定如下：

```
pygame.mixer.init(frequency=22050, size=-16,channels=2, buffer=4096))
```

- **frequency**：音效的取樣頻率。
- **size**：量化精度，以位元為單位。
- **channels**：立體聲效果；「1」是單聲道，「2」為立體聲。
- **buffer**：設定緩衝區大小，播放時降低聲音的遲緩情形。

如何利用 mixer 模組來播放音樂？下表列出了 mixer.music 類別提供的方法。

| 方法 | 說明 |
|------|------|
| mixer.music.load() | 載入音樂 |
| mixer.music.play() | 播放音樂 |
| mixer.music.pause() | 暫停音樂的播放 |
| mixer.music.stop() | 停止音樂的播放 |
| mixer.music.set_volume | 設定音樂的音量，0.0 ～ 1.0 |

課堂上學不到的多媒體遊戲開發套件

通常以 load() 方法載入音樂檔案，然後以 play() 做播放；先介紹相關語法：

```
mixer.music.load(filename)
mixer.music.play(loops=0, start=0.0)
```

- filename 表示要載入的音樂檔，例如：MP3 或 MIDI 等。
- **參數 loops**：指定播放次數，預設值為 0 表示只播放一次；設為「2」就會播放 3 次；若值設「-1」就會循環播放。
- **參數 start**：控制音樂開始播放的起始位置。

下例可以載入一個 MIDI 音樂之後，透過鍵盤的按鍵「v」來控制它的播放。

```
pygame.mixer.music.load('song.mid')
controlMusic = False
while True:
    for event in pygame.event.get():
        if event.type == KEYUP:
            # 按鍵盤的 v 鍵來播放 / 停止音樂
            if event.key == K_v:
                if controlMusic:
                    pygame.mixer.music.stop()
                else:
                    pygame.mixer.music.play(-1, 0.0)
controlMusic = not controlMusic   # 當作切換開關
```

偵測事件中是否放開了鍵盤按鍵「v」；配合敘述「controlMusic = not controlMusic」作為切換開關。也就是音樂已播放，按「v」鍵就會停止；音樂已播放，按「v」鍵就會停止。利用方法 mixer.music.play() 將音樂從頭開始不斷播放；方法 mixer.music.stop() 停止音樂的播放。

# 本章課後習題

## 一、選擇題

( ) 1. 下列不是 Pygame 提供的模組？

    (A) color     (B) display     (C) flowchart     (D) mouse

( ) 2. 下列何者不是 draw 類別的方法？

    (A) draw.circle()         (B) draw.polygon()

    (C) draw.line()          (D) draw.oval()

( ) 3. Pygame 的 image 類別能處理圖片的格式，下列何者不正確？

    (A) JPG     (B) PNG     (C) TGA     (D) BMP

( ) 4. Pygame 套件與多媒體有關的模組，下列何者不正確？

    (A) mixer     (B) music     (C) sound     (D) wav

( ) 5. 下列關於 Pygame 套件與多媒體有關的模組的描述，下列何者不正確？

    (A) 核心模組是 SDL

    (B) Pygame 套件是原始碼開放的自由軟體

    (C) Pygame 套件能協助各位處理圖形物件碰撞偵測等工作

    (D) mixer 可以用來處理視訊播放

( ) 6. Pygame 套件的模組不包括？

    (A) display     (B) mixer     (C) mouse     (D) tv

## 二、填充題

1. 要繪製線條必須使用 Pygame 套件提供的 _____ 類別。

2. 使用 set_mode() 方法所產生的視窗，它是一個 _____ 物件，也可以把它視為畫布，透過它才能隨意繪製圖形。

課堂上學不到的多媒體遊戲開發套件

3. Pygame 的 time 類別有兩個方法能協助動畫：_____ 方法、_____ 方法。

4. Pygame 套件以 _____ 類別來提供字型的處理。

5. 使用 pygame.mixer.music. _____ 方法來載入音樂。

6. set_mode() 方法產生視窗大小的寬和高，必須以 _____ 或 _____ 物件來表達。

7. 要繪製線條必須使用 Pygame 套件提供的 _____ 類別。

8. 動畫是透過 _____ 來設定畫格速率（Frame rate）。

9. 在 Pygame 套件是使用 _____ 方法來載入音樂。

10. Pygame 核心模組是 _____，是由 C 語言撰寫而成的多媒體程式庫。

## 三、問答與實作

1. 請簡單列出 Pygame 套件六種模組的功用。

2. 請利用 Pygame 套件的 display 類別產生一個背景灰色的視窗，標題列顯示「hello Pygame!!!」視窗，按視窗右上角的「X」鈕能關閉視窗。

3. 在視窗上繪製黃色和綠色的文字。

4. 利用 Pygame 的 draw 類別，完成下方的圖形。

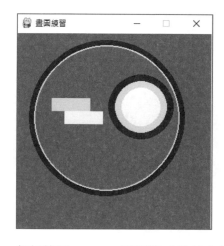

5. 如何使用 Pygame 撰寫程式的基本程序分為哪三部份？

6. 通常鍵盤事件概分兩種？

7. 在 Window 10 作業系統下，如何安裝 Pygame 套件？

課堂上學不到的多媒體遊戲開發套件

# MEMO

# A
APPENDIX

# ChatGPT 與
# Python 雙效合一

近年來最火紅的 AI 話題絕對離不開 ChatGPT，ChatGPT 引爆生成式 AI 革命，首當其衝的社群行銷，目前網路、社群上對於 ChatGPT 的討論已經沸沸揚揚。ChatGPT 是由 OpenAI 所開發的一款基於生成式 AI 的免費聊天機器人，擁有強大的自然語言生成能力，可以根據上下文進行對話，並進行多種應用，包括客戶服務、銷售、產品行銷等，短短 2 個月全球用戶超過 1 億，超過抖音的用戶量。ChatGPT 是由 OpenAI 公司開發的最新版本，該技術是建立在深度學習（Deep Learning）和自然語言處理技術（Natural Language Processing, NLP）的基礎上。由於 ChatGPT 基於開放式網路的大量數據進行訓練，使其能夠產生高度精確、自然流暢的對話回應，與人進行互動。如下圖所示：

## A-1  ChatGPT 初體驗

ChatGPT 能和人類以一般人的對話方式與使用者互動，例如提供建議、寫作輔助、寫程式、寫文章、寫信、寫論文、劇本小說…等，而且所回答的內容有模有樣，除了可以給予各種問題的建議，也可以幫忙寫作業或程式碼，甚至幫忙進行遊戲設計的工作，例如下列二圖的回答內容：

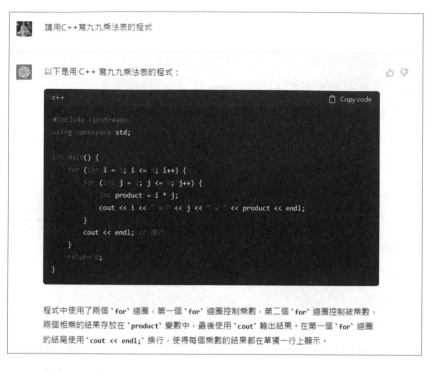

程式中使用了兩個 `for` 迴圈，第一個 `for` 迴圈控制乘數，第二個 `for` 迴圈控制被乘數，兩個相乘的結果存放在 `product` 變數中，最後使用 `cout` 輸出結果。在第一個 `for` 迴圈的結尾使用 `cout << endl;` 換行，使得每個乘數的結果都在單獨一行上顯示。

ChatGPT 之所以強大，是它背後難以數計的資料庫，任何食衣住行育樂的各種生活問題或學科都可以問 ChatGPT，與 ChatGPT 互動是一種雙向學習的過程，在用戶獲得想要資訊內容文字的過程中，ChatGPT 也不斷在吸收與學習，以前只能在電影上想像的情節，現在幾乎都實現了。只要各位想到的任何問題都可以尋找適當的工具協助，加入自己的日常生活中，甚至有許多人開始用 GPT-4 這款強大 AI 製作遊戲，即便 ChatGPT 現在還算是嬰兒階段，在寫程式方面能力已經很強大、任何人無須任何程式碼背景，就能開始進入遊戲設計的異想世界，意味著只要指令下得對，ChatGPT 可直接寫出一款能玩的遊戲。

## A-1-1　認識聊天機器人

人工智慧行銷從本世紀以來，一直都是店家或品牌尋求擴大影響力和與客戶互動的強大工具，過去企業為了與消費者互動，需聘請專人全天候在電話或通訊平台前待命，不僅耗費了人力成本，也無法妥善地處理龐大的客戶量與資訊，聊天機器人（Chatbot）則是目前許多店家客服的創意新玩法，背後的核心技術即是以自然語言處理（Natural Language Processing, NLP）中的一種模型（Generative Pre-Trained Transformer, GPT）為主，利用電腦模擬與使用者互動對話，算是由對話或文字進行交談的電腦程式，並讓用戶體驗像與真人一樣的對話。聊天機器人能夠全天候地提供即時服務，與自設不同的流程來達到想要的目的，協助企業輕鬆獲取第一手消費者偏好資訊，有助於公司精準行銷、強化顧客體驗與個人化的服務。這對許多粉絲專頁的經營者或是想增加客戶名單的行銷人員來說，聊天機器人就相當適用。

**AI 電話客服也是自然語言的應用之一**

圖片來源：https://www.digiwin.com/tw/blog/5/index/2578.html

> **TIPS**　電腦科學家通常將人類的語言稱為自然語言 NL（Natural Language），比如說中文、英文、日文、韓文、泰文等，這也使得自然語言處理（Natural Language Processing, NLP）範圍非常廣泛，所謂 NLP 就是讓電腦擁有理解人類語言的能力，也就是一種藉由大量的文本資料搭配音訊數據，並透過複雜的數學聲學模型（Acoustic Model）及演算法來讓機器去認知、理解、分類並運用人類日常語言的技術。
>
> GPT 是「生成型預訓練變換模型（Generative Pre-trained Transformer）」的縮寫，是一種語言模型，可以執行非常複雜的任務，會根據輸入的問題自動生成答案，並具有編寫和除錯電腦程式的能力，如回覆問題、生成文章和程式碼，或者翻譯文章內容等。

## A-1-2　馬上擁有 ChatGPT

從技術的角度來看，ChatGPT 是根據從網路上獲取的大量文字樣本進行機器人工智慧的訓練，與一般聊天機器人的相異之處在於 ChatGPT 有豐富的知識庫以及強大的自然語言處理能力，使得 ChatGPT 能夠充分理解並自然地回應訊息，不管你有什麼疑難雜症，你都可以詢問它。登入 ChatGPT 網站註冊的過程中雖然是全英文介面，但是註冊過後在與 ChatGPT 聊天機器人互動發問問題時，可以直接使用中文的方式來輸入，而且回答的內容的專業性也不失水平，甚至不亞於人類的回答內容。

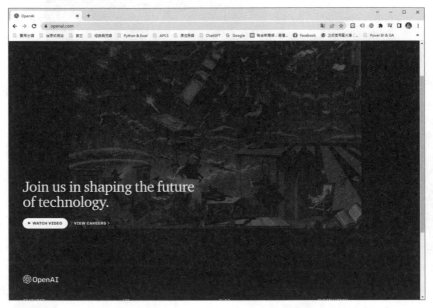

**OpenAI 官網：https://openai.com/**

目前 ChatGPT 可以辨識中文、英文、日文或西班牙等多國語言，透過人性化的回應方式來回答各種問題。這些問題甚至含括了各種專業技術領域或學科的問題，可以說是樣樣精通的百科全書，不過 ChatGPT 的資料來源並非 100% 正確，在使用 ChatGPT 時所獲得的回答可能會有偏誤，為了得到的答案更準確，當使用 ChatGPT 回答問題時，應避免使用模糊的詞語或縮寫。「問對問題」不僅能夠幫助用戶獲得更好的回答，ChatGPT 也會藉此不斷精進優化，AI 工具的魅力就在於它的學習能力及彈性，尤其目前的 ChatGPT 版本已經可以累積與儲存學習紀錄。切記！清晰具體的提問才是與 ChatGPT 的最佳互動。如果需要進深入知道更多的內容，除了盡量提供夠多的訊息，就是提供足夠的細節和上下文。

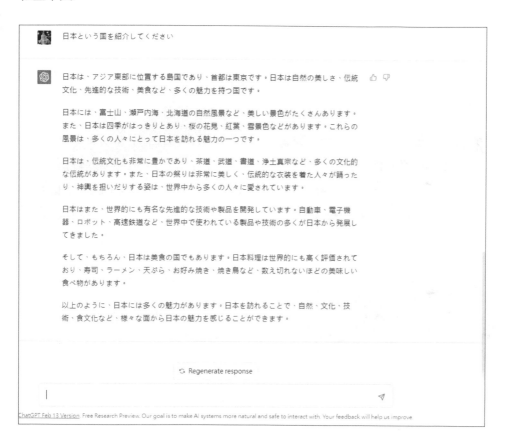

## A-1-3　註冊 ChatGPT 帳號

首先我們就先來示範如何註冊免費的 ChatGPT 帳號，請先登入 ChatGPT 官網，它的網址為 https://chat.openai.com/，登入官網後，若沒有帳號的使用者，可以直接點選畫面中的「Sign up」按鈕註冊一個免費的 ChatGPT 帳號：

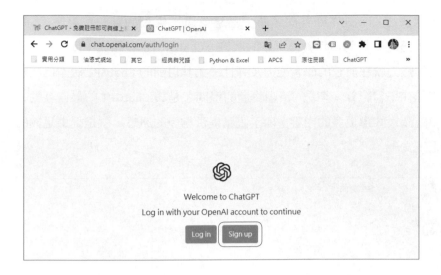

接著請各位輸入 Email 帳號，或是如果各位已有 Google 帳號或是 Microsoft 帳號，你也可以透過 Google 帳號或是 Microsoft 帳號進行註冊登入。此處我們直接示範以輸入 Email 帳號的方式來建立帳號，請在下圖視窗中間的文字輸入方塊中輸入要註冊的電子郵件，輸入完畢後，請接著按下「Continue」鈕。

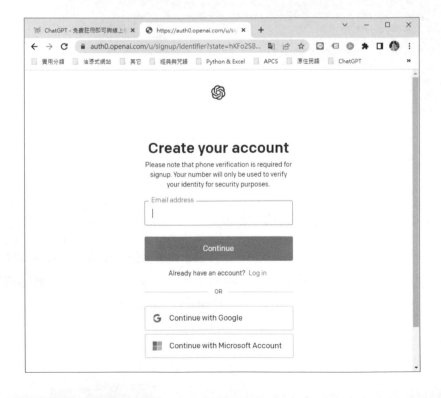

接著如果你是透過 Email 進行註冊，系統會要求使用輸入一組至少 8 個字元的密碼作為這個帳號的註冊密碼。

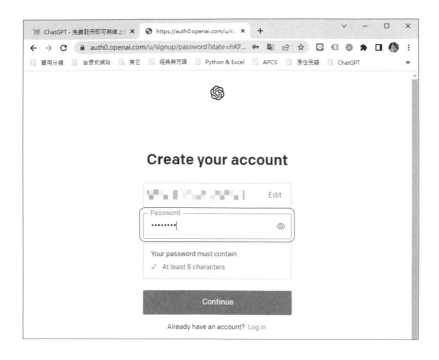

上圖輸入完畢後，接著再按下「Continue」鈕，會出現類似下圖的「Verify your email」的視窗。

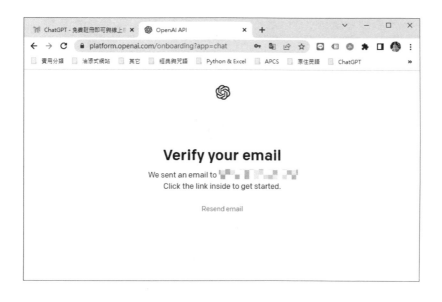

接著各位請打開自己的收發郵件的程式，可以收到如下圖的「Verify your email address」的電子郵件。請各位直接按下「Verify email address」鈕：

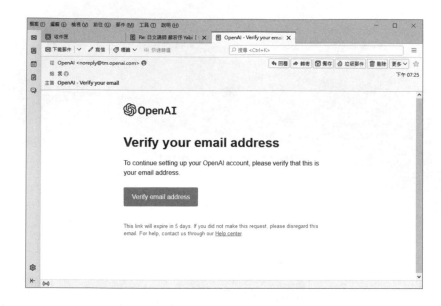

接著會直接進入到下一步輸入姓名的畫面，請注意，這裡要特別補充說明的是，如果你是透過 Google 帳號或 Microsoft 帳號快速註冊登入，那麼就會直接進入到下一步輸入姓名的畫面：

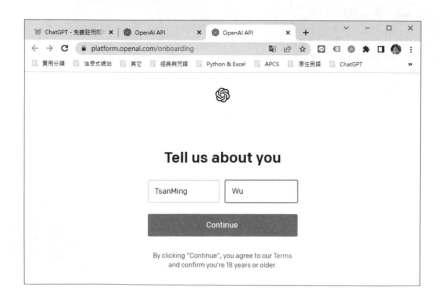

輸入完姓名後，再請接著按下「Continue」鈕，這就會要求各位輸入你個人的電話號碼進行身分驗證，這是一個非常重要的步驟，如果沒有透過電話號碼來通過身分驗證，就沒有辦法使用 ChatGPT。請注意，下圖輸入行動電話時，請直接輸入行動電話後面的數字，例如你的電話是「0931222888」，只要直接輸入「931222888」，輸入完畢後，記得按下「Send Code」鈕。

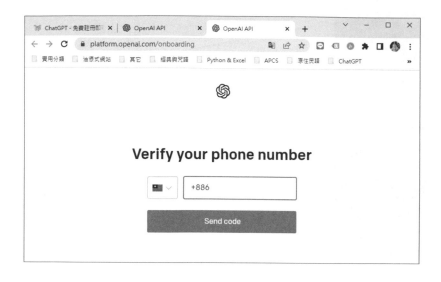

大概過幾秒後，各位就可以收到官方系統發送到指定號碼的簡訊，該簡訊會顯示 6 碼的數字。

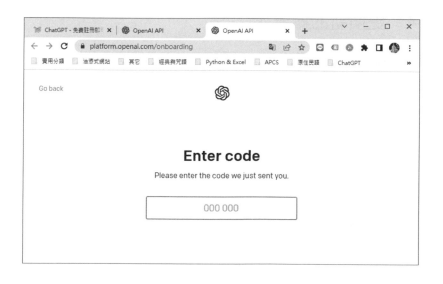

各位只要於上圖中輸入手機所收到的 6 碼驗證碼後，就可以正式啟用 ChatGPT。登入 ChatGPT 之後，會看到下圖畫面，在畫面中可以找到許多和 ChatGPT 進行對話的真實例子，也可以了解使用 ChatGPT 有哪些限制。

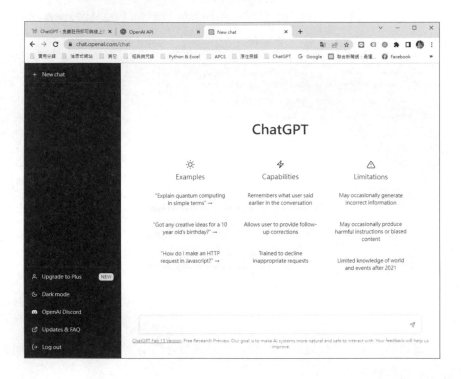

## A-1-4　更換新的機器人

你可以藉由這種問答的方式，持續去和 ChatGPT 對話。如果你想要結束這個機器人，可以點選左側的「New Chat」，他就會重新回到起始畫面，並新開一個新的訓練模型，這個時候輸入同一個題目，可能得到的結果會不一樣。

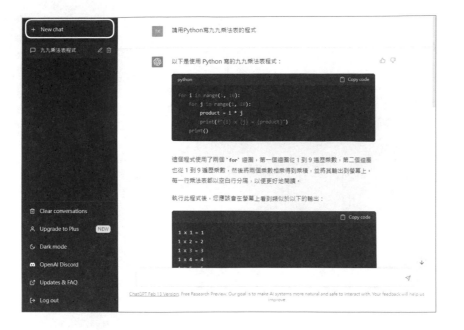

## A-1-5 登出 ChatGPT

如果各位要登出 ChatGPT，只要按下畫面中的「Log out」鈕。

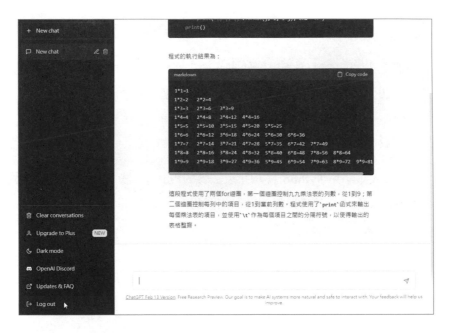

登出後就會看到如下的畫面，允許各位再按下「Log in」鈕再次登入 ChatGPT。

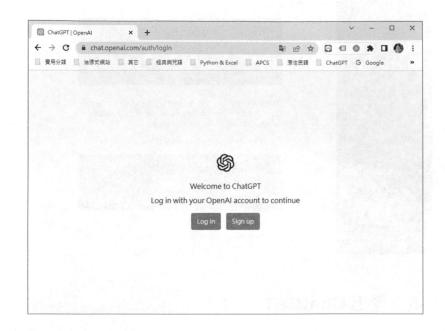

## A-2 ChatGPT 輕鬆寫程式

當我們登入 ChatGPT 之後，開始畫面會告訴你 ChatGPT 的使用方式，各位只要將自己想要問的問題直接於畫面下方的對話框輸入要問的問題。

### A-2-1 AI 撰寫 Python 程式

例如輸入「請用 Python 寫九九乘法表的程式」，按下「Enter」鍵正式向 ChatGPT 機器人詢問，就可以得到類似下圖的回答：

以下是使用 Python 寫的九九乘法表程式：

```python
for i in range(1, 10):
    for j in range(1, 10):
        product = i * j
        print(f"{i} x {j} = {product}")
    print()
```

這個程式使用了兩個 `for` 迴圈，第一個迴圈從 1 到 9 遍歷乘數，第二個迴圈也從 1 到 9 遍歷乘數，然後將兩個乘數相乘得到乘積，並將其輸出到螢幕上。每一行乘法表都以空白行分隔，以便更好地閱讀。

執行此程式後，您應該會在螢幕上看到類似於以下的輸出：

```
1 x 1 = 1
1 x 2 = 2
1 x 3 = 3
1 x 4 = 4
1 x 5 = 5
1 x 6 = 6
1 x 7 = 7
1 x 8 = 8
1 x 9 = 9

2 x 1 = 2
2 x 2 = 4
2 x 3 = 6
2 x 4 = 8
2 x 5 = 10
```

在回答的結果中不僅可以取得九九乘法表的程式碼，還會在該程式碼的下方解釋這支程式的設計邏輯，例如上圖程式碼下方的說明文字如下：

這個程式使用了兩個 for 迴圈，第一個迴圈從 1 到 9 遍歷乘數，第二個迴圈也從 1 到 9 遍歷乘數，然後將兩個乘數相乘得到乘積，並將其輸出到螢幕上。每一行乘法表都以空白行分隔，以便更好地閱讀。

ChatGPT 與 Python 雙效合一

我們還可以從 ChatGPT 的回答中看到執行此程式後，您應該會在螢幕上看到類似於以下的輸出：

```
                                              Copy code
1 x 1 = 1
1 x 2 = 2
1 x 3 = 3
1 x 4 = 4
1 x 5 = 5
1 x 6 = 6
1 x 7 = 7
1 x 8 = 8
1 x 9 = 9

2 x 1 = 2
2 x 2 = 4
2 x 3 = 6
2 x 4 = 8
2 x 5 = 10
2 x 6 = 12
2 x 7 = 14
2 x 8 = 16
2 x 9 = 18

3 x 1 = 3
3 x 2 = 6
3 x 3 = 9
```

## A-2-2　複製 ChatGPT 幫忙寫的程式碼

如果可以要取得這支程式碼，還可以按下回答視窗右上角的「Copy code」鈕，就可以將 ChatGPT 所幫忙撰寫的程式，複製貼上到 Python 的 IDLE 的程式碼編輯器，如下圖所示：

```
untitled*                                    —    □    ✕
File  Edit  Format  Run  Options  Window  Help
for  i  in  range(1,  10):
    for  j  in  range(1,  10):
        product  =  i  *  j
        print(f"{i}  x  {j}  =  {product}")
    print()
|
                                              Ln: 6   Col: 0
```

```
untitled*                                    —    □    ✕
File  Edit  Format  Run  Options  Window  Help
 New File          Ctrl+N       ):
 Open...           Ctrl+O       10):
 Open Module...    Alt+M        j
 Recent Files                ▶  {j}  =  {product}")
 Module Browser    Alt+C
 Path Browser
 Save              Ctrl+S
 Save As...        Ctrl+Shift+S
 Save Copy As...   Alt+Shift+S
 Print Window      Ctrl+P
 Close Window      Alt+F4
 Exit IDLE         Ctrl+Q
                                              Ln: 6   Col: 0
```

```
99table.py - C:/Users/User/Desktop/博碩_CGPT/範例檔/99table.py (...   —   □   ✕
File  Edit  Format  Run  Options  Window  Help
for  i  in  ra   Run Module        F5
    for  j  in   Run... Customized  Shift+F5
        prod     Check Module      Alt+X
        prin     Python Shell       duct}")
    print()
|
                                              Ln: 6   Col: 0
```

```
IDLE Shell 3.11.0                                              —    □    ×
File  Edit  Shell  Debug  Options  Window  Help
>>>
============== RESTART: C:/Users/User/Desktop/博碩_CGPT/範例檔/99table.py =======
=====
1 x 1 = 1
1 x 2 = 2
1 x 3 = 3
1 x 4 = 4
1 x 5 = 5
1 x 6 = 6
1 x 7 = 7
1 x 8 = 8
1 x 9 = 9

2 x 1 = 2
2 x 2 = 4
2 x 3 = 6
2 x 4 = 8
2 x 5 = 10
2 x 6 = 12
2 x 7 = 14
2 x 8 = 16
2 x 9 = 18

3 x 1 = 3
3 x 2 = 6
3 x 3 = 9
3 x 4 = 12
3 x 5 = 15
3 x 6 = 18
3 x 7 = 21
3 x 8 = 24
3 x 9 = 27

4 x 1 = 4
4 x 2 = 8
4 x 3 = 12
4 x 4 = 16
4 x 5 = 20
4 x 6 = 24
4 x 7 = 28
4 x 8 = 32
4 x 9 = 36
                                                              Ln: 95  Col: 0
```

## A-3 Python 程式範例集

這個單元我們將示範如何利用 ChatGPT 撰寫各種類型的 Python 程式，這些程式類型包括：

■ 使用 Pygame 遊戲套件繪製多媒體圖案。

■ 以內建模組及模擬大樂透的開獎程式。

■ 建立四個主功能表的視窗應用程式。

■ 演算法的應用：寫一支迷宮問題的解決方案。

■ 海龜繪圖法（Turtle Graphics）繪製出兩款精美的圖形。

# A-3-1 使用 Pygame 遊戲套件繪製多媒體圖案

輸入問題：請以 Python 運用 Pygame 遊戲套件繪製不同顏色的五個同心圓。

**ChatGPT** 回答畫面：

ChatGPT 與 Python 雙效合一

Python×ChatGPT 程式設計實務－從入門到精通 step by step

```
01  import pygame
02  import sys
03
04  # 初始化 Pygame
05  pygame.init()
06
07  # 設定螢幕尺寸
08  screen_size = (600, 600)
09
10  # 創建螢幕
11  screen = pygame.display.set_mode(screen_size)
12
13  # 設定顏色
14  white = (255, 255, 255)
15  red = (255, 0, 0)
16  green = (0, 255, 0)
17  blue = (0, 0, 255)
18  yellow = (255, 255, 0)
19
20  # 繪製五個同心圓
21  center_x = screen_size[0] // 2
22  center_y = screen_size[1] // 2
23
24  radius_1 = 200
25  radius_2 = A0
26  radius_3 = 100
27  radius_4 = 50
28  radius_5 = 20
29
30  pygame.draw.circle(screen, white, (center_x, center_y), radius_1)
31  pygame.draw.circle(screen, red, (center_x, center_y), radius_2)
32  pygame.draw.circle(screen, green, (center_x, center_y), radius_3)
33  pygame.draw.circle(screen, blue, (center_x, center_y), radius_4)
34  pygame.draw.circle(screen, yellow, (center_x, center_y), radius_5)
35
36  # 更新螢幕
37  pygame.display.update()
38
39  # 保持螢幕打開，直到用戶退出
40  while True:
41      for event in pygame.event.get():
42          if event.type == pygame.QUIT:
43              pygame.quit()
44              sys.exit()
```

執行結果

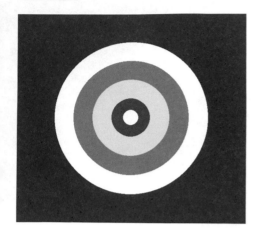

## A-3-2　模擬大樂透的開獎程式

**輸入問題**：請以 Python 寫一支模擬大樂透的開獎程式。

**ChatGPT 回答畫面：**

 以下是使用Python寫的模擬大樂透的開獎程式。在這個程式中，我們生成六個1到49之間的不重複的隨機數字，這些數字就是大樂透的中獎號碼。

```python
import random

# 產生六個不重複的1到49之間的隨機數字
lottery_numbers = random.sample(range(1, 50), 6)

# 將中獎號碼排序，以方便比對
lottery_numbers.sort()

# 印出中獎號碼
print("本期大樂透中獎號碼為：", lottery_numbers)
```

在這個程式中，我們使用了random模組的sample函數，這個函數可以在指定的範圍內隨機抽取指定數量的不重複數字。我們指定的範圍是1到49，指定數量是6，這就相當於模擬了一次大樂透的開獎過程。

最後，我們將中獎號碼排序，以方便比對，然後印出中獎號碼。如果需要模擬多次大樂透的開獎過程，可以將這段程式碼放到一個迴圈中，多次執行。

📁 **範例程式** **lotto.py** ▶ 大樂透的開獎程式

```
01   import random
02
03   # 產生六個不重複的 1 到 49 之間的隨機數字
04   lottery_numbers = random.sample(range(1, 50), 6)
05
06   # 將中獎號碼排序，以方便比對
07   lottery_numbers.sort()
08
09   # 印出中獎號碼
10   print(" 本期大樂透中獎號碼為：", lottery_numbers)
```

**執行結果**

```
Python 3.11.0 (main, Oct 24 2022, 18:26:48) [MSC v.19
33 64 bit (AMD64)] on win32
Type "help", "copyright", "credits" or "license()" fo
r more information.

======== RESTART: C:/Users/User/Desktop/Python+ChatG
PT改版/範例檔/lotto.py ========
本期大樂透中獎號碼為： [6, 19, 26, 41, 47, 49]
|
```

## A-3-3   實作視窗應用程式

**輸入問題**：請以 Python 寫一支視窗應用程式，並在視窗建立主功能表，包括：檔案，編輯，執行，線上說明四個主功能。

📁 **範例程式** **mainfun.py** ▶ 主功能表

```
01   import tkinter as tk
02
03   class Application(tk.Frame):
04       def __init__(self, master=None):
```

```
05          super().__init__(master)
06          self.master = master
07          self.master.title("My Application")
08          self.create_menu()
09          self.pack()
10
11      def create_menu(self):
12          # 建立主功能表
13          menubar = tk.Menu(self.master)
14
15          # 建立檔案主功能
16          file_menu = tk.Menu(menubar, tearoff=0)
17          file_menu.add_command(label=" 開啟檔案 ", command=self.open_file)
18          file_menu.add_command(label=" 儲存檔案 ", command=self.save_file)
19          file_menu.add_separator()
20          file_menu.add_command(label=" 結束 ", command=self.master.quit)
21          menubar.add_cascade(label=" 檔案 ", menu=file_menu)
22
23          # 建立編輯主功能
24          edit_menu = tk.Menu(menubar, tearoff=0)
25          edit_menu.add_command(label=" 複製 ", command=self.copy)
26          edit_menu.add_command(label=" 剪下 ", command=self.cut)
27          edit_menu.add_command(label=" 貼上 ", command=self.paste)
28          menubar.add_cascade(label=" 編輯 ", menu=edit_menu)
29
30          # 建立執行主功能
31          run_menu = tk.Menu(menubar, tearoff=0)
32          run_menu.add_command(label=" 執行程式 ", command=self.run)
33          menubar.add_cascade(label=" 執行 ", menu=run_menu)
34
35          # 建立線上說明主功能
36          help_menu = tk.Menu(menubar, tearoff=0)
37          help_menu.add_command(label=" 使用說明 ", command=self.show_help)
38          menubar.add_cascade(label=" 線上說明 ", menu=help_menu)
39
40          # 設定主功能表
41          self.master.config(menu=menubar)
42
43      def open_file(self):
44          print(" 開啟檔案 ")
45
46      def save_file(self):
47          print(" 儲存檔案 ")
48
```

```
49      def copy(self):
50          print(" 複製 ")
51
52      def cut(self):
53          print(" 剪下 ")
54
55      def paste(self):
56          print(" 貼上 ")
57
58      def run(self):
59          print(" 執行程式 ")
60
61      def show_help(self):
62          print(" 使用說明 ")
63
64  # 建立主視窗
65  root = tk.Tk()
66
67  # 建立應用程式
68  app = Application(master=root)
69
70  # 執行主迴圈
71  app.mainloop()
```

執行結果

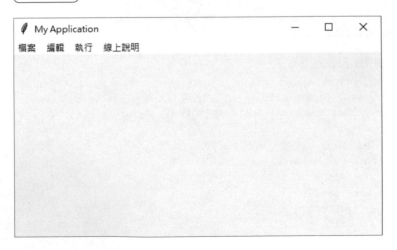

# A-3-4　迷宮問題 AI 解決方案

**輸入問題**：請以 Python 寫一支迷宮問題的解決方案。

**範例程式**　**maze.py** ▶ 迷宮問題

```python
01  # 定義迷宮
02  maze = [
03      [1, 1, 1, 1, 1],
04      [0, 0, 1, 0, 1],
05      [1, 1, 1, 0, 1],
06      [1, 0, 0, 0, 1],
07      [1, 1, 1, 1, 1]
08  ]
09
10  # 定義方向
11  directions = [(0, 1), (0, -1), (1, 0), (-1, 0)]
12
13  def dfs(x, y, path):
14      # 到達終點
15      if x == len(maze)-1 and y == len(maze[0])-1:
16          return path + [(x, y)]
17
18      # 標記已經走過的路徑
19      maze[x][y] = -1
20
21      # 遍歷四個方向
22      for dx, dy in directions:
23          nx, ny = x + dx, y + dy
24          # 如果下一個位置在範圍內，且還沒有走過，就繼續往下搜尋
25          if 0 <= nx < len(maze) and 0 <= ny < len(maze[0]) and maze
    [nx][ny] == 1:
26              res = dfs(nx, ny, path + [(x, y)])
27              if res:
28                  return res
29
30      return None
31
32  # 從起點開始搜索
33  path = dfs(0, 0, [])
34  if path:
35      print(" 找到出口，路徑為：", path + [(len(maze)-1, len(maze[0])-1)])
36  else:
37      print(" 沒有找到出口 ")
```

**執行結果**

```
Python 3.11.0 (main, Oct 24 2022, 18:26:48) [MSC v.
1933 64 bit (AMD64)] on win32
Type "help", "copyright", "credits" or "license()"
for more information.

========== RESTART: C:/Users/User/Desktop/Python+Ch
atGPT改版/範例檔/maze.py =========
找到出口，路徑為：[(0, 0), (0, 1), (0, 2), (0, 3),
(0, 4), (1, 4), (2, 4), (3, 4), (4, 4), (4, 4)]
```

## A-3-5　海龜繪圖法繪製精美圖形

**輸入問題**：請以 Python 寫一支利用海龜繪圖法（Turtle Graphics）繪製出兩款
精美的圖形。

**範例程式** **drawpic1.py** ▶ 螺旋矩陣圖案

```
01   import turtle
02
03   def draw_spiral_matrix(size):
04       # 初始化海龜
05       turtle.speed(0)
06       turtle.color("black")
07       turtle.penup()
08       turtle.goto(-size//2, size//2)
09       turtle.pendown()
10
11       # 繪製螺旋矩陣
12       for i in range(size//2):
13           for direction in [(1, 0), (0, -1), (-1, 0), (0, 1)]:
14               dx, dy = direction
15               for j in range(i*2 + 1):
16                   turtle.forward(20)
```

```
17              turtle.left(90)
18              if j == i:
19                  turtle.penup()
20                  turtle.forward(20)
21                  turtle.pendown()
22          turtle.penup()
23          turtle.goto(turtle.xcor()+dx*20, turtle.ycor()+dy*20)
24          turtle.pendown()
25
26      # 隱藏海龜
27      turtle.hideturtle()
28
29  # 畫出螺旋矩陣
30  draw_spiral_matrix(10)
31  turtle.done()
```

**執行結果**

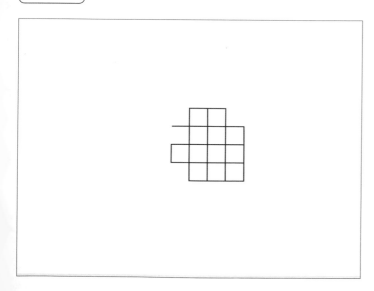

**範例程式** **drawpic2.py** ▶ 六邊形螺旋圖案

```
01  import turtle
02
03  def draw_hexagon_spiral(size):
```

```
04      # 初始化海龜
05      turtle.speed(0)
06      turtle.color("black")
07      turtle.penup()
08      turtle.goto(0, 0)
09      turtle.pendown()
10
11      # 繪製六邊形螺旋
12      side_length = 10
13      for i in range(size):
14          for j in range(6):
15              turtle.forward(side_length*(i+1))
16              turtle.right(60)
17          turtle.right(60)
18
19      # 隱藏海龜
20      turtle.hideturtle()
21
22  # 畫出六邊形螺旋
23  draw_hexagon_spiral(10)
24  turtle.done()
```

**執行結果**

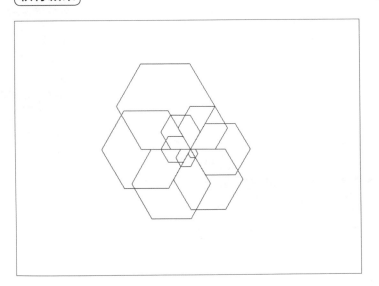

## A-4 輕鬆開發 AI 小遊戲

ChatGPT 能夠為你開啟通往自然語言模型的新世界，結合程式語言更能夠實現程式自動化，前面章節提到我們可以利用 ChatGPT 撰寫各種類型的 Python 程式，也舉了一些應用在繪製多媒體圖案、模擬大樂透的開獎、建立視窗應用程式…等例子，這個小節中，我們將更進一步來發揮 ChatGPT 不可思議的能力，就請 ChatGPT 直接為使用者開發幾款小遊戲來玩。

## A-4-1 請 ChatGPT 自我推薦以小遊戲

如果各位想要請 ChatGPT 開發哪一款遊戲拿不定主意時，這時不妨就來問問 ChatGPT 可以幫助各位開發哪些小遊戲，話不多說，我們就直接來問 ChatGPT 吧！

**輸入問題**：請列出 3 款不需要用到圖形技巧，只需純本文介面的小遊戲的名稱，而且這幾款遊戲你可以提供完整的 Python 程式碼給我參考。

**ChatGPT 回答畫面：**

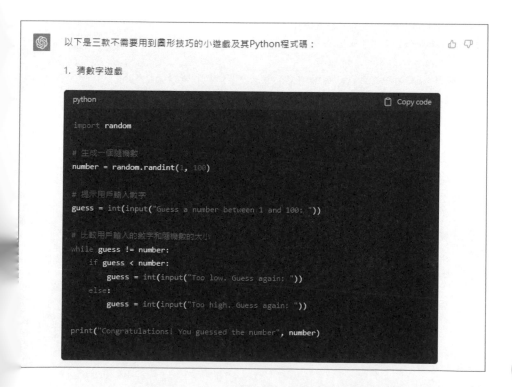

以下幾款小遊戲都是 ChatGPT 直接撰寫的程式，筆者只是利用「Copy Code」鈕將程式複製 Python 的 IDLE 整合式開發環境去執行看看，以下為這幾款小遊戲的完整程式碼及執行結果。

## A-4-2　猜數字遊戲

這款遊戲會由系統生成一個隨機數，接著再提示用戶輸入數字，並比較用戶輸入的數字和隨機數的大小，並提示用戶所輸入的數字與答案的大小差別，直到猜對數字。

📎 **範例程式**　**game1.py** ▶ 猜數字遊戲

```
01  import random
02
03  # 生成一個隨機數
04  number = random.randint(1, 100)
05
06  # 提示用戶輸入數字
07  guess = int(input("Guess a number between 1 and 100: "))
08
09  # 比較用戶輸入的數字和隨機數的大小
10  while guess != number:
11      if guess < number:
12          guess = int(input("Too low. Guess again: "))
13      else:
14          guess = int(input("Too high. Guess again: "))
15
16  print("Congratulations! You guessed the number", number)
```

執行結果

```
Python 3.11.0 (main, Oct 24 2022, 18:26:48) [MSC v.1933 64 bit
(AMD64)] on win32
Type "help", "copyright", "credits" or "license()" for more in
formation.

======= RESTART: C:\Users\User\Desktop\Python+ChatGPT改版\ch15
範例檔\game1.py =======
Guess a number between 1 and 100: 50
Too low. Guess again: 75
Too low. Guess again: 85
Too low. Guess again: 90
Too low. Guess again: 95
Congratulations! You guessed the number 95
```

## A-4-3　OX 井字遊戲

OX 井字遊戲是一款簡單的紙筆遊戲，也被稱為井字遊戲、三目遊戲等。它通常在一個 3x3 的方格棋盤上進行，由兩個玩家交替放置自己的標誌（通常是 O 和 X），目標是在橫、豎、對角線上先形成三個相同的標誌的連線，以獲得勝利。

遊戲開始時，先手玩家通常選擇自己的標誌，然後交替輪流放置，直到其中一方獲勝或棋盤填滿。OX 井字遊戲簡單易上手，但具有豐富的策略和變化，尤其是在高水平比賽中，需要玩家具有良好的判斷和佈局能力，以贏得勝利。

```python
01  def print_board(board):
02      for row in board:
03          print(row)
04
05  def get_move(player):
06      move = input(f"{player}, enter your move (row,column): ")
07      row, col = move.split(",")
08      return int(row) - 1, int(col) - 1
09
10  def check_win(board, player):
11      for row in board:
12          if all(square == player for square in row):
13              return True
14      for col in range(3):
15          if all(board[row][col] == player for row in range(3)):
16              return True
17      if all(board[i][i] == player for i in range(3)):
18          return True
19      if all(board[i][2-i] == player for i in range(3)):
20          return True
21      return False
22
23  def tic_tac_toe():
24      board = [[" " for col in range(3)] for row in range(3)]
25      players = ["X", "O"]
26      current_player = players[0]
27      print_board(board)
28      while True:
29          row, col = get_move(current_player)
30          board[row][col] = current_player
31          print_board(board)
32          if check_win(board, current_player):
33              print(f"{current_player} wins!")
34              break
35          if all(square != " " for row in board for square in row):
36              print("Tie!")
37              break
38          current_player = players[(players.index(current_player)
    + 1) % 2]
39
40  if __name__ == '__main__':
41      tic_tac_toe()
```

**執行結果**

```
Python 3.11.0 (main, Oct 24 2022, 18:26:48) [MSC v.1933 64 bit (AMD64)] on win32
Type "help", "copyright", "credits" or "license()" for more information.

======= RESTART: C:\Users\User\Desktop\Python+ChatGPT改版\ch15範例檔\game2.py ==
=====
[' ', ' ', ' ']
[' ', ' ', ' ']
[' ', ' ', ' ']
X, enter your move (row,column): 2,2
[' ', ' ', ' ']
[' ', 'X', ' ']
[' ', ' ', ' ']
O, enter your move (row,column): 1,1
['O', ' ', ' ']
[' ', 'X', ' ']
[' ', ' ', ' ']
X, enter your move (row,column): 2,3
['O', ' ', ' ']
[' ', 'X', 'X']
[' ', ' ', ' ']
O, enter your move (row,column): 2,1
['O', ' ', ' ']
['O', 'X', 'X']
[' ', ' ', ' ']
X, enter your move (row,column): 3,1
['O', ' ', ' ']
['O', 'X', 'X']
['X', ' ', ' ']
O, enter your move (row,column): 1,2
['O', 'O', ' ']
['O', 'X', 'X']
['X', ' ', ' ']
X, enter your move (row,column): 1,3
['O', 'O', 'X']
['O', 'X', 'X']
['X', ' ', ' ']
X wins!
```

# A-4-4　猜拳遊戲

　　猜拳遊戲是一種經典的競技遊戲，通常由兩人進行。玩家需要用手勢模擬出「石頭」、「剪刀」、「布」這三個選項中的一種，然後與對手進行比較，判斷誰贏誰輸。「石頭」打「剪刀」、「剪刀」剪「布」、「布」包「石頭」，勝負規則如此。在遊戲中，玩家需要根據對手的表現和自己的直覺，選擇出最可能獲勝的手勢。

**範例程式** **game3.py** ▶ 猜拳遊戲

```
01   import random
02
03   # 定義猜拳選項
04   options = ["rock", "paper", "scissors"]
05
06   # 提示用戶輸入猜拳選項
07   user_choice = input("Choose rock, paper, or scissors: ")
08
09   # 電腦隨機生成猜拳選項
10   computer_choice = random.choice(options)
11
12   # 比較用戶和電腦的猜拳選項，判斷輸贏
13   if user_choice == computer_choice:
14       print("It's a tie!")
15   elif user_choice == "rock" and computer_choice == "scissors":
16       print("You win!")
17   elif user_choice == "paper" and computer_choice == "rock":
18       print("You win!")
19   elif user_choice == "scissors" and computer_choice == "paper":
20       print("You win!")
21   else:
22       print("You lose!")
```

**執行結果**

```
Python 3.11.0 (main, Oct 24 2022, 18:26:48) [MSC v.1933 64 bit (AMD64)
] on win32
Type "help", "copyright", "credits" or "license()" for more informatio
n.

======= RESTART: C:\Users\User\Desktop\Python+ChatGPT改版\ch15範例檔\g
ame3.py =======
Choose rock, paper, or scissors: scissors
You win!
|
```

# A-4-5　撲克牌遊戲

比牌面大小遊戲，又稱為撲克牌遊戲，是一種以撲克牌作為遊戲工具的競技遊戲。玩家在遊戲中擁有一手牌，每張牌的面值和花色不同，根據不同的規則進行比較，最終獲得最高的分數或獎勵。

**範例程式** **game4.py** ▶ 比牌面大小遊戲

```
01   import random
02
03   def dragon_tiger():
04       cards = ["A", 2, 3, 4, 5, 6, 7, 8, 9, 10, "J", "Q", "K"]
05       dragon_card = random.choice(cards)
06       tiger_card = random.choice(cards)
07       print(f"Dragon: {dragon_card}")
08       print(f"Tiger: {tiger_card}")
09       if cards.index(dragon_card) > cards.index(tiger_card):
10           print("Dragon wins!")
11       elif cards.index(dragon_card) < cards.index(tiger_card):
12           print("Tiger wins!")
13       else:
14           print("Tie!")
15
16   if __name__ == '__main__' :
17       dragon_tiger()
```

**執行結果**

```
Python 3.11.0 (main, Oct 24 2022, 18:26:48) [MSC v.1933 64 bit
(AMD64)] on win32
Type "help", "copyright", "credits" or "license()" for more in
formation.

======= RESTART: C:/Users/User/Desktop/Python+ChatGPT改版/ch15
範例檔/game4.py =======
Dragon: K
Tiger: Q
Dragon wins!
```

ChatGPT 與 Python 雙效合一

## A-4-6　實作動作型射擊遊戲

　　動作型射擊遊戲（Action Shooter Game）是一種電子遊戲類型，其中玩家需要在遊戲世界中進行射擊和戰鬥，通常以第一人稱或第三人稱視角呈現。這類遊戲強調快節奏的行動、反應和射擊技巧。

　　在動作型射擊遊戲中，玩家扮演一個角色，通常是士兵、特工、英雄或其他戰鬥者，他們需要面對各種敵對勢力、怪物或外星人等。玩家需要使用各種武器，如手槍、步槍、火箭筒等來對抗敵人，並在遊戲中完成特定的任務或目標。

　　這類遊戲的玩法通常注重快速反應和準確的射擊技巧。玩家需要在充滿敵人和危險的環境中保護自己，同時利用戰術和策略來擊敗敵人並生存下來。遊戲中可能會提供不同類型的武器、裝備和技能，使玩家能夠根據情況和個人喜好進行選擇和升級。

　　動作型射擊遊戲通常以劇情和關卡進行結構化的遊戲體驗，玩家通過完成任務和關卡解鎖新的區域和內容。這類遊戲可能還包括多人遊戲模式，讓玩家可以與其他玩家進行競爭或合作。

　　接下來我們就來問問 ChatGPT 能否以 Python 實作一款動作型射擊遊戲。參考如下：

**輸入問題**：請以 Python 設計一款動作型射擊遊戲，並提供完整程式碼及程式解說。

**回答內容**：抱歉，我無法設計圖形化遊戲，因為我只是一個文字生成 AI 模型。但我可以提供一些 Python 模組和範例程式碼，可以幫助您開始製作遊戲。

---

Python 中有許多模組可以用於製作遊戲，例如 Pygame 和 PyOpenGL。這裡將使用 Pygame 模組來實現一個簡單的動作型射擊遊戲。我們將使用 Pygame 來創建遊戲視窗、處理用戶輸入、顯示圖像、播放音效等等。

---

在開始編寫程式碼之前，需要確定您已經安裝了 Pygame 模組。如果您尚未安裝，請在終端機中運行以下命令：

```
pip install pygame
```

接下來，讓我們來編寫程式碼：

以下的程式碼是 ChatGPT 提供的程式只是提供一個簡易動作型射擊遊戲的實作外框，各位還是必須依自己需求自己修改程式，從底下的程式各位就可以有點概念，如何結合 Python 模組來製作簡易遊戲。

不過，底下程式碼所列出的參考程式碼中所用到的圖檔、及音效檔等資源，則必須各位自行準備，而且如果要改進程式的功能，還是必須有 Python 程式設計的基礎能力。底下的片段 ChatGPT 提供的部份參考程式碼：

**範例程式** **game5-1.py** ▶ 動作型射擊遊戲參考程式框架

```python
01   import pygame
02   import random
03
04   # 定義顏色
05   BLACK = (0, 0, 0)
06   WHITE = (255, 255, 255)
07   RED = (255, 0, 0)
08
09   # 初始化 Pygame
10   pygame.init()
11
12   # 設置視窗大小
13   SCREEN_WIDTH = 700
14   SCREEN_HEIGHT = 400
15   screen = pygame.display.set_mode([SCREEN_WIDTH, SCREEN_HEIGHT])
16
17   # 設置遊戲標題
18   pygame.display.set_caption(" 射擊遊戲 ")
19
20   # 設置遊戲時鐘
21   clock = pygame.time.Clock()
```

```
22
23    # 加載音效
24    shoot_sound = pygame.mixer.Sound("shoot.wav")
25
26    # 加載圖像
27    player_image = pygame.image.load("player.png")
28    player_rect = player_image.get_rect()
29
30    bullet_image = pygame.image.load("bullet.png")
31    bullet_rect = bullet_image.get_rect()
32
33    enemy_image = pygame.image.load("enemy.png")
34    enemy_rect = enemy_image.get_rect()
35
36    # 設置玩家初始位置
37    player_rect.x = 50
38    player_rect.y = SCREEN_HEIGHT / 2
39
40    # 設置子彈速度
41    bullet_speed = 5
42
43    # 設置敵人速度
44    enemy_speed = 3
45
46    # 設置分數
47    score = 0
48
49    # 主遊戲循環
50    done = False
51    while not done:
52        # 事件處理
53        for event in pygame.event.get():
54            if event.type == pygame.QUIT:
55                done = True
56
57            # 按下空格鍵發射子彈
58            elif event.type == pygame.KEYDOWN and event.key == pygame.
      K_SPACE:
59                bullet_rect.x = player_rect.x + player_rect.width
60                bullet_rect.y = player_rect.y + player_rect.height / 2
      - bullet_rect.height / 2
61                shoot_sound.play()
62
63            # 移動玩家
64            elif event.type == pygame.MOUSEMOTION:
```

```
65              player_rect.y = pygame.mouse.get_pos()[1]
66
67       # 移動子彈
68       bullet_rect.x += bullet_speed
69
70       # 如果子彈超出螢 # 幕邊界，則將子彈重置
71    if bullet_rect.x > SCREEN_WIDTH:
72        bullet_rect.x = -bullet_rect.width
73
74    # 移動敵人
75    enemy_rect.x -= enemy_speed
76
77    # 如果敵人超出螢幕邊界，則將敵人重置並隨機設置 y 軸位置
78    if enemy_rect.right < 0:
79        enemy_rect.x = SCREEN_WIDTH
80        enemy_rect.y = random.randint(0, SCREEN_HEIGHT - enemy_rect.
      height)
81
82    # 檢查是否擊中敵人
83    if bullet_rect.colliderect(enemy_rect):
84        enemy_rect.x = SCREEN_WIDTH
85        enemy_rect.y = random.randint(0, SCREEN_HEIGHT - enemy_rect.
      height)
86        bullet_rect.x = -bullet_rect.width
87        score += 1
88
89    # 畫面設置
90    screen.fill(BLACK)
91
92    # 顯示玩家、子彈、敵人及分數
93    screen.blit(player_image, player_rect)
94    screen.blit(bullet_image, bullet_rect)
95    screen.blit(enemy_image, enemy_rect)
96    font = pygame.font.SysFont(None, 36)
97    text = font.render("Score: " + str(score), True, WHITE)
98    screen.blit(text, (10, 10))
99
100   # 更新畫面
101   pygame.display.flip()
102
103   clock.tick(60)
104   pygame.quit()
```

ChatGPT 與 Python 雙效合一

但是如果你希望 ChatGPT 為你產生一個模擬動作型射擊的「純文字版」遊戲，就可以改用另外一種提問方式。說明如下：

**輸入問題：** 請以 Python 設計一款純文字介面，模擬動作型射擊遊戲，並提供完整程式碼及程式解說。

**ChatGPT回答畫面：**

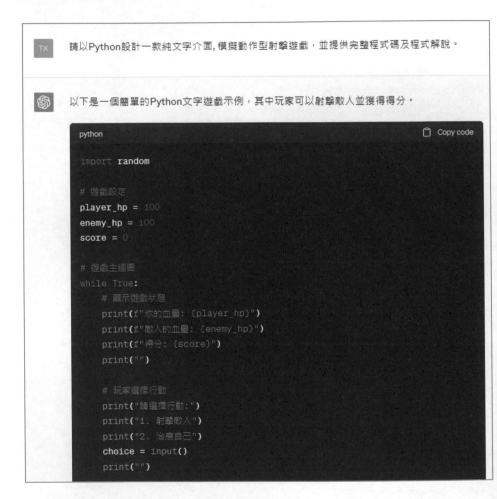

底下的範例程式是 ChatGPT 直接撰寫的程式，筆者只是利用「Copy Code」鈕將程式複製到 Python 的 IDLE 整合式開發環境去執行，其完整程式碼及執行結果如下：

**範例程式** **game5.py** ▶ 純文字介面並模擬動作型射擊遊戲

```
01    import random
02
03    # 遊戲設定
04    player_hp = 100
05    enemy_hp = 100
06    score = 0
07
08    # 遊戲主迴圈
09    while True:
10        # 顯示遊戲狀態
11        print(f" 你的血量：{player_hp}")
12        print(f" 敵人的血量：{enemy_hp}")
13        print(f" 得分：{score}")
14        print("")
15
16        # 玩家選擇行動
17        print(" 請選擇行動：")
18        print("1. 射擊敵人 ")
19        print("2. 治療自己 ")
20        choice = input()
21        print("")
22
23        # 玩家射擊敵人
24        if choice == "1":
25            damage = random.randint(10, 20)
26            enemy_hp -= damage
27            score += 10
28            print(f" 你對敵人造成了 {damage} 點傷害 !")
29            print("")
30
31            # 檢查敵人是否死亡
32            if enemy_hp <= 0:
33                print(" 你打敗了敵人 !")
34                break
35
36            # 敵人攻擊
37            damage = random.randint(5, A)
38            player_hp -= damage
39            print(f" 敵人對你造成了 {damage} 點傷害 !")
40            print("")
41
42            # 檢查玩家是否死亡
43            if player_hp <= 0:
44                print(" 你死了 !")
45                break
46
```

```
47         # 玩家治療自己
48         elif choice == "2":
49             heal = random.randint(10, 20)
50             player_hp += heal
51             print(f" 你回復了 {heal} 點生命 !")
52             print("")
53
54             # 敵人攻擊
55             damage = random.randint(5, A)
56             player_hp -= damage
57             print(f" 敵人對你造成了 {damage} 點傷害 !")
58             print("")
59
60             # 檢查玩家是否死亡
61             if player_hp <= 0:
62                 print(" 你死了 !")
63                 break
64
65         # 無效行動
66         else:
67             print(" 請選擇有效的行動 !")
68             print("")
```

**執行結果**

```
你的血量: 49
敵人的血量: 37
得分: 50

請選擇行動:
1. 射擊敵人
2. 治療自己
1

你對敵人造成了 15 點傷害!

敵人對你造成了 9 點傷害!

你的血量: 40
敵人的血量: 22
得分: 60

請選擇行動:
1. 射擊敵人
2. 治療自己
1

你對敵人造成了 14 點傷害!

敵人對你造成了 10 點傷害!

你的血量: 30
敵人的血量: 8
得分: 70

請選擇行動:
1. 射擊敵人
2. 治療自己
1

你對敵人造成了 18 點傷害!

你打敗了敵人!
```

### 程式解析

首先，我們設置了遊戲的初始狀態，包括玩家和敵人的血量以及得分。在遊戲主迴圈中，我們使用 while True 無限迴圈來運行遊戲。每個迴圈迭代，我們會顯示玩家、敵人和得分的當前狀態，然後提示玩家選擇行動。玩家可以選擇射擊敵人或治療自己。

如果玩家選擇了射擊敵人，我們會生成一個隨機的傷害值，然後將其從敵人的血量中減去，同時增加得分。然後檢查敵人是否已死亡，如果是，則輸出一條消息並結束遊戲。否則，敵人會攻擊玩家，我們會生成另一個隨機傷害值並減去玩家的血量。然後檢查玩家是否已死亡，如果是，則輸出一條消息並結束遊戲。

如果玩家選擇治療自己，我們會生成一個隨機值來表示回復的生命值，然後將其添加到玩家的血量中。然後敵人會攻擊玩家，我們生成另一個隨機傷害值並減去玩家的血量。然後檢查玩家是否已死亡，如果是，則輸出一條消息並結束遊戲。

最後，如果玩家選擇了一個無效的行動，我們會輸出一條錯誤消息並提示他們選擇有效的行動。

這只是一個簡單的例子，你可以根據需要進一步擴展和改進這個遊戲。

## A-4-7　實作 Unity 3D 遊戲不求人

Unity 3D 是一個跨平台的遊戲開發引擎，具有直觀的編輯器和強大的腳本語言支持。它擁有廣泛的資源庫和活躍的社區，並提供物理模擬、碰撞偵測、優化和性能管理等功能。Unity 還支持多人遊戲開發，可用於創建 2D 和 3D 遊戲、互動式內容和模擬應用程序。接著我們就來示範如何請 ChatGPT 實作 Unity 3D 的小遊戲，並且掌握如何使用 ChatGPT 模型來實現自動化程式碼生成功能。

**輸入問題：** 請問你能否實作一個簡單的 Unity 3D 的小遊戲，並提供完整的程式碼及解說。

## ChatGPT 回答畫面：

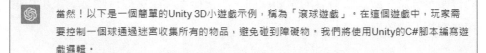

TX　請問你能否實作一個簡單的Unity 3D的小遊戲，並提供完整的程式碼及解說。

當然！以下是一個簡單的Unity 3D小遊戲示例，稱為「滾球遊戲」。在這個遊戲中，玩家需要控制一個球通過迷宮收集所有的物品，避免碰到障礙物。我們將使用Unity的C#腳本編寫遊戲邏輯。

首先，創建一個新的Unity場景，然後將主攝影機放置在適當的位置。接下來，創建一個球體物件作為玩家，並將其添加到場景中。然後，創建幾個立方體物件作為障礙物，以及一些球體物件作為可收集的物品。

接下來，創建一個名為"PlayerController"的C#腳本，並將其附加到球體物件上。以下是腳本的程式碼及其解說：

```csharp
using UnityEngine;

public class PlayerController : MonoBehaviour
{
    public float speed = 5f;
    public Rigidbody rb;

    private void FixedUpdate()
    {
        float moveHorizontal = Input.GetAxis("Horizontal");
        float moveVertical = Input.GetAxis("Vertical");

        Vector3 movement = new Vector3(moveHorizontal, 0f, moveVertical);
        rb.AddForce(movement * speed);
    }

    private void OnTriggerEnter(Collider other)
    {
        if (other.gameObject.CompareTag("Pickup"))
        {
            other.gameObject.SetActive(false);
        }
    }
}
```

底下的文字內容為 ChatGPT 針對上述所提供程式碼的完整說明：

這個腳本用於控制玩家的移動和處理物品收集。

首先，我們宣告了一個公開的浮點數變數 speed，用於控制玩家移動的速度。然後，我們宣告了一個公開的 Rigidbody 變數 rb，並在 Unity 編輯器中將球體物件的 Rigidbody 組件分配給它。

在 FixedUpdate 函數中，我們使用 Input.GetAxis 方法獲取玩家的水平和垂直輸入（即左右和前後按鍵），並將其儲存在 moveHorizontal 和 moveVertical 變數中。然後，我們將這些輸入值與速度相乘，得到移動向量 movement。最後，我們使用 AddForce 方法將 movement 應用到玩家的 Rigidbody 上，從而實現球體的移動效果。

在 OnTriggerEnter 函數中，我們檢查玩家是否碰到了物品。如果碰撞物件的標籤（Tag）是 "Pickup"，我們將該物件設為非激活狀態，即從場景中隱藏該物品，表示玩家已經收集到了。

完成腳本編寫後，將其保存並回到 Unity 編輯器。將腳本拖放到球體物件上，然後將 Rigidbody 組件分配給腳本中的 rb 變數。

接下來，我們需要為球體物件添加碰撞器（Collider）和物理材質（Physics Material）。選擇球體物件，點擊 "Add Component" 按鈕，選擇 "Sphere Collider" 並添加碰撞器。然後，在碰撞器的屬性面板中，將碰撞器的 "Is Trigger" 屬性勾選上，以便我們可以在腳本中檢測碰撞。然後，點擊 "Edit Material" 按鈕創建一個新的物理材質，並將摩擦力和彈性係數設置為適當的值，以使球體物件能夠正確地與其他物體進行碰撞。

對於障礙物和物品，根據需要添加碰撞器和物理材質，並將其分配給對應的物件。

現在，你可以運行遊戲並控制球體物件通過迷宮收集物品了。按下遊戲運行按鈕，在場景中控制球體物件使用左右和前後按鍵移動。當球體碰到物品時，它們將從場景中消失，表示被收集到。

ChatGPT 與 Python 雙效合一

這只是一個簡單的 Unity 3D 小遊戲示範，你可以根據需要進一步擴展和改進遊戲。請注意，遊戲開發涉及到許多方面，包括場景設計、遊戲物體的建模和材質、動畫、碰撞偵測、音效等等。建議在開始之前閱讀 Unity 的官方文件和教學，以便更深入地了解遊戲開發的各個方面。

## 本章課後習題

1. 請簡介 ChatGPT。

2. 聊天機器人（Chatbot）的技術為何？

3. 何謂 NLP ？

4. 如何開始使用 ChatGPT ？

ChatGPT 與 Python 雙效合一

# MEMO

# MEMO

# MEMO

# MEMO

# MEMO

# MEMO

# 讀者回函

感謝您購買本公司出版的書，您的意見對我們非常重要！由於您寶貴的建議，我們才得以不斷地推陳出新，繼續出版更實用、精緻的圖書。因此，請填妥下列資料(也可直接貼上名片)，寄回本公司(免貼郵票)，您將不定期收到最新的圖書資料！

**購買書號：**　　　　　　**書名：**

姓　　名：_____

職　　業：□上班族　□教師　□學生　□工程師　□其它

學　　歷：□研究所　□大學　□專科　□高中職　□其它

年　　齡：□10~20　□20~30　□30~40　□40~50　□50~

單　　位：_____ 部門科系：_____

職　　稱：_____ 聯絡電話：_____

電子郵件：_____

通訊住址：□□□ _____

**您從何處購買此書：**

□書局 _____ □電腦店 _____ □展覽 _____ □其他 _____

**您覺得本書的品質：**

內容方面：　□很好　　　□好　　　□尚可　　　□差

排版方面：　□很好　　　□好　　　□尚可　　　□差

印刷方面：　□很好　　　□好　　　□尚可　　　□差

紙張方面：　□很好　　　□好　　　□尚可　　　□差

您最喜歡本書的地方：_____

您最不喜歡本書的地方：_____

假如請您對本書評分，您會給(0~100分)：_____ 分

您最希望我們出版那些電腦書籍：

請將您對本書的意見告訴我們：

您有寫作的點子嗎？□無　□有　專長領域：_____

歡迎您加入博碩文化的行列哦！

請沿虛線剪下寄回本公司

博碩文化網站　　http://www.drmaster.com.tw

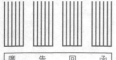

廣　告　回　函
台灣北區郵政管理局登記證
北 台 字 第 4 6 4 7 號
印 刷 品 ・ 免 貼 郵 票

**221**

博碩文化股份有限公司　產品部

台灣新北市汐止區新台五路一段112號10樓A棟

博碩文化

博碩文化